前沿技术领域专利竞争格局与趋势 III

贺 化 主编

国家知识产权局知识产权发展研究中心 组织编写

知识产权出版社
全国百佳图书出版单位

图书在版编目（CIP）数据

前沿技术领域专利竞争格局与趋势. Ⅲ/贺化主编. —北京：知识产权出版社，2017.7 (2019.2 重印)（2021.12 重印）

ISBN 978 – 7 – 5130 – 5021 – 0

Ⅰ.①前… Ⅱ.①贺… Ⅲ.①科学技术—专利—竞争—研究报告—中国 Ⅳ.①G306.72

中国版本图书馆 CIP 数据核字（2017）第 168542 号

内容提要

本书介绍了长续航动力锂电池、智能汽车、五轴联动数控机床精度检测与控制、高温气冷堆核电站、水体污染治理、移动智能终端射频芯片、高铁信号控制、转基因作物新品种培育、稀土永磁、触控屏 10 项前沿技术领域专利竞争格局，供各产业企业参考。

责任编辑：王玉茂　　　　　　　　　　责任校对：王　岩
装帧设计：吴晓磊　　　　　　　　　　责任出版：刘译文

前沿技术领域专利竞争格局与趋势（Ⅲ）
贺　化　主编
国家知识产权局知识产权发展研究中心　组织编写

出版发行：知识产权出版社有限责任公司	网　　址：http://www.ipph.cn
社　　址：北京市海淀区气象路 50 号院	邮　　编：100081
责编电话：010 – 82000860 转 8541	责编邮箱：wangyumao@cnipr.com
发行电话：010 – 82000860 转 8101/8102	发行传真：010 – 82000893/82005070/82000270
印　　刷：北京中献拓方科技发展有限公司	经　　销：各大网上书店、新华书店及相关专业书店
开　　本：720mm×1000mm　1/16	印　　张：18.5
版　　次：2017 年 7 月第 1 版	印　　次：2021 年 12 月第 3 次印刷
字　　数：350 千字	定　　价：60.00 元

ISBN 978-7-5130-5021-0

出版权专有　侵权必究
如有印装质量问题，本社负责调换。

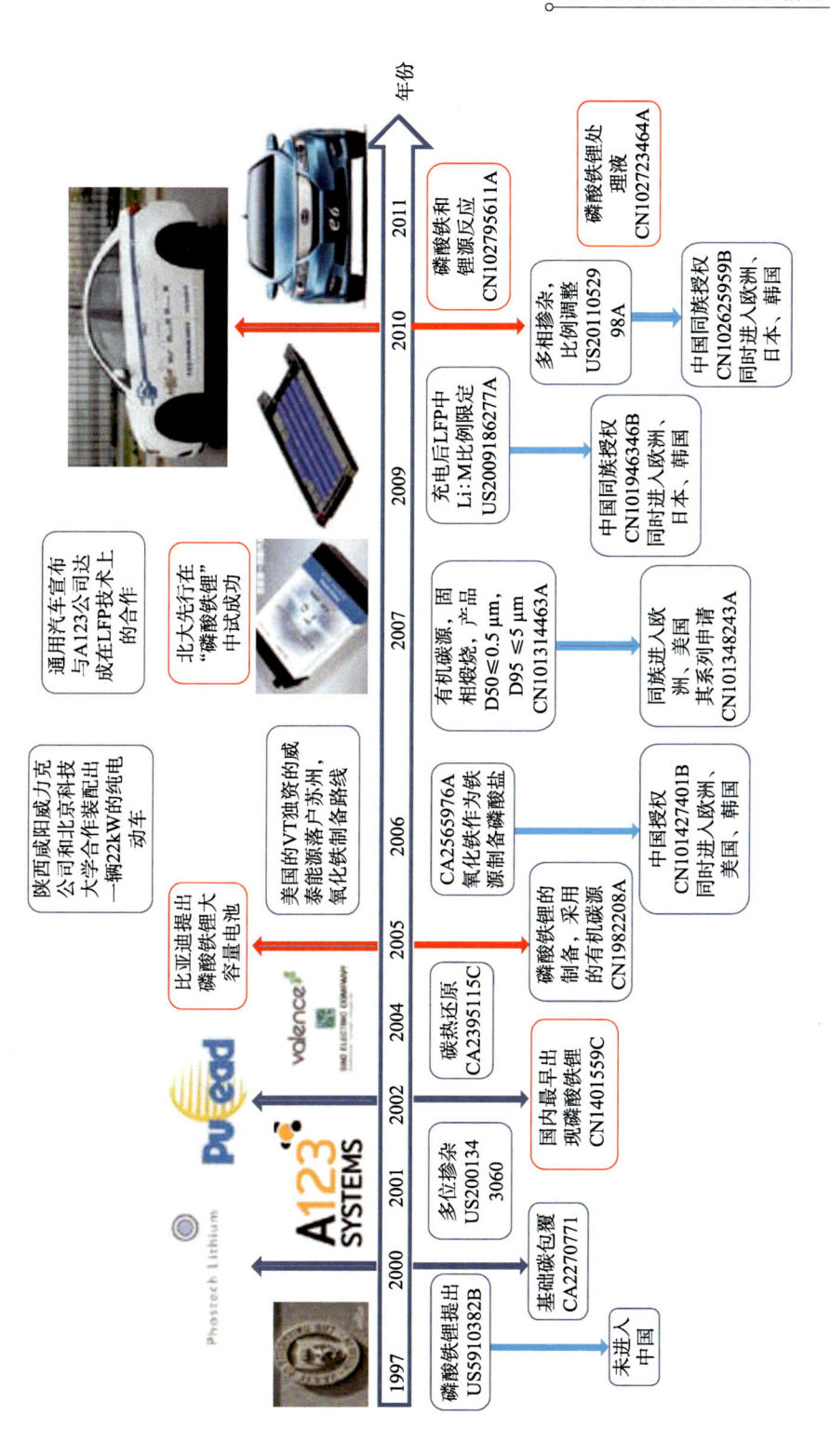

图1-8 磷酸铁锂专利技术产业化路线

（正文说明见第7页）

图1-9 磷酸铁锂专利诉讼分析态势

（正文说明见第9页）

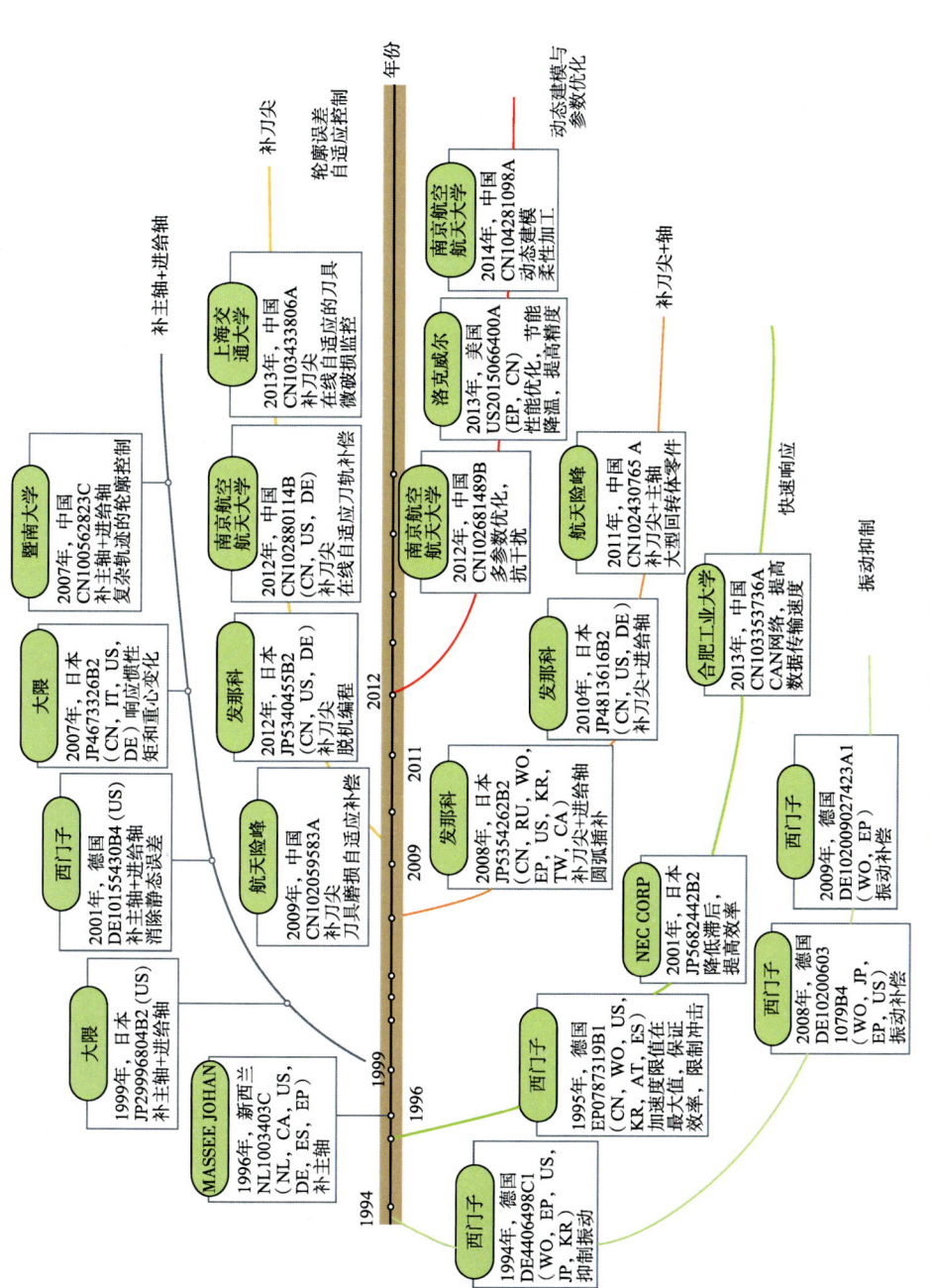

图3-9 自适应控制技术发展路线

（正文说明见第65页）

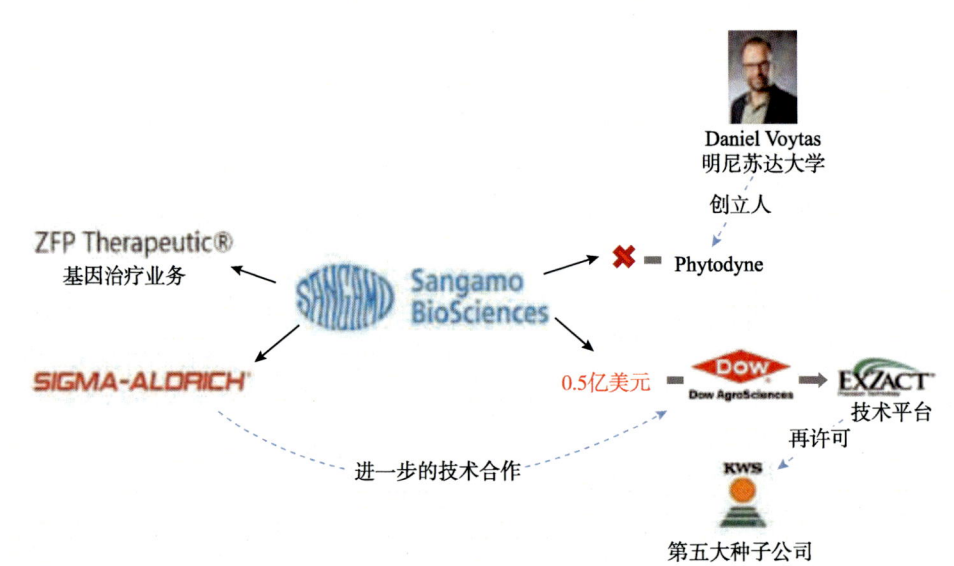

图8-12 Sangamo对ZFN技术的运营和许可

（正文说明见第214页）

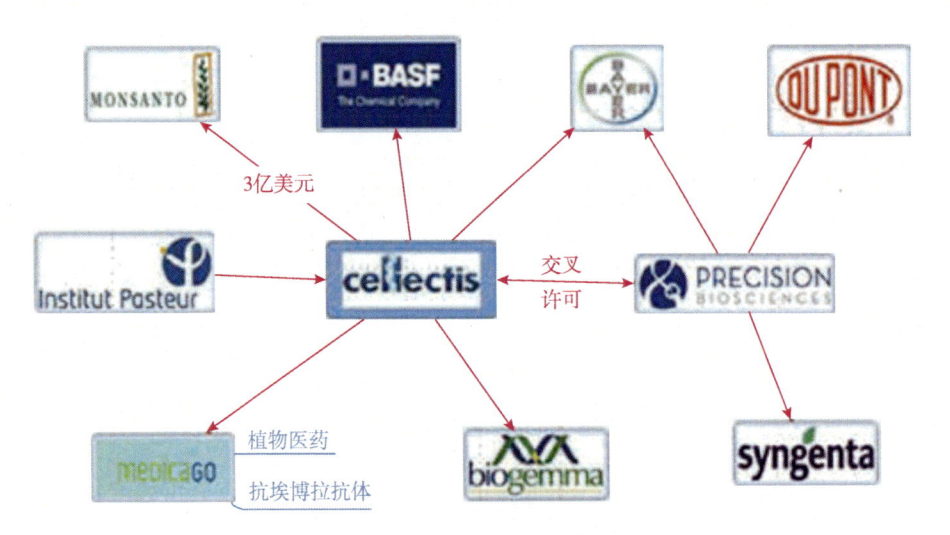

图8-13 大范围核酸技术在农业领域的许可

（正文说明见第214页）

编委会

主　任：贺　化　国家知识产权局副局长
副主任：肖兴威　国家知识产权局副局长
　　　　何志敏　国家知识产权局副局长
　　　　张茂于　国家知识产权局副局长
委　员：胡文辉　国家知识产权局办公室主任
　　　　雷筱云　国家知识产权局专利管理司司长
　　　　龚亚麟　国家知识产权局规划发展司司长
　　　　王岚涛　国家知识产权局人事司司长
　　　　毕　囡　国家知识产权局专利局办公室主任
　　　　卜　方　国家知识产权局专利局人事教育部部长
　　　　郑慧芬　国家知识产权局专利局审查业务管理部部长
　　　　王　澄　国家知识产权局专利局机械发明审查部部长
　　　　李永红　国家知识产权局专利局电学发明审查部部长
　　　　王霄蕙　国家知识产权局专利局材料工程发明审查部部长
　　　　韩秀成　国家知识产权局知识产权发展研究中心主任
　　　　白光清　国家知识产权局专利局专利审查协作北京中心主任
　　　　陈　伟　国家知识产权局专利局专利审查协作江苏中心主任
　　　　刘志会　国家知识产权局专利局专利审查协作河南中心主任
　　　　郭　雯　国家知识产权局专利局专利审查协作湖北中心主任
　　　　李胜军　国家知识产权局专利局专利审查协作四川中心主任
　　　　张志成　国家知识产权局保护协调司副司长
　　　　陈　燕　国家知识产权局知识产权发展研究中心副主任
　　　　崔伯雄　国家知识产权局专利局光电技术发明审查部原部长

编 辑 部

主　　　编 贺　化

副　主　编 肖兴威　何志敏　张茂于

执 行 主 编 胡文辉　韩秀成

编辑部主任 陈　燕

编辑部副主任 孙全亮　马　克　刘庆琳

编辑部成员（按姓氏笔画为序）

万俊杰　王　雷　王瑞阳　王云涛

方　华　邓　鹏　田　野　孙　玮

孙瑞丰　李瑞丰　李　芳　李　岩

寿晶晶　严　恺　杜江峰　杨艳兰

孟祥岳　赵晓红　赵　哲　谢　岗

董晓静

序

2008年《国家知识产权战略纲要》的发布实施，犹如一枚强心剂有力地注入了正在转型期的中国经济，为创新驱动发展战略描绘了新蓝图。2016年，国家知识产权局共受理发明专利申请133.9万件，实用新型专利申请147.6万件，外观设计专利申请65.0万件。截至2016年年底，我国每万人口发明专利拥有量达到8.0件。同年12月，国务院印发《"十三五"国家知识产权保护和运用规划》和《知识产权综合管理改革试点总体方案》等重要文件，标志着我国在建设知识产权强国的制度和实践道路上又迈出了坚实的一步。

当前，我国经济发展已经呈现出一系列新阶段的特征，产业结构面临转型升级，经济驱动力亟待转换，新常态已经成为经济实现可持续发展的主旋律，提高自主创新能力和建设创新型国家，已成为国家发展战略的核心。有研究表明，全球约20个创新型国家拥有90%以上的发明专利，在全球500强企业里，以知识产权为核心的无形资产对企业的贡献已超过80%。可以说，在产业创新发展中，提升产权意识，有效发挥知识产权的产业竞争作用，是增强我国自主核心技术和核心竞争力、参与全球化竞争的重要保障。2017年7月，习近平总书记在中央财经领导小组第十六次会议上强调，产权保护特别是知识产权保护是塑造良好营商环境的重要方面，指出要完善知识产权保护相关法律法规，加快新兴领域和新业态知识产权保护制度建设。未来，随着"互联网+""中国制造2025""大众创业、万众创新"等国家产业发展战略的逐步实施，以知识产权为核心的竞争要素必将成为引领中国经济走向下一个辉煌的关键。

为将专利工作更加紧密地贴近经济工作的主战场，充分发挥专利信息中所蕴含的技术、产业、法律和市场等综合性竞争情报，避免重大项目投入面临的知识产权风险，国家知识产权局自2008年开始，专门成立了专利分析和预警工作领导小组，设立了领导小组办公室，负责组织专利分析和预警工作的实施。迄今为止，已组织精干的专利审查员、专利情报专家、产业分析人员等，面向国家重点领域、重大专项和关键核心技术开展了一系列的专利分析和预警工作，累计完成近百项专题研究，内容涉及新材料、新能源、节能环保、信息通信、生物医药等诸多领域，实现了国家战略性新兴产业和重大科技专项的全覆盖，不仅为我国重点领域有效规避专利风险提供了预警信息和解决方案，而且有效地支撑了我国重点产业的发展决策，在煤制油、处理器芯片（CPU）、锂离子电池等一批国家重大专项、中科院战略先导专项等领域，已经成功运用专利分析和预警的成果，有效规避了国有资产的知识产权风险，显著增强了技术创新的引领作用和产业专利的布局能力。

为了进一步推广专利分析方法，共享专利预警成果，实现"围绕产业需求、体现产业特点、服务产业发展"的宗旨，国家知识产权局知识产权发展研究中心组织人员对每一年新形成的专利分析成果进行了精编，汇辑形成本系列丛书。编著者既有专利情报、专利分析预警、专利导航、专利评议和专利战略研究方面的专家，也有长期从事专利审查、专利运营、企业专利管理和运用等方面经验丰富的资深人员。全书涉及诸多前沿技术领域，内容丰富，图文并茂，具有较强的实践指导作用。

我相信，该系列丛书的出版，对于提升广大社会公众的知识产权分析和预警意识，了解前沿技术领域专利竞争格局与趋势，辅助产业发展决策和合理配置创新资源，都将产生重要而深远的影响。

2017 年 7 月

前 言

自 2008 年以来，为配合《国家知识产权战略纲要》的深入实施，充分发挥专利信息情报服务支持我国重点领域产业发展和科技创新等规划决策的重要作用，国家知识产权局设立并启动重点领域重大技术专利分析和预警专项工作，并专门成立了局领导挂帅、局相关部门主要负责人为成员的专利分析和预警工作领导小组，由国家知识产权局知识产权发展研究中心作为领导小组办公室，负责具体组织实施专利分析和预警工作。

十年来，国家知识产权局专利分析和预警专项工作取得了显著的成效。一是辅助决策作用日益凸显，卓有成效地在煤制油、TD-SCDMA、信息安全关键技术、新能源汽车等诸多领域为上级领导机关和相关主管部门提供了坚实有力的决策支持，多次得到国务院领导的批示；二是创新支持能力日益增强，不仅全面覆盖了国家重大科技专项和战略性新兴产业的主要领域，而且情报挖掘的范围和深度日益拓展深化，为核高基、核电等国家相关重大科技专项及中科院战略先导专项提供了有力的专利分析研究支持；三是实战经验、理论积累日益丰厚，不仅形成了近百项项目成果，而且在专利与产业、技术、市场、法律等情报的综合关联分析，以及在专利导航产业、企业和区域创新发展理论及实务的开创性探索等方面硕果累累；四是促使我国专利情报分析人才队伍日益壮大，依托项目实施，累计培养情报意识强、分析技能精的复合型专利审查员达数百位，促使一批产业界、科技界专家深刻认识到专利情报分析的重要价值和意义，引导带动社会参加项目研究的企业、科研机构更加关注专利情报分析，更加重视专利竞争情报分析人才培养。

在当前我国经济发展进入新常态的新形势下，增长速度换挡、产业结构转型、增长动力转换成为未来一段时期我国产业发展的主要特征，创新和知识产权愈益成为关乎新常态下我国产业升级转型发展成败的关键。2015 年 12 月，国务院颁布《国务院关于新形势下加快知识产权强国建设的若干意见》（国发〔2015〕71 号），要求深入实施国家知识产权战略，促进新技术、新产业、新业态蓬勃发展，提升产业国际化发展水平，保障和激励大众创业、万众创新，为实施创新驱动发展战略提供有力支撑。2016年5月，中共中央、国务院印发《国家创新驱动发展战略纲要》，强调要坚持走中国特色自主创新道路，以科技创新为核心带动全面创新，以高效率的创新体系支撑高水平的创新型国家建设，推动经济社会发展动力根本转换，为实现中华民族伟大复兴的中国梦提供强大动力。纲要明确提出，要将实施知识产权战略、建设知识产权强国作为实施创新驱动发展战略的战略保障。2016年12月，国务院先后印发《"十三五"国家知识产权保护和运用规划》（国发〔2016〕86号）和《知识产权综合管理改革试点总体方案》（国办发〔2016〕106号），要求继续深化知识产权领域改革，完善知识产权强国政策体系，依法严格保护知识产权，打通知识产权创造、运用、保护、管理、服务全链条，探索支撑创新发展的知识产权运行机制，有效发挥知识产权制度激励创新的基本保障作用，保障和激励大众创业、万众创新，助推经济发展提质增效和产业结构转型升级。2017年7月，习近平总书记在中央财经领导小组第十六次会议上，提出要加快新兴领域和业态知识产权保护制度建设。这指明了知识产权保护的产业重点和方向。

面对新形势、新要求和新机遇，国家知识产权局专利分析和预警工作紧紧围绕国家创新发展战略实施和知识产权强国建设的主线和重点，着力面向新一代信息网络技术，智能绿色制造技术，生态绿色高效安全的现代农业技术，资源高效利用和生态环保技术，海洋和空间先进适用技术，智慧城市和数字社会技术，先进、有效、安全、便捷的健康技术，支撑商业模式创新的现代服务技术，引领产业变革的颠覆性技术等战略性前沿技术提供专利分析预警支持；同时，将面向社会公众，大力加强专利分析预警项目成果的推送利用，进一步扩大项目研究成果的辐射面和影响力，为促进相关产业、企业及技术的发展，为加强知识产权保护，提供更加有力的情报支撑。

为此，国家知识产权局专利分析和预警工作领导小组办公室决定依托专利分析预警项目成果，每年汇编出版《前沿技术领域专利竞争格局与趋势》系列丛书。此次出版的丛书第Ⅲ辑，内容涉及锂离子动力电池、智能汽车、高端数控机床、高温气冷堆核电、水体治理、移动射频芯片、高铁信号控制、转基因育种、稀土永磁、触控屏等十项领域，涵盖了新一代能源技术、高端装备制造、生物医药、绿色环保技术以及新兴无线通信技术等若干重大技术领域和重点高新产业，分析了新形势下一批重大战略性新兴产业技术的发展动向。我们希望依托专利分析和预警项目的实施以及本丛书的出版，想产业所想、急产业所急，为产业界、科技界管理者全面准确把握前沿领域专利竞争格局趋势并科学决策提供扎实的专利竞争情报支持。

由于时间仓促、课题组研究水平所限，而产业技术前沿领域发展较快，本丛书中难免存在疏漏、偏差甚至错误，敬请各位领导、专家和广大读者不吝批评指正！

国家知识产权局专利分析和预警工作领导小组办公室
2017 年 7 月

目　录

1　长续航动力锂电池关键材料技术 / 1
　　1.1　锂电池产业专利"四强争霸" / 1
　　1.2　磷酸铁锂电池产业以中国和美国为主 / 6
　　1.3　三元锂电池以日本和韩国技术领跑 / 10
　　1.4　磷酸铁锂和三元锂，谁执牛耳？ / 14
　　1.5　锂金属电池逐渐成为全球锂电池领域研发热点 / 17
　　1.6　电池企业的创新比较 / 25
　　1.7　我国锂电池产业机遇和挑战并存 / 27

2　智能汽车关键技术 / 30
　　2.1　智能汽车跨界整合蓄势待发 / 31
　　2.2　全球专利呈现爆发增长势头 / 32
　　2.3　中国市场已成专利必争之地 / 38
　　2.4　美国市场本土企业创新占优 / 41
　　2.5　汽车企业欧洲专利布局 / 44
　　2.6　智能汽车20大企业布局比较 / 46

3　五轴联动数控机床精度检测与控制技术 / 54
　　3.1　五轴联动数控机床精度和控制技术发展状况 / 54
　　3.2　五轴联动数控机床精度检测与控制技术专利发展态势 / 56
　　3.3　五轴联动数控机床精度检测与控制重点技术分支专利分析 / 60
　　3.4　小　结 / 69

4　高温气冷堆核电站技术 / 71
　　4.1　高温气冷堆产业状况和专利分析切入点 / 71
　　4.2　高温气冷堆全球专利分析 / 75
　　4.3　燃料元件重要技术专利分析 / 84

4.4 我国在"一带一路"沿线目标市场的机会与布局 / 88
4.5 全球高温气冷堆技术创新体系比较与研究 / 89
4.6 高温气冷堆重点技术专利布局机遇与挑战 / 95
4.7 高温气冷堆产业发展整体建议和应对措施 / 96

5 水体污染治理关键技术 / 102

5.1 背　景 / 102
5.2 水体污染治理技术整体状况分析 / 105
5.3 消毒副产物控制技术专利分析 / 106
5.4 淡水水体藻类去除技术专利分析 / 111
5.5 煤气化废水处理技术专利分析 / 117
5.6 专利分析方法创新探索 / 121
5.7 措施建议 / 126

6 移动智能终端射频芯片关键技术 / 128

6.1 移动智能终端射频芯片产业发展概况 / 128
6.2 移动智能终端射频芯片专利整体状况分析 / 130
6.3 FBAR 滤波器及双工器关键技术专利分析 / 140
6.4 收发信机多模多频关键技术专利分析 / 148
6.5 功率放大器关键技术专利分析 / 154
6.6 行业领先——Skyworks 专利布局分析 / 166
6.7 小结与建议 / 172

7 高铁信号控制关键技术 / 175

7.1 全球和中国高铁信号控制产业概况 / 175
7.2 我国高铁信号控制产业面临的专利形势 / 179
7.3 我国高铁列车运行控制领域的专利竞争格局 / 183
7.4 龙头企业的专利布局主要策略 / 187
7.5 中国高铁信号控制的海外竞争力分析 / 193

8 转基因作物新品种培育关键技术 / 201

8.1 转基因农作物专利进入快速扩张期 / 203
8.2 解密美国孟山都专利控制市场策略 / 206
8.3 解读转基因新兴技术专利运营模式 / 213
8.4 中国自主转基因技术专利布局薄弱 / 217
8.5 我国转基因发展的专利症结及应对 / 219

9 稀土永磁关键技术 / 222

9.1 中国稀土永磁创新贡献率低于产量贡献率 / 222
9.2 日本烧结钕铁硼核心技术全面领先中国 / 225
9.3 日立金属领衔日本企业形成专利垄断优势 / 231
9.4 日立金属对华企业钕铁硼专利诉讼与 337 调查 / 235
9.5 中国企业破解稀土永磁产业专利围墙 / 238

10 触控屏技术 / 240

10.1 触控屏技术专利爆发式增长，中国贡献显著 / 241
10.2 触控感应线路结构专利格局待定 / 245
10.3 触控导电膜材料专利布局进入白热化阶段 / 252
10.4 东亚国家和地区积极抢滩布局中国市场 / 258
10.5 下游产业链深度影响上游技术创新方向 / 260
10.6 我国触控产业发展具备"天时"与"地利" / 266

图索引 / 268
表索引 / 274
后　记 / 277

1

长续航动力锂电池关键材料技术[*]

新能源汽车的兴起，为锂电池（以下简称"锂电"）产业既带来了新的机遇，也带来了新的挑战。在这种背景下，选择锂电产业的关键环节进行专利分析和预警，确保国内锂电产业健康发展，显得尤为必要。本次研究的对象是锂电池的关键材料，分别是正极材料、负极材料、隔膜材料以及电解质材料，它们决定着电池的性能，影响着整个锂电池产业的健康发展。

动力锂电池包括两大体系，分别为产业化成熟应用的锂离子电池，如广泛应用于目前在售新能源汽车中的磷酸铁锂和三元锂，以及目前还停留在实验室阶段中的锂金属电池。虽然锂金属电池目前还没有产业化应用，但锂金属电池的理论性能远远高于锂离子电池，未来很有可能取代锂离子电池成为下一代主流电池。

1.1 锂电池产业专利"四强争霸"

经检索，全球锂离子电池关键材料领域的专利申请为36528项，其中，

---

[*] 本章节选自2015年度国家知识产权局专利分析和预警项目《长续航动力锂电池关键材料技术专利分析和预警研究报告》。
（1）项目课题组负责人：李永红、韩爱朋、陈燕。
（2）项目课题组组长：张谦、孙全亮。
（3）项目课题组副组长：邓鹏、赵哲。
（4）项目课题组成员：殷朝晖、武绪丽、罗文辉、孟祥岳、张文明、王青、樊金鹏、崔海洋、赵艳辉、焦玉娜、楚林廷。
（5）政策研究指导：刘洋、马宁。
（6）研究组织与质量控制：李永红、韩爱朋、陈燕、张谦、孙全亮。
（7）项目研究报告主要撰稿人：殷朝晖、武绪丽、罗文辉、孟祥岳、张文明、王青、樊金鹏、崔海洋、赵艳辉、焦玉娜、楚林廷。
（8）主要统稿人：张谦、殷朝晖。
（9）审稿人：李永红、韩爱朋、陈燕。
（10）课题秘书：邓鹏、赵哲。
（11）本章执笔人：孟祥岳、邓鹏。

日本、中国、韩国和美国占据前四位，也是锂电池产业的主要市场，无论从技术研发还是市场都呈现"四强争霸"的形态。中国锂离子电池关键材料技术的专利申请为14454项。表1-1和表1-2反映了全球和中国专利申请的总体状况和态势。

表1-1 动力锂离子电池关键材料全球专利申请状况[1]

总申请量	36528项（2011年达到申请量峰值3778项）
总体趋势	技术萌芽阶段（1967~1979年）：申请量很少 初步发展阶段（1980~1991年）：申请量每年缓慢增长 快速发展阶段（1992~2000年）：申请量每年增长约100项 起伏发展阶段（2001~2007年）：申请量在1100项左右 快速平稳阶段（2008年至今）：2011年申请量达到峰值后保持平稳态势
主要申请区域	日本：首次申请15869件，占比49% 中国：首次申请9569件，占比30% 美国：首次申请2337件，占比7% 韩国：首次申请3183件，占比10% 欧洲：首次申请811件，占比3%
主要分布区域	日本：公开15508件，占比49% 中国：公开9224件，占比29% 美国：公开2205件，占比7% 欧洲：公开193件，占比1% 韩国：公开3205件，占比10%
主要技术分支	正极材料：申请12632项，占比39.94%，日本申请最多，为5222件 负极材料：申请7181项，占比22.70%，日本申请最多，为3576件 电解质材料：申请7649项，占比24.18%，日本申请最多，为5008件 隔膜材料：申请4167项，占比13.17%，日本申请最多，为2523件

表1-2 动力锂离子电池关键材料中国专利申请状况

	国内申请	国外来华申请
申请量	9466项	4988项
总体趋势	国外来华申请稳定持续增长，近期增长放缓；国内申请增长迅猛	
主要申请来源	中国：9767件，活跃度1.82 日本：3293件，活跃度1.34 韩国：1154件，活跃度1.33 美国：592件，活跃度1.12 欧洲：70件，活跃度1.28	
主要技术分支	正极材料：4250项 负极材料：2368项 电解质材料：1546项 隔膜材料：930项	正极材料：1603项 负极材料：1049项 电解质材料：1475项 隔膜材料：765项

---

[1] 在专利申请数量统计时，对于以同族专利形式出现的一系列专利文献，以"项"计；对于中国专利文献数据库CNPAT中检索到的专利文献，以"件"统计，下文不再赘述。——编辑注

锂离子电池创新呈现以下特点。

（1）全球范围内专利申请量经历快速增长期，从 2011 年开始下滑；日本、中国的申请量占全球申请量近八成，日本、中国申请量近期保持平稳，但韩国申请量近年保持增长态势（见图 1-1）。

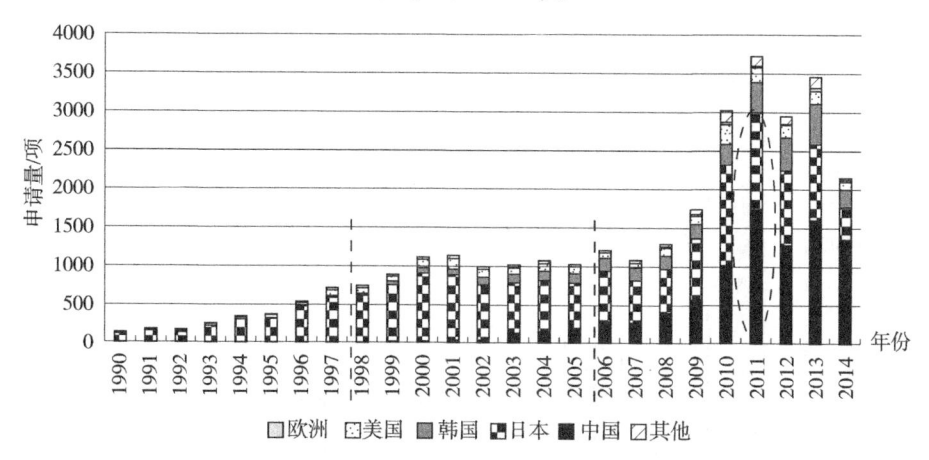

图 1-1　全球锂离子电池关键材料各国家和地区专利申请量逐年趋势

（2）日本、中国、韩国、美国是主要技术产出地区，日本在专利数量上具有绝对优势，各国申请人重视在日本和中国的专利布局。

全球范围内，日本、中国、美国、韩国是最主要的技术产出地区，同时，也是主要的目标市场，各国技术产出比例与专利目标比例大致相同。日本、中国是最主要的目标市场（见图 1-2）。

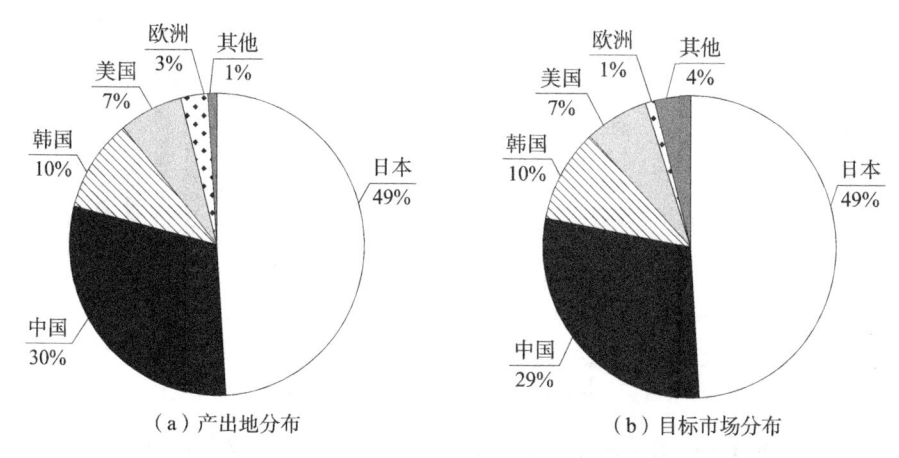

图 1-2　全球锂离子电池关键材料技术产出地区分布与目标市场分布

（3）日本、韩国、美国是国外来华申请主要技术来源国，韩国来华申请近期活跃度高。

在华申请主要是以国内申请为主，可以看出，在华申请中，中国的申请量最大，达到9466项，是日本的2.97倍、韩国的8.46倍、美国的16.5倍，中国在专利申请数据上占绝对优势（见图1-3）。

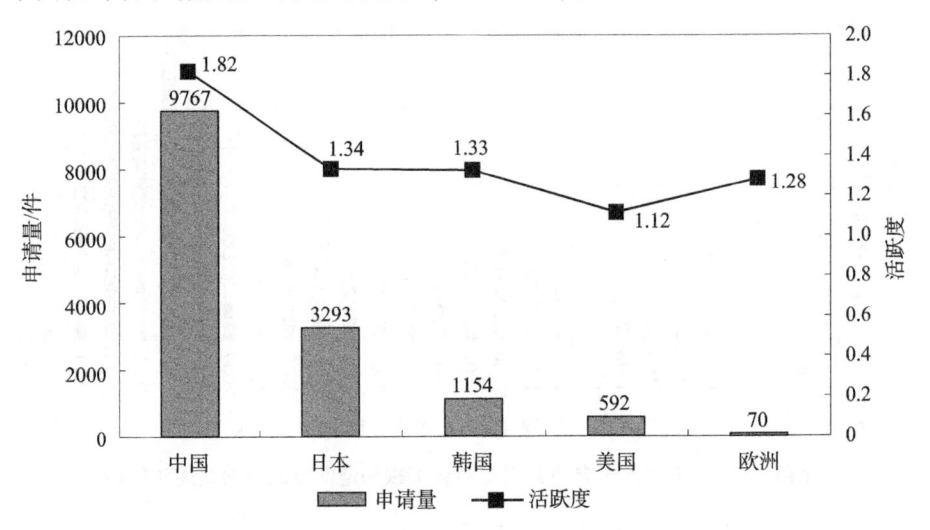

图1-3 中国锂离子电池关键材料主要来源地申请量与活跃度对比

（4）全球专利技术主题侧重正极材料，隔膜材料比重最小；国内及国外来华申请人都侧重于正极材料，在其他3种关键材料上，国外来华申请人则侧重电解质材料，国内申请人则侧重负极材料（见图1-4）。

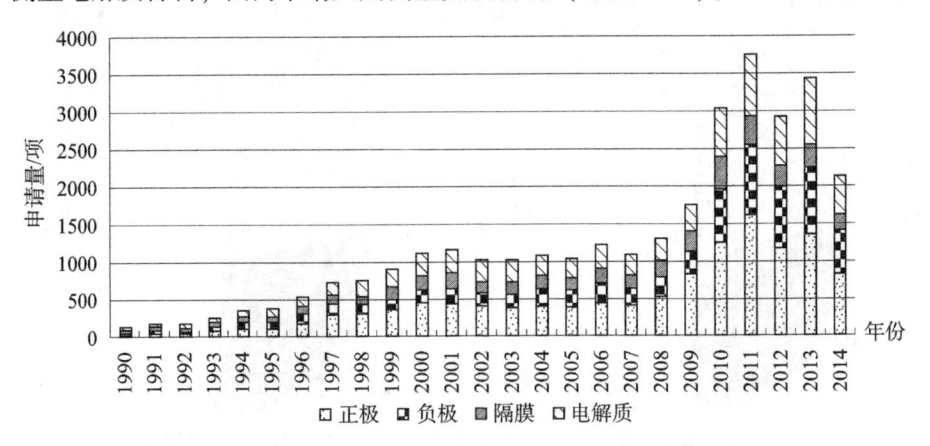

图1-4 全球锂离子电池关键材料各技术分支申请量变化趋势

（5）三菱、三洋、索尼、三星等知名厂商是全球主要申请人，日本申请人相比韩国申请人的数量占绝对优势，中国国内申请人以中科院为代表的科研机构为主。

在专利申请总量排名前 10 位的申请人中，日本有 8 位，韩国有 2 位，中国没有进入前 10 位的申请人。日本三菱申请量居第一位，三洋紧随其后，索尼居第三位。国内申请人以中科院、清华大学为代表的科研机构为主体，国内企业中除比亚迪外，申请量排名靠前的企业数量较少，这反映出企业创新能力有待进一步提升，产学研更好地结合是提升中国申请人在国内锂离子电池关键材料产业话语权的途径之一（见图 1-5）。

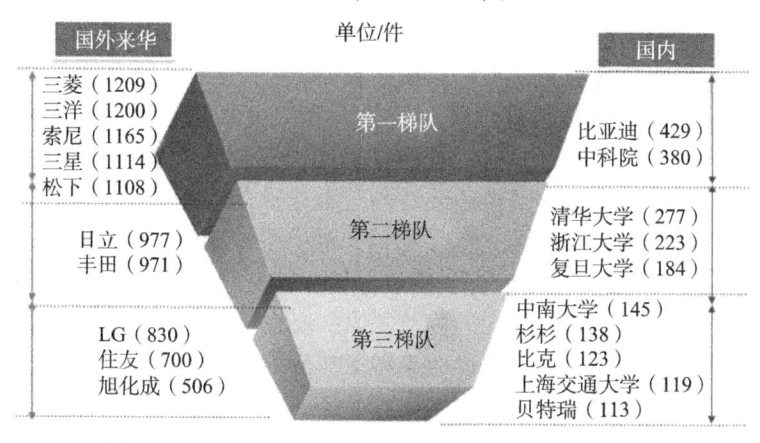

图 1-5　前 10 位国外来华和国内申请人申请量对比❶

就全球主要申请人技术领域而言，日本三菱、索尼的申请集中在电解质，日本三洋、韩国 LG、日本住友则集中在正极材料，日本松下、日立是主要的负极材料申请人，日本旭化成则是最主要的隔膜材料申请人（见图 1-6）。

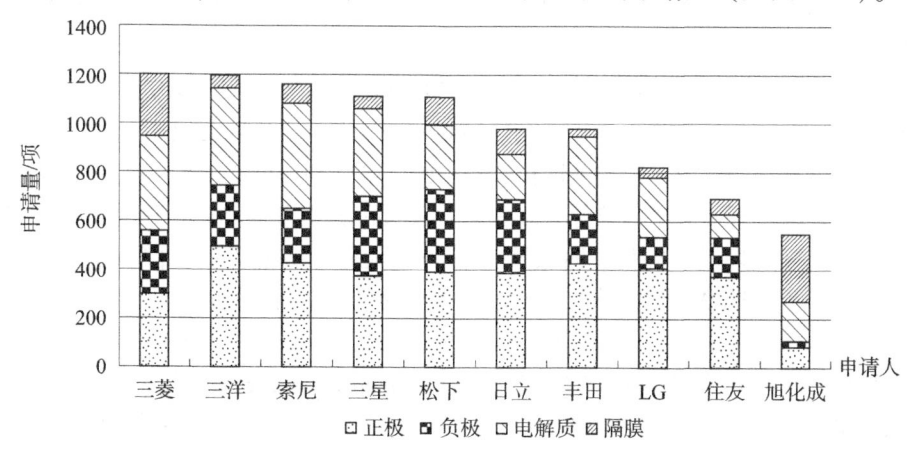

图 1-6　全球锂离子电池关键材料主要申请人及其领域分布

---

❶　书中涉及专利申请人的名称均使用简称，与课题报告统一，下文不再赘述。——编辑注

1.2 磷酸铁锂电池产业以中国和美国为主

在锂离子电池体系中，正极材料最大程度上决定着电池的性能，磷酸铁锂和三元材料是目前产业最为主流的动力电池正极材料。其中，磷酸铁锂的优势在于安全性能高、循环寿命长以及价格低廉，而三元材料则在能量密度上占有较大的优势。橄榄石结构的磷酸铁锂具有高安全性、超长寿命、耐高温等特点，使得它适合应用于动力电池领域。

（1）磷酸铁锂正极材料的掺杂改性和包覆改性技术一直是关注热点，中国在掺杂改性和调控前驱体上布局较多。

对磷酸铁锂正极材料进行改性的技术分支主要有包覆改性、掺杂改性、调控前驱体、调控化学计量比、控制结晶度、混合活性材料、包覆材料、混合非活性材料。其中，涉及掺杂改性和包覆改性的专利申请量高于其他改性技术。就掺杂改性技术而言，重点专利主要持有者为索尼和 Valence Technology 公司，就包覆改性技术而言，重点专利持有人为索尼和魁北克水电。

在掺杂改性、包覆改性、调控前驱体、混合活性材料、混合非活性材料、控制结晶度方面，日本的申请量明显高于其他国家；在调控化学计量比方面，日本和韩国相当；在作为包覆材料应用方面，韩国申请量独居鳌头，其主力军为三星。中国在掺杂改性和调控前驱体上面布局较多，但是在作为包覆材料和调控化学计量比的技术分支上布局较少。

（2）磷酸铁锂的技术路线为树状扩散的模式。基础核心专利于 1997 年提出。早期的改进集中于采用包覆、掺杂等方法对磷酸铁锂结构进行优化改变，之后则主要针对不同改性方法，采用合适手段，制备性能更优的磷酸铁锂（见图 1-7）。

全球最早的磷酸铁锂基础专利（US5910382B）于 1997 年由美国得州大学 J. B. Goodenough 教授提出申请，随后蒙特利尔大学的 M. Armand 教授加入该研究行列，并共同申请了磷酸铁锂包碳技术的基础专利（CA2270771A1）。基于得州大学与蒙特利尔大学的渊源，Phostech Lithium 拥有磷酸铁锂基础专利的专利许可。以麻省理工学院蒋业明教授为首的团队拥有磷酸铁锂多位掺杂的专利技术，随后该团队创建的 A123 公司成为早期磷酸铁锂电池的重要供应商。

中国最早的磷酸铁锂专利申请（CN1401559A）出现在 2002 年，由北大先行科技产业有限公司申请。2004 年，美国 Valence Technology 公司研发出可采用三价氧化铁为铁源的制备方法，并以此碳热还原技术申请了专利（CA2395115C），该技术为磷酸铁锂的产业化奠定了基础，同时期还出现了微波法和喷雾造粒等制造方法。从 2005 年开始，磷酸铁锂专利申请呈现喷发式增长，各种制备方法的改性相继出现。如 2005 年出现的水热合成的专利申请

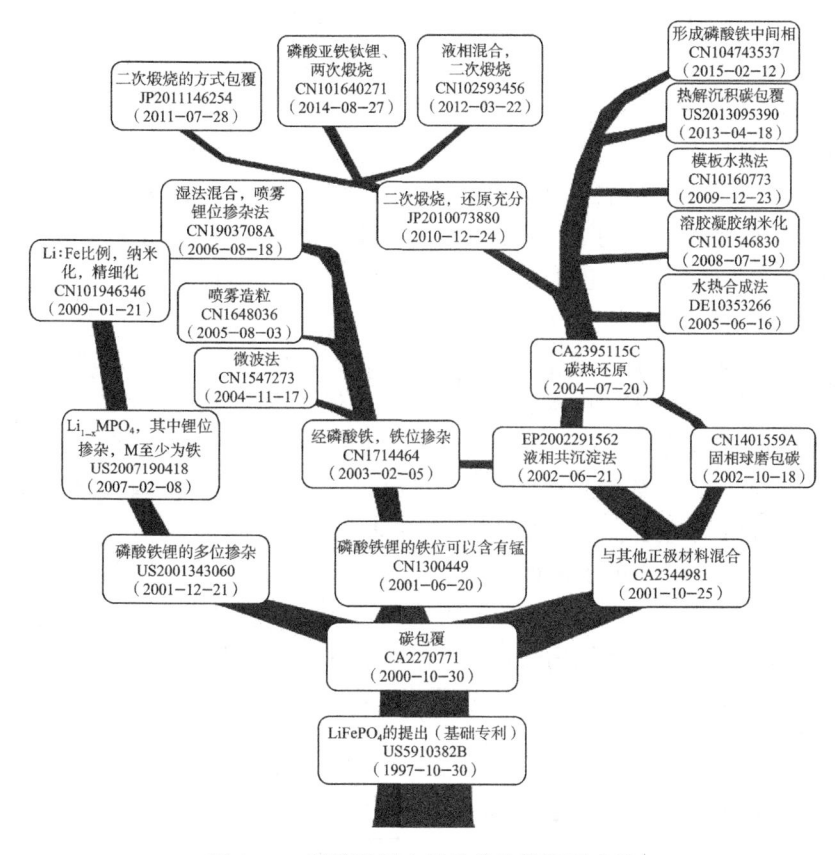

1 长续航动力锂电池关键材料技术

```
形成磷酸铁中间相
CN104743537
（2015-02-12）

二次煅烧的方式包覆        磷酸亚铁钛锂、    液相混合，          热解沉积碳包覆
JP2011146254              两次煅烧          二次煅烧            US2013095390
（2011-07-28）            CN101640271      CN102593456         （2013-04-18）
                         （2014-08-27）    （2012-03-22）
                                                                模板水热法
                                                                CN10160773
          湿法混合，喷雾                                          （2009-12-23）
          锂位掺杂法           二次煅烧，还原充分
Li:Fe比例，纳米  CN1903708A    JP2010073880                      溶胶凝胶纳米化
化、精细化    （2006-08-18）   （2010-12-24）                     CN101546830
CN101946346                                                      （2008-07-19）
（2009-01-21）  喷雾造粒
                CN1648036                                        水热合成法
                （2005-08-03）                                    DE10353266
                                                                 （2005-06-16）
                    微波法
                    CN1547273
                   （2004-11-17）
                                           CA2395115C
Li₁₋ₓMPO₄,其中锂位                          碳热还原
掺杂，M至少为铁    经磷酸铁，铁位掺杂        （2004-07-20）
US2007190418       CN1714464               EP2002291562         CN1401559A
（2007-02-08）    （2003-02-05）            液相共沉淀法          固相球磨包碳
                                          （2002-06-21）       （2002-10-18）

磷酸铁锂的多位掺杂   磷酸铁锂的铁位可以含有锰   与其他正极材料混合
US2001343060        CN1300449                CA2344981
（2001-12-21）      （2001-06-20）            （2001-10-25）

                         碳包覆
                         CA2270771
                        （2000-10-30）

                    LiFePO₄的提出（基础专利）
                    US5910382B
                    （1997-10-30）
```

图 1-7 磷酸铁锂专利技术路线发展路线

DE10353266，2008年出现的对溶胶凝胶进行纳米化的专利申请（CN101546830），以及随后出现的模板水热法的专利申请（CN10160773），热解沉淀碳包覆法的专利申请（US2013095390）等。

（3）磷酸铁锂的产业化路线大致经历了3个阶段：1997~2005年处于磷酸铁锂的基础萌芽阶段；2006~2009年处于磷酸铁锂的产业培育阶段；2010年至今处于磷酸铁锂的产业应用阶段。国内在第一阶段处于大幅落后，经过第二、第三两个阶段的追赶，我们和国外的差距大幅缩小，并且迎来了在磷酸铁锂工艺路线上建立优势的机遇（见图1-8，详见文前彩插第1页）。

第一阶段，得州大学于1997年在美国申请了磷酸铁锂的基础专利US5910382B，国内首个关于磷酸铁锂的专利为2002年北大先行科技产业公司申请的通过球磨固相烧结制备磷酸铁锂的专利（CN1401559C）。可以看出，中国在磷酸铁锂发展的第一阶段相对于国外晚了5年时间。

第二阶段，2006年陕西咸阳威力克公司和北京科技大学装配出了一辆

22 kW 的纯电动车进行试验，其电池活性材料采用的是国内北大先行科技产业公司制备的磷酸铁锂电池。2007 年，比亚迪发布了名为"ET-POW-RE"的磷酸铁锂电池，并且在 2008 年应用于混合电动车 F6 中进行试验；北大先行科技产业公司也在 2007 年宣布其"新一代正极材料磷酸铁锂"中试成功，其采用了草酸亚铁技术路线。在国外，通用汽车公司宣布与全球最大的磷酸铁锂制造商 A123 公司达成在磷酸铁锂电池技术上的合作，并且于 2009 年将磷酸铁锂电池应用到电动滑板车、电动自行车和电动轮椅等领域。

第三阶段，美国的通用汽车公司于 2010 年推出了 VOLT 系列纯电动汽车，其采用的磷酸铁锂电池为 A123 公司提供，生产路线为草酸亚铁路线；而国内的比亚迪也于 2011 年推出了第一款采用磷酸铁锂电池的纯电动汽车 E6，生产路线也为草酸亚铁路线。经过第二阶段的追赶，我国和国外的差距逐渐缩小到 1 年左右，基本处于并驾齐驱状态。

此后，磷酸铁锂的工艺得到了很大的发展，主流的生产工艺主要有：水热法工艺、草酸亚铁工艺、氧化铁工艺和磷酸铁工艺路线。目前国内主要采用的是草酸亚铁路线和氧化铁路线，但是这种工艺生产的产品成品率低、电化学性能差，随着市场竞争的激烈化，国内也面临着工艺转型的必然需求。综合比较国内各工艺路线的现状如表 1-3 所示。

表 1-3 国内磷酸铁锂制造工艺路线的发展情况

	氧化铁路线	水热合成路线	草酸亚铁路线	磷酸铁路线
成本	8.0 万/吨	15.0 万/吨	8.2 万/吨	9.2 万/吨
重要专利	VT 公司 CN1248958C	韩华公司 CN101789507B	易于模仿	国外来华专利 CN101888973B 国内的清华大学 CN1469499C
国内市场份额	33%	0.5%	65%	1.5%
优点	成本低，技术进入国内较早	成本较高，设备投入大，废液处理	门槛低，操作简单，成本相对较低	产品性能优越，具有前驱体环节，改性方便，易满足不同需求
缺点	产品电化学性能差	产品均一，性能较好	周期长，成品率低，稳定性差	对磷酸铁前驱体的要求较高

由表 1-3 可以看出，作为候选的水热合成和磷酸铁工艺路线，目前在国内的市场份额都较小，但其制备出的产品性能较好。相比而言，磷酸铁工艺的成本较低，国内的北大先行科技产业公司和国外的 A123 公司都开始采用磷酸铁路线。此外，国内在磷酸铁路线上具有一定技术优势。2004 年，清华

大学申请了通过磷酸铁前驱体来制备磷酸铁锂的专利 CN1469499A，并且已经得到授权；此外，深圳比克公司申请的专利 CN101373831A、比亚迪申请的专利 CN102795611A 和 CN102723464A 等都是关磷酸铁路线。国外南方化学公司的专利 CN101888973B 在 2015 年得到授权。可见，发展磷酸铁的工艺路线是我们在磷酸铁锂领域建立优势的机遇之一。

（4）国内在包覆改性、掺杂改性、混合非活性材料、混合活性材料、调控前驱体技术方向的专利布局较多，在作为包覆材料、调控化学计量比两个技术方向的专利布局有待加强。

包覆改性、掺杂改性是磷酸铁锂最基本的改性手段，国内在包覆改性、掺杂改性技术方向的专利申请数量较多，但国内产业仍需关注 Phostech Lithium 有关碳包覆、Valence Technology 公司和 A123 公司有关掺杂改性的核心专利。对于混合非活性材料、混合活性材料、调控前驱体技术这 3 个技术方向，国内专利布局较多，但核心专利较少。

对于作为包覆材料这个近几年新出现的技术分支，国内的有关研究和专利布局明显不足，国内产业需重点关注韩国三星在该技术上的研究和专利布局。对于调控化学计量比国内鲜有涉足，对该技术分支研究较为深入的是美国的 A123 公司，目前 A123 公司已被国内万向集团收购，我们可以此为契机进行技术突破。

（5）以得州大学和魁北克水电公司为首的专利联盟掌握磷酸铁锂基础专利，主导整个产业生态。

业内知名的诉讼，包括得州大学与 A123 公司及 Black & Decker 的诉讼、得州大学与 Valence Technology 公司的诉讼，以及 Phostech Lithium 和中国电池协会间的诉讼，都涉及有关磷酸铁锂的基础专利技术，这些基础专利技术掌握在得州大学、蒙特利尔大学以及 Phostech Lithium 手中。2005 年，德国南方化学公司收购了 Phostech Lithium；2011 年，魁北克水电公司、蒙特利尔大学、法国国家科研中心及南方化学公司成立了专利联盟，并且魁北克水电公司已经获得了得州大学基础专利的许可。在 2011 年，该专利联盟将其拥有的磷酸铁锂正极材料基础专利和碳包覆核心专利技术打包许可给包括住友大阪、三井造船两家日本企业以及尚志精密和立凯电能两家中国台湾企业。

可以说，以得州大学以及魁北克水电公司为首的专利联盟牢牢把持着磷酸铁锂的核心专利，它们以许可、诉讼等方式对其核心专利进行有效运营，主导着整个磷酸铁锂行业。目前，国内的产业已经在面对来自 Phostech Lithium 的挑战，虽然中国电池工业协会认定 Phostech Lithium 的专利无效，使得整个磷酸铁锂行业的专利风险暂时得以规避，但仍需要重点关注这些基础专利持有者的核心专利技术以及未来动向（见图 1-9，详见文前彩插第 2 页）。

1.3 三元锂电池以日本和韩国技术领跑

层状结构的三元材料相比磷酸铁锂,其最突出的优势在于能量密度高。2015年初,科技部发布了《国家重点研发计划新能源汽车重点专项实施方案》,其中明确要求2015年底,轿车动力电池能量密度达到 200 Wh/kg,随着该项政策的出台,三元材料在国内电动汽车行业的前景更为广阔。

(1) 三元正极材料的包覆改性和掺杂改性技术是关注的热点,中国在包覆改性上布局较多,但在其他技术方向布局较少,整体布局并不均匀。

与磷酸铁锂类似,对三元复合氧化物正极材料进行改性的技术分支主要有包覆改性、掺杂改性、调控前驱体、调控化学计量比、控制结晶度、混合活性材料、包覆材料、混合非活性材料。其中,涉及掺杂改性和包覆改性的专利申请量高于其他改性技术,属于业界关注热点。近年来,掺杂改性的申请量有所下降,有关混合活性材料的专利申请量近年来呈增长态势。

日本和韩国在各个技术分支的申请量都较高,中国在包覆改性方面的申请量较高,在其他技术分支的专利申请不够,专利未成体系。

(2) 就三元材料的制备工艺而言,固相烧结、共沉淀作为早期制作工艺,相关研究一直没有中断,技术路线十分完整;此外,产业界也在不断探索水热合成、溶胶凝胶等制造工艺。

对于三元材料的制作工艺,最早的专利技术是1990年申请的专利JP4106875A,该专利采用固相烧结法制备三元材料,之后出现了共沉淀制备工艺,形成了固相烧结和共沉淀两条工艺主线。

除固相烧结、共沉淀之外,产业内也在积极探索其他制备工艺。例如2009年出现的有关溶胶凝胶法制备工艺的专利申请,但工艺需要使用大量价格昂贵的有机原料,且湿凝胶由于表面张力大,需要很长时间方可干燥,导致其目前并不适合大规模产业应用(见图1-10)。

三元材料各种制备工艺的生产过程中都会经历高温煅烧,为了避免锂源挥发影响结果,通常会使锂源过量,而锂源过量会经高温产生锂氧化物,进而生成氢氧化锂和碳酸锂,导致产品碱含量过高,而碱含量过高会使三元材料表面吸水增多,大幅降低三元材料循环性能并且增加不可逆容量的损失。因此,近几年专利申请对降低产品碱含量做了重点的研发和布局。

预计在未来,产业应用仍将以共沉淀工艺为主,但在科研方面,除了共沉淀之外,固相烧结工艺也是一个研究重点。在具体工艺过程中,研究则主要关注在如何降低碱含量以提高安全性方面(见表1-4)。

(3) 三元材料技术路线中,多种改性手段齐头并进。国内在包覆改性技术方向上积累较多,但在其他技术方向上面临一定的专利风险(见图1-11)。

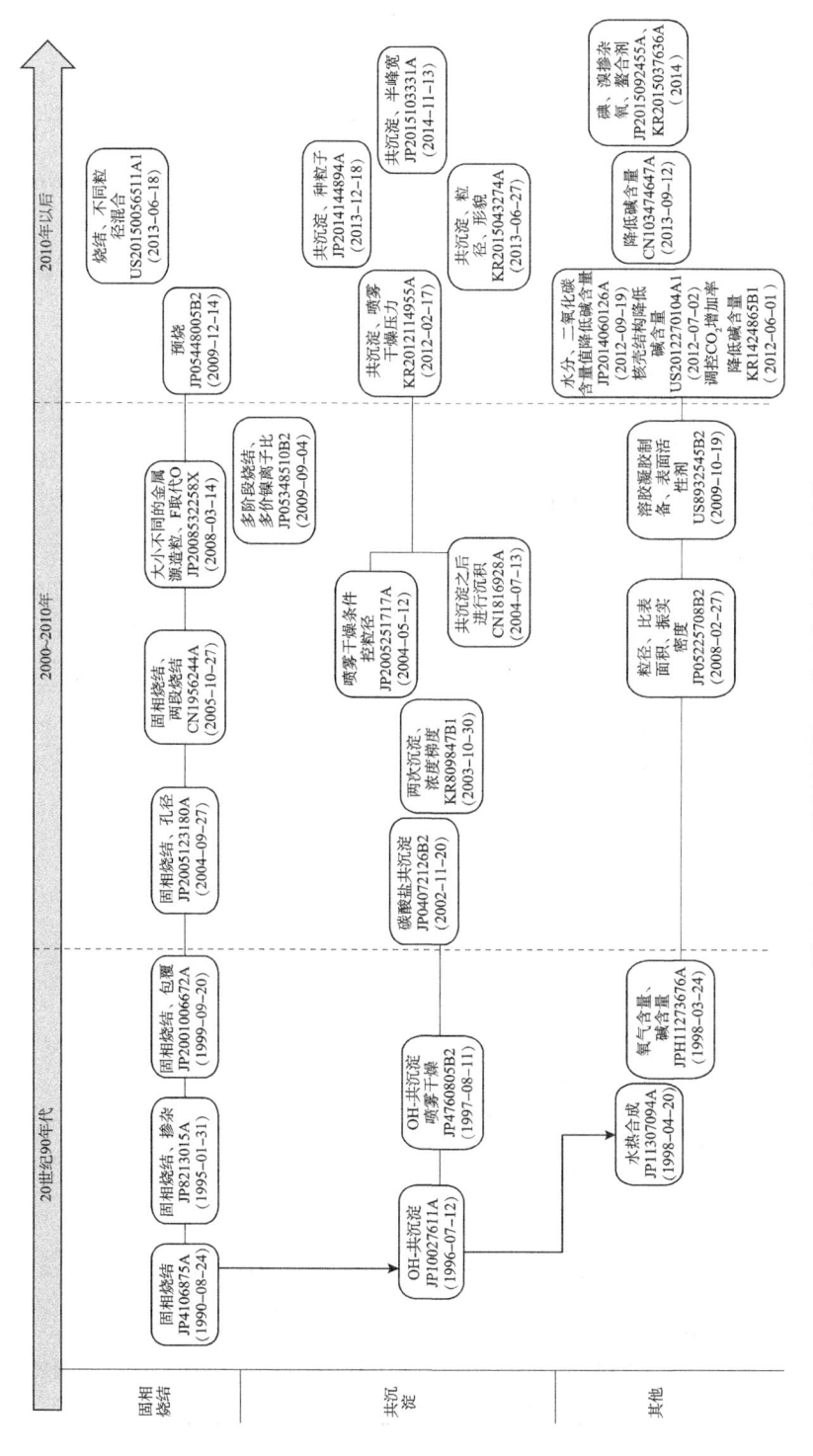

1 长续航动力锂电池关键材料技术

图1-10 三元材料制备工艺重点专利发展路线

表1-4 国内三元材料各工艺路线的发展情况

	固相烧结	共沉淀		水热合成	溶胶凝胶
		氢氧化物共沉淀	碳酸盐共沉淀		
国内专利状况	CN103326018A（北大先行）CN101916843A（中科院）CN1023325669A（四川大学）	CN102347483B CN102368548B（中兴）CN103811744A CN103413932A（北大先行）CN101997113A CN103187561A CN103904310B（当升）CN101585560B CN102237510B CN103904318B CN100503453B（比亚迪）	CN1581561A CN100417595（比亚迪）CN103035900A（北大先行）	CN1992397A（比亚迪）CN103137962A（邦普循环科技）CN103633315A（钨与稀土产品质量监督检验中心）	CN104218225（江南石墨烯研究院）CN101944602B（彩虹集团）CN1641914A（清华大学）CN103078105B（宁德新能源）CN103413931A（北京大学）CN103000890A CN104916836A CN103515591A（上海纳米技术中心）CN103811747（邦普循环科技）
产业状况	曾产业化，业界目前基本放弃	已产业化，得到产业认可和热衷	产业化极少	难以进行工业化生产	—
成本	较低	低	高	较高	—
优点	对设备要求低、操作简单、产量大	原料达到分子级混合，形貌、粒径、振实密度和比表面积可控；设备简单、成本低、生产周期短	结晶度高，大小、均匀性、形状、成分可控	粒径小，焙烧温度低、时间短，产率高	—
缺点	产率低，时间长，均一性差，稳定性差，形貌难控，需高温烧结	对反应中产生的含氨以及硫酸钠的非水进行处理使得整体成本增加	设备价格高，需废液处理，所得材料循环性差，需高温处理，合成周期长	合成周期长，难以进行工业化生产；操作繁杂，成本更高，对环境污染大	—
建议	（1）共沉淀的重点专利需要重点关注LG的CN101490875B、三星的CN102280636B、LG的CN101517783B、三菱的专利CN100359725C、住友的CN102884659B、三星的CN1156044C、巴斯夫的CN103118985B； （2）在已有氢氧化物和碳酸盐共沉淀技术积累的基础上，加强对表面碱含量降低、能量密度提升、生产成本降低等相关工艺的探索					

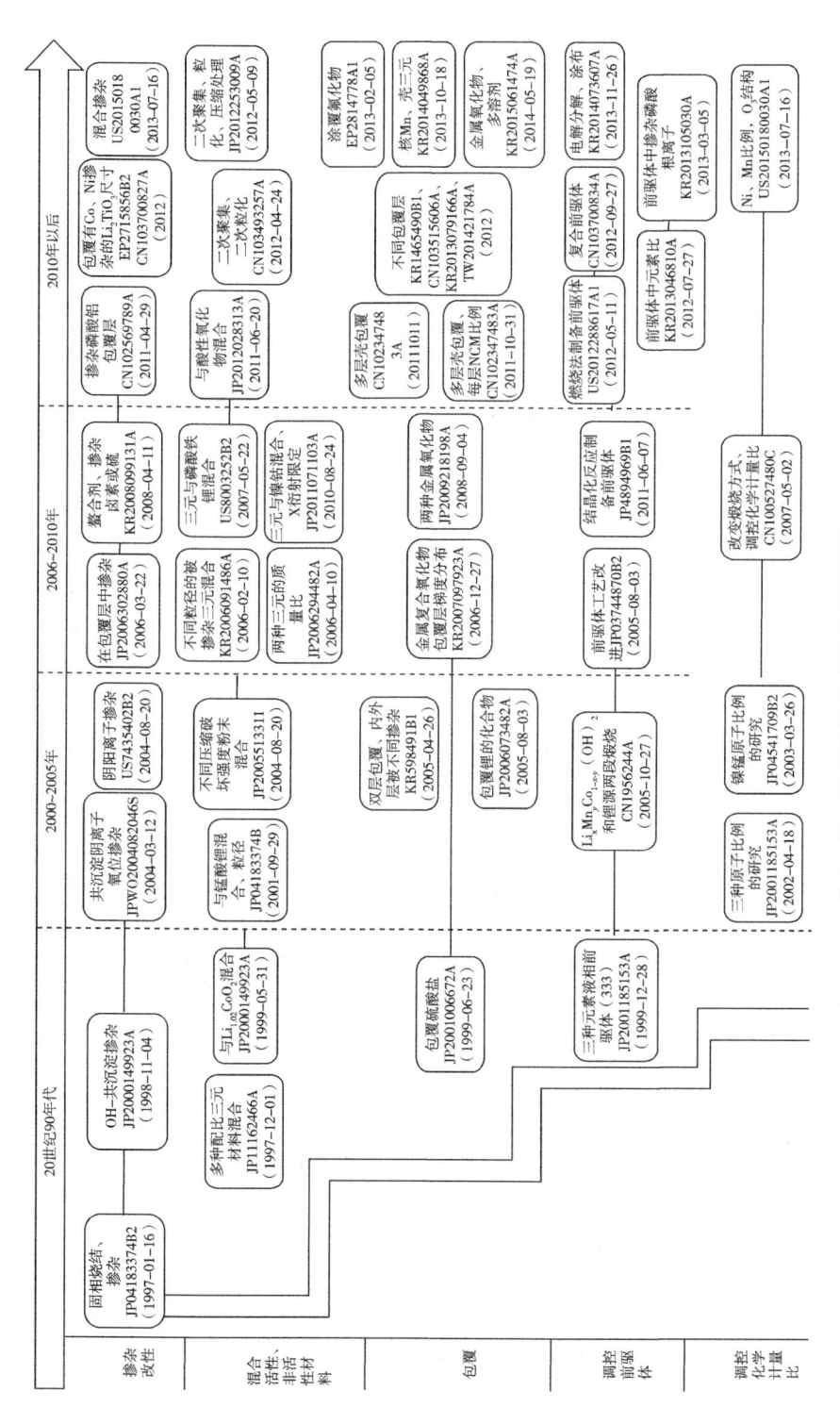

图 1-11 三元改性重点专利发展路线

三元材料改性重点专利以日本和韩国为主。日本在掺杂改性、调控化学计量比以及混合活性材料或非活性材料方面均占据绝对优势；韩国在各方面专利分布相对均匀。国内的重点专利主要集中在包覆改性；其次是掺杂改性、调控前驱体；再次是混合活性材料或非活性材料。这充分说明中国十分重视通过包覆的手段来提高三元材料性能的研发，并在该技术手段方面具备较强的实力，但是在混合活性材料或非活性材料以及调控化学计量方面，中国的相关专利技术显得有所欠缺。

(4) 调控化学计量比技术方面的高 Ni 材料的是专利布局的重点，而低 Co 含量、高 Mn 含量三元材料的专利布局相对较少。

对调控化学计量比而言，国内有关的专利布局明显不足，应重点关注 3M 有关化学计量比的核心专利（见图 1-12）。

目前，市场应用最广泛的三元材料（NCM）有 333、442、424、523、811 等产品，其中，424、523 和 811 是 Ni 含量相对较高的一类材料，是三元动力电池的主流材料。其中 333 和 424 均在 3M 核心专利的保护范围之内。

低 Co 含量、高 Mn 含量的三元材料相关的重点专利布局较少，并且考虑到 Mn 的引入可降低生产成本，改善材料的结构稳定性和安全性，因此，从降低成本以及合理进行专利规避的角度考虑，可加大对低 Co 含量、高 Mn 含量三元材料的研发投入以及专利布局。

(5) 以"3M+优美科""阿贡实验室+巴斯夫"为首的两大阵营掌握基础专利，主导整个产业生态。

2015 年初，德国化工巨头巴斯夫在美国当地法院起诉全球主要正极材料厂商比利时优美科，并一同提出"337"调查，一同被诉的还有优美科的重要客户——日本牧田工业，而优美科也向巴斯夫提出反诉。经过分析发现，巴斯夫和优美科诉讼所使用的专利分别掌握在芝加哥阿贡实验室和 3M 手中，表面上的专利诉讼发生在巴斯夫和优美科之间，而深层次是阿贡实验室与 3M 之间的对决。其中，巴斯夫在正极材料领域的快速扩张，已经影响整个产业生态，值得引起国内产业的高度关注。

目前，国内的湖南瑞翔、北大先行、北京当升、中信国安盟固利、厦门钨业和常州博杰 6 家企业组成的锂电材料产业创新联盟，已经获得了 3M 和优美科的专利授权。随着阿贡实验室、巴斯夫在三元材料行业的深入涉足，3M 一家独大的态势正在逐渐变化。预计在未来，三元材料相关的产业竞争态势将更加激烈。

1.4 磷酸铁锂和三元锂，谁执牛耳？

磷酸铁锂和三元材料具有各自的技术优势和不足，就我国产业化的专利风险而言，也各自面临着相应的风险源，从产业、政策、专利态势、风险等角度来看，二者对比分析如表 1-5 所示。

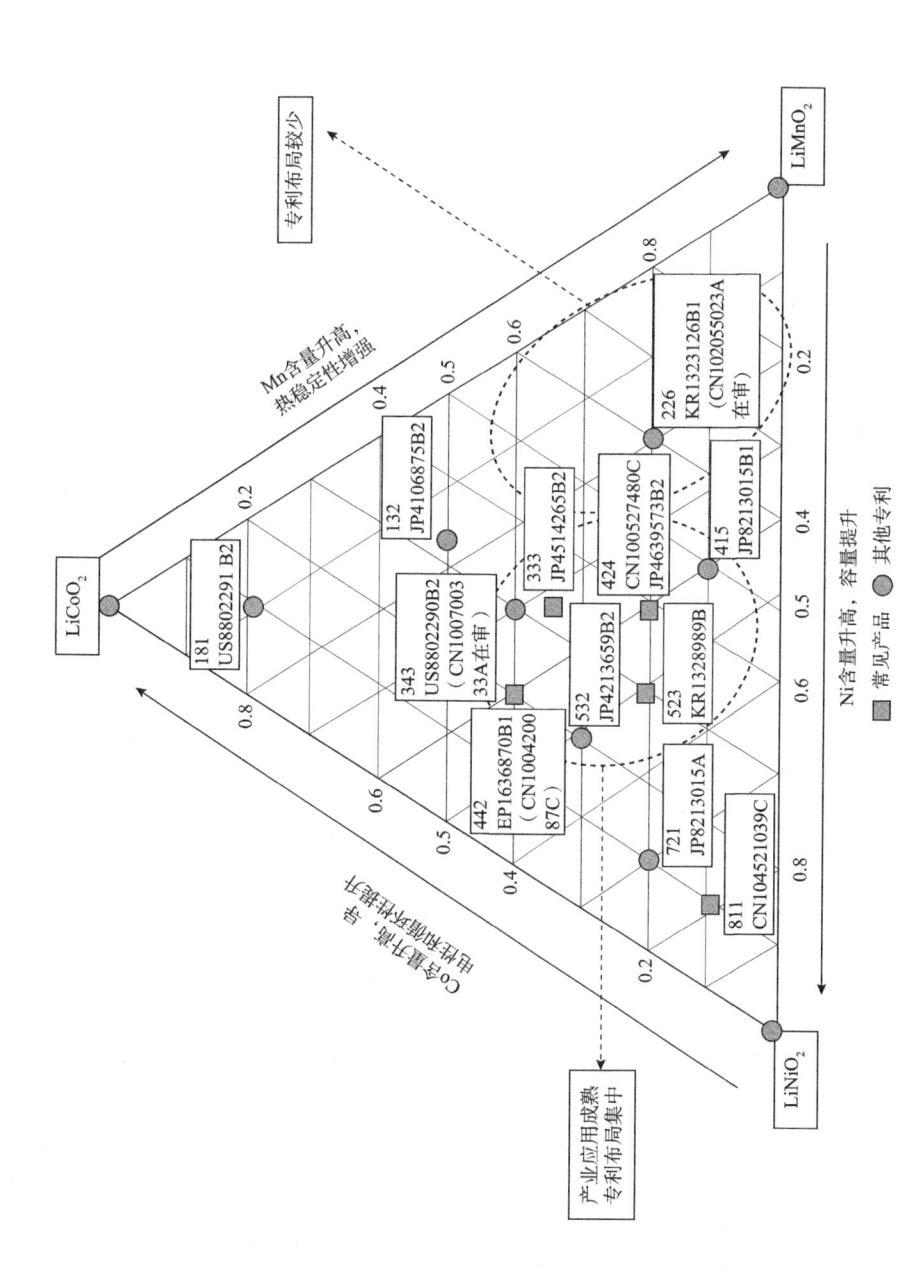

1 长续航动力锂电池关键材料技术

图 1-12 三元材料各比例分布相

表1-5 三元锂和磷酸铁锂主要结论对比

	磷酸铁锂	三元复合氧化物
产业与市场	需求量为1.07万吨;需求量的增长速度较缓;常为方形配置;主要工艺路线为草酸亚铁路线和铁红路线	需求量为4.82万吨;需求量的增长速度高;常以18650圆柱形配置;主要工艺路线为共沉淀路线
政策影响	能量密度近期无法满足国家电动汽车行业发展既定目标	可满足国家电动汽车行业发展的既定目标
优点	安全性、循环性、价格成本	能量密度高
专利态势	中国申请量最多,且数量优势明显,但专利申请呈略有下降态势;目前已经形成专利壁垒,主要以得州大学和魁北克水电为首的碳包覆专利联盟(LiFePO$_4$ + C Licensing LLC)、Valence和A123等三个专利巨头,其中A123和碳包覆专利联盟之间已形成交叉许可	日本申请量最多,中国紧追其后,但三元材料的专利申请呈稳中有升态势;目前已形成有效专利垄断,材料的核心专利主要在3M和阿贡实验室手中,以及后来由索尼为了规避3M专利而新研发的材料532
海外布局	海外布局明显不足	海外布局明显不足
国内风险	国内在调控化学计量比、作为包覆材料布局较少,风险系数较高;在包覆改性、掺杂改性等分支,国内申请较多,且核心专利明确	国内的专利风险集中在调控化学计量比以及混合活性材料,在包覆改性方面值得关注
重点风险源	得州大学的基础专利US5910382B; Phostech Lithium有关碳包覆的核心专利CA2270771B、CN100421289C; Valence和A123有关碳热还原和掺杂改性的核心专利CA2395115、CN1248958C和CN101361210B; 南方化学有关磷酸铁制备工艺的核心专利CN101888973B; 麻省理工学院的专利US8568611B2和韩国三星的专利KR1320390B1在作为包覆材料技术上的布局	阿贡实验室基础专利US7358009 B2; LG和三星有关共沉淀的核心专利KR809847B1、JP2015103331A; 三洋、3M和优美科有关掺杂的核心专利US20150180030A1、JP3281829B2、EP2715856B1; 索尼、LG、三星有关包覆改性的核心专利JP3649953B2、KR2015061474A; 三洋、3M和汤浅有关调控化学计量的核心专利JP04541709B2、US6964828B2、US7078128B2; 三洋和三星有关混合活性材料的核心专利JP04183374B2、US8003252B2
技术方向	产品方面:逐渐向作为包覆材料使用和通过精细调控掺杂各物质化学计量比发展;工艺方面:逐渐从铁红和草酸亚铁制备工艺向磷酸铁制备工艺转换	产品方面:以包覆和掺杂改性为主线,同时重点发展调控化学计量以及混合活性材料,注意降低碱含量相关技术的突破;工艺方面:以共沉淀为主要工艺,重点研究前驱体制备

续表

	磷酸铁锂	三元复合氧化物
综合分析	对于产品而言，新的发展方向处于萌芽阶段，虽然国内稍微落后，但是可以通过加大研发和申请力度进行追赶；对于工艺而言，国内的清华大学已经于2004年开始研究磷酸铁工艺CN1469499C，2006年，武汉大学也加入了研发行列，但是产业化的试验并不够，应当加快产业化进程	中国在三元方面申请量仅次于日本，但是海外布局薄弱，应加强对海外市场的布局；制备三元材料所采用的共沉淀工艺，国内已有一定技术积累，应加强外围专利布局，同时，由于国内大多厂家采用直接购买前驱体的模式生产材料，直接提高了制备成本，中国应加强对前驱体产业生产工艺的探索

1.5 锂金属电池逐渐成为全球锂电池领域研发热点

锂金属电池体系通常是采用金属锂或者锂合金作为负极，其比碳类材料具有更高的比容量。近年来，锂金属电池技术研发活跃，逐渐成为全球锂电池领域研发热点。

全球锂金属电池关键材料领域的专利申请共5170项，中国锂金属电池关键材料技术的专利申请为1925项。表1-6和表1-7反映了全球和中国专利申请总体状况和态势。

表1-6 动力锂金属电池关键材料全球专利申请状况

总申请量	5170项（2013年达到申请量峰值703项）
总体趋势	技术起步阶段（1967~1979年）：申请量很少 初步发展阶段（1980~1999年）：申请量每年缓慢增长 稳定发展阶段（2000~2009年）：申请量增长提速 快速发展阶段（2010年至今）：申请量逐年增长迅猛
主要申请区域	日本：首次申请2030项，占比42% 中国：首次申请1273项，占比27% 美国：首次申请687项，占比14% 韩国：首次申请476项，占比10% 欧洲：首次申请223项，占比4%
主要分布区域	日本：公开3663件，占比29% 中国：公开2483件，占比19% 美国：公开2031件，占比16% 欧洲：公开1473件，占比11% 韩国：公开1294件，占比10%
主要技术分支	正极材料：申请1672项，占比32%，中国申请最多，为764项 负极材料：申请1916项，占比37%，日本申请最多，为816项 电解质材料：申请1592项，占比31%，日本申请最多，为331项

表 1-7 动力锂金属电池关键材料中国专利申请状况

	国内申请	国外来华申请
申请量	1316 件	609 件
趋势	国外来华申请稳定持续增长，近期增长放缓；国内申请近期增长迅猛	
主要申请来源	国内：申请 1272 件，活跃度 2.32 日本：申请 224 件，活跃度 0.95 韩国：申请 146 件，活跃度 1.57 美国：申请 112 件，活跃度 1.21 欧洲：申请 68 件，活跃度 1.21	—
主要技术分支	正极材料：申请 748 件，授权 118 件 负极材料：申请 195 件，授权 41 件 电解质材料：申请 335 件，授权 113 件	正极材料：申请 215 件，授权 78 件 负极材料：申请 115 件，授权 39 件 电解质材料：申请 253 件，授权 134 件

动力锂金属电池关键材料技术领域专利的现状呈现以下特点。

(1) 全球专利进入快速增长期，中国专利尤其是国内专利申请量近期高速增长，中国占全球份额日益增多。

(2) 日本、中国、美国、韩国是主要技术产出地区，日本在专利数量上具有较大优势（见图 1-13）。

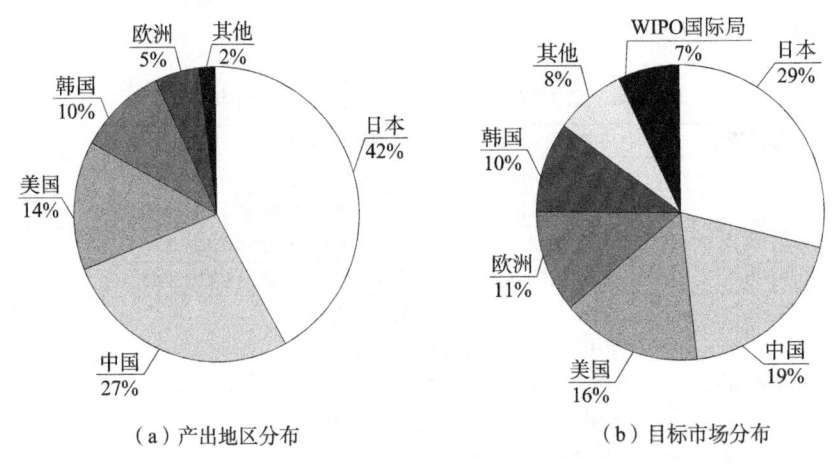

图 1-13 全球锂金属电池关键材料技术产出地区分布与目标市场分布

(3) 从申请量来看，就国内的专利申请而言，绝大多数专利申请来自于国内申请人，国外的专利申请布局并不多；日本、韩国、美国是来华专利申请主要国家，韩国来华申请近期活跃度较高（见图 1-14）。

(4) 全球专利技术主题整体分布均衡，但主要国家各有特色：国内申请偏重于正极材料，国外来华申请偏重于电解质材料。国内在负极和电解质方向专利风险较高，尤其在负极方向上的锂盐涂层和聚合物涂层、电解质方向

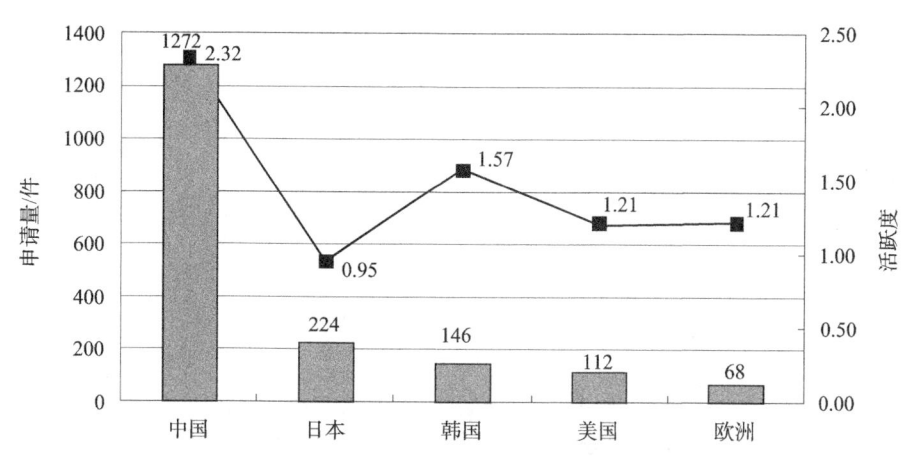

图1-14 中国锂金属电池关键材料主要原创地申请量与活跃度对比

上的无机固体电解质风险较高。

（5）三洋、丰田、三星等知名厂商是全球主要申请人，国内申请人以中科院为首的科研机构为主。

日本产业界对锂金属电池关键材料高度关注，如三洋、丰田、松下、索尼、三菱、住友、东芝、NEC都有不少的专利申请；韩国三星在全球排名第二位，在中国也有不少专利布局。从技术领域分布来看，日本的丰田、韩国的三星是电解质材料的主要申请人；日本的三洋、日立、松下是负极材料的主要申请人；受美国政府资金扶持的Polyplus虽然申请排名相对靠后，但其在负极材料的研发实力很强，也有不少的专利申请积累。国内申请人则多是科研机构和高校，例如中科院、中南大学、电子十八所、复旦大学、浙江大学、清华大学等，偏重于正极材料的研究。

1.5.1 全球重点领域专利技术动向

影响锂金属产业化的根本原因在于锂金属电池在充放电过程中容易产生锂枝晶，严重影响电池的安全性和循环稳定性。目前解决锂枝晶的主要路径有两条，一是对锂负极进行改性，抑制锂枝晶的产生；二是使用适合金属锂负极的电解质，减少金属锂产生枝晶的可能性。

锂金属电解质材料各技术分支创新的技术动向包括以下两点。

（1）无机固体电解质相较其他电解质材料综合性能更优，是解决安全问题的首选，也是目前的研究主流。其中，氧化物固体电解质和硫化物固体电解质是两条主要的技术路线，硫化物固体电解质更是当前研究重点，对硫化物固体电解质的改进集中于元素掺杂和工艺控制以使硫化物对水和空气具有更好的稳定性（见图1-15）。

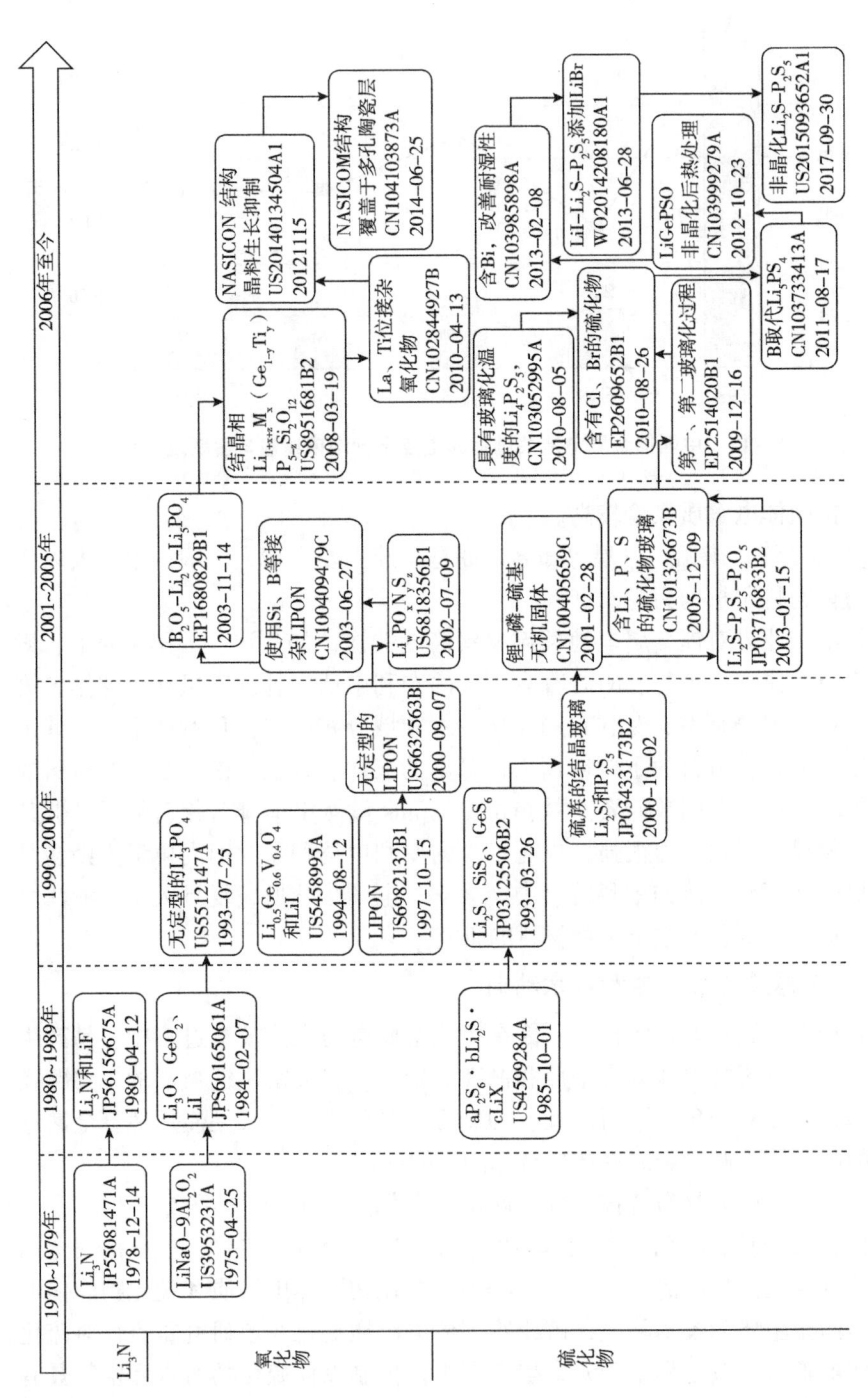

图1-15 动力锂电池固体无机电解质专利技术路线

(2) 在无机固体电解质领域，日本丰田是全球最主要的专利申请人，其注重在中国的专利布局，丰田在氧化物固体电解质和硫化物固体电解质两个方向上均有布局，目前更倾向于硫化物电解质的专利布局（见图 1-16）。

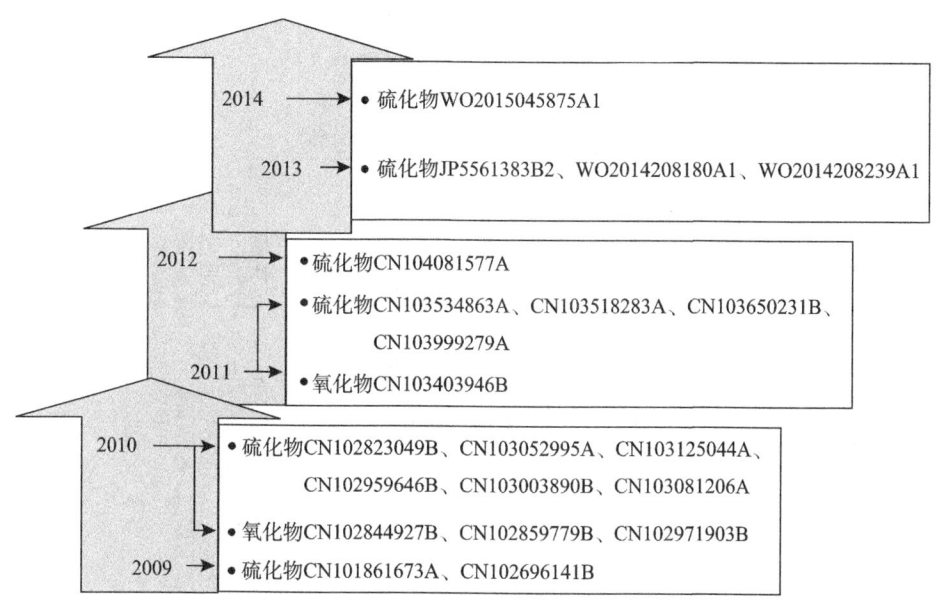

```
2014 → • 硫化物WO2015045875A1
2013 → • 硫化物JP5561383B2、WO2014208180A1、WO2014208239A1

2012 → • 硫化物CN104081577A
       • 硫化物CN103534863A、CN103518283A、CN103650231B、
         CN103999279A
2011 → • 氧化物CN103403946B

2010 → • 硫化物CN102823049B、CN103052995A、CN103125044A、
         CN102959646B、CN103003890B、CN103081206A
       • 氧化物CN102844927B、CN102859779B、CN102971903B
2009 → • 硫化物CN101861673A、CN102696141B
```

图 1-16 丰田无机固体电解质重要专利申请情况

锂金属负极材料各技术分支创新的技术动向包括以下两方面。

（1）对锂负极表面进行设置保护层，可抑制锂枝晶的生长，提高安全性和循环性。作为解决锂枝晶的有效手段，锂负极表面保护是目前的研究主流，其中，锂盐涂层和聚合物涂层是研究重点，目前朝着复合化、多层化方向发展（见图 1-17）。

（2）日本公司对锂金属负极的研究起步早，有较多基础性研究，韩国三星和美国 PloyPlus 公司的申请量后来居上，且更加注重海外布局，是目前该领域的领头羊（见图 1-18、图 1-19）。

1.5.2 中国重点技术创新动向

解决金属锂枝晶是锂金属电池产业化应用的必经途径，因此，对全球锂金属负极研究是目前的热点和难点，为此，对锂金属负极材料的专利风险进行分析发现如下动向。

（1）海外专利申请在锂负极表面保护方面已经走在了国内申请人前面，并且构建了较为完整的知识产权保护体系，尤其是锂盐涂层和聚合物涂层方面，国外申请人对国内申请人形成较强的技术壁垒（见图 1-20）。

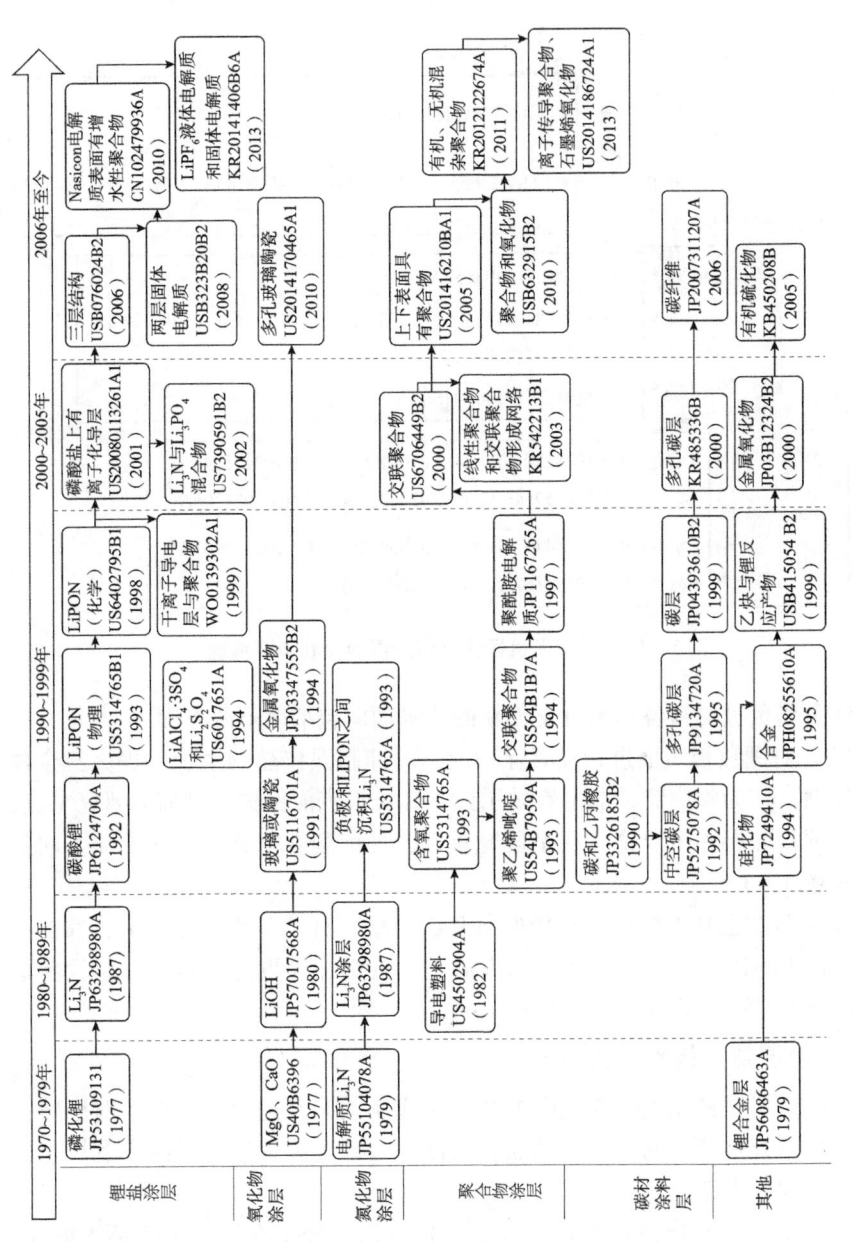

图 1–17 动力锂金属电池负极表面保护专利技术路线

1 长续航动力锂电池关键材料技术

图 1-18 美国 PolyPlus 锂负极表面保护专利技术发展路线

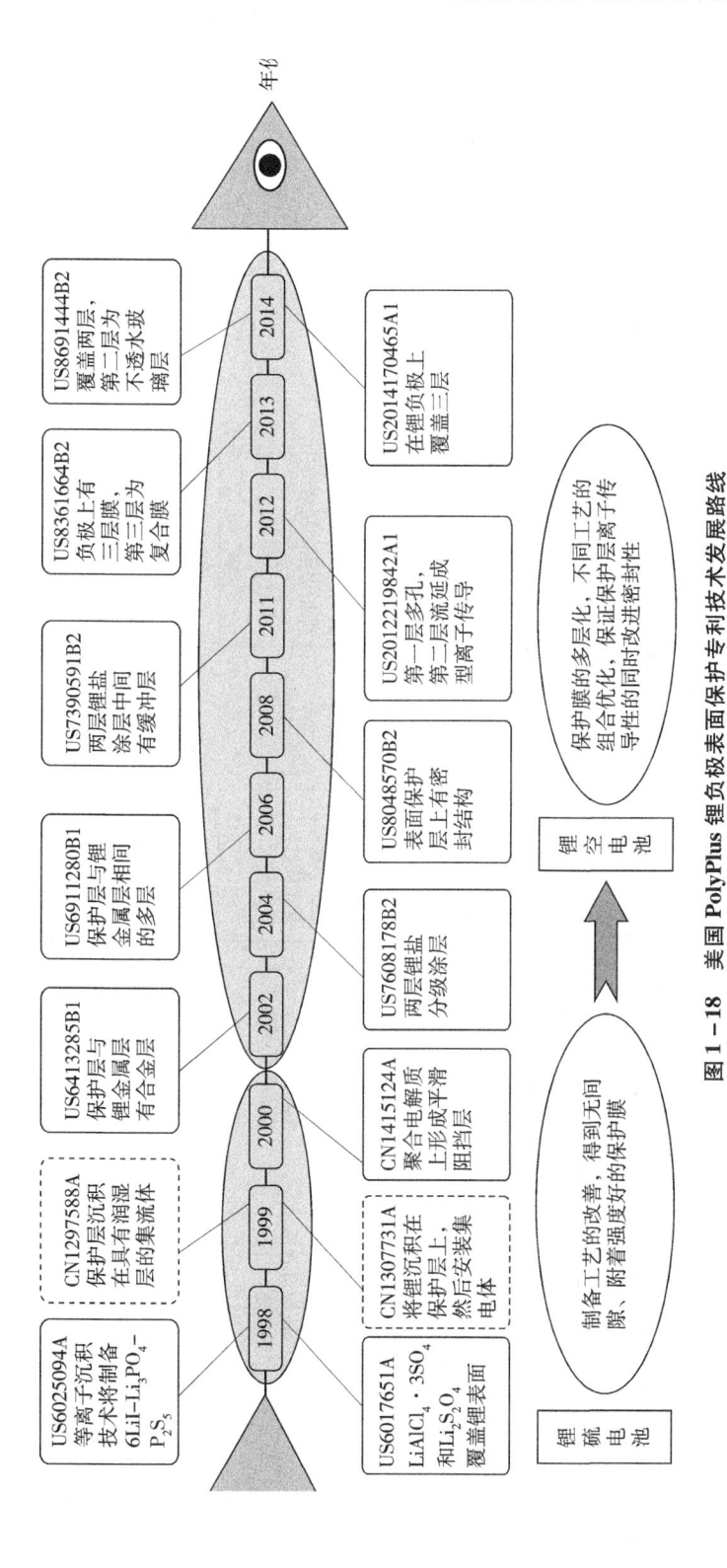

前沿技术领域专利竞争格局与趋势（Ⅲ）

图1-19 韩国三星锂负极表面保护专利技术发展路线

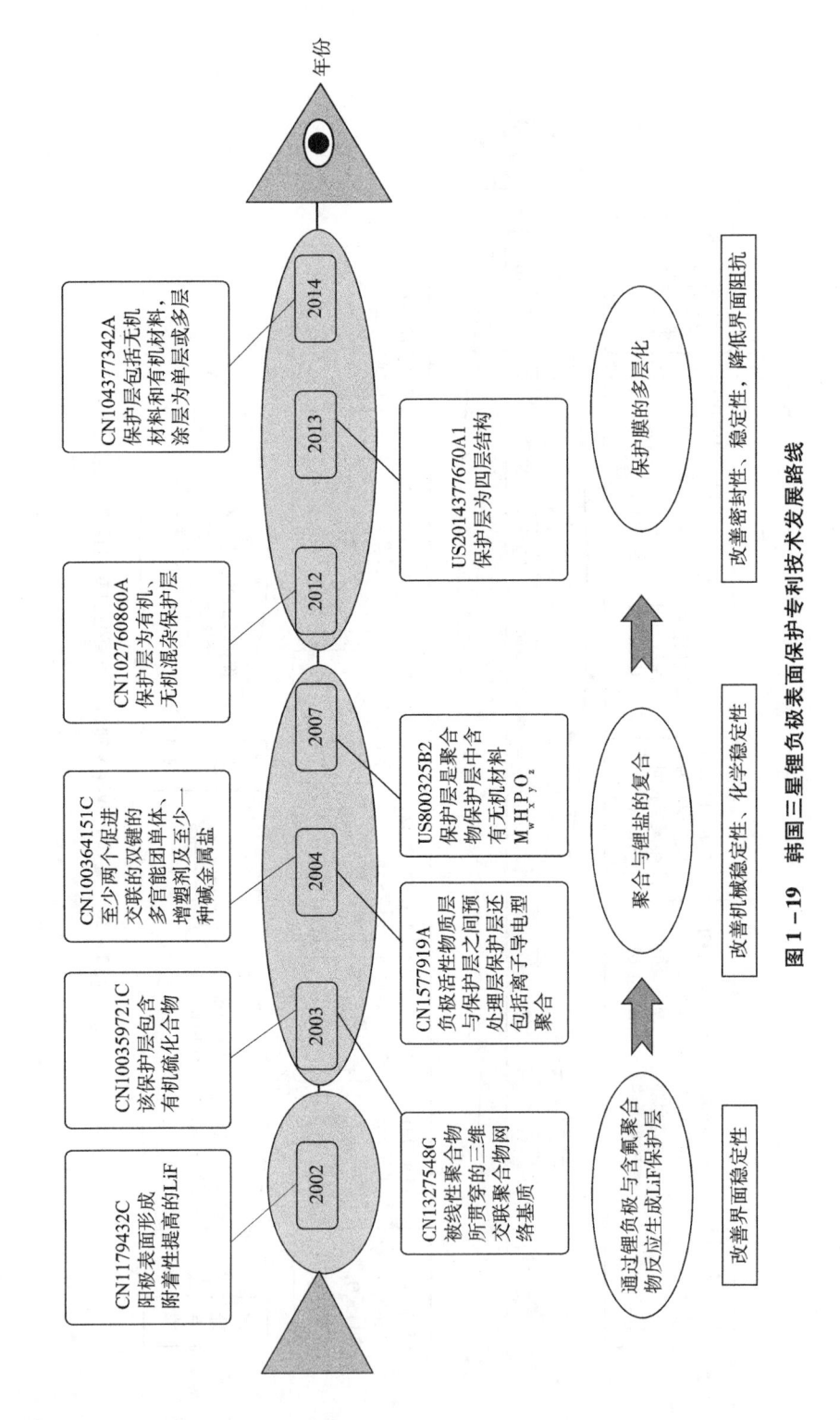

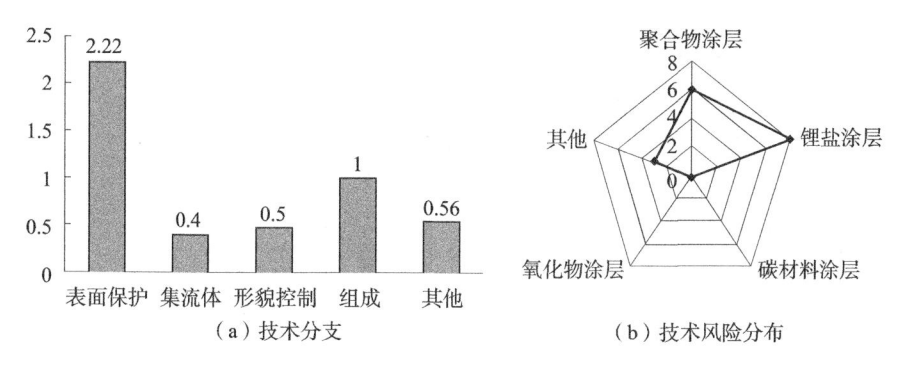

图 1-20　锂金属负极各技术分支及技术细节风险点

由于锂金属电池尚未实现大规模的产业化，国内对锂金属电池关键材料的研究主要集中在科研院所，例如中科院、中南大学、电子十八所、复旦大学、浙江大学、清华大学等。其中，中科院在锂金属电池关键材料领域的专利申请量在全球排名第七位，不仅申请数量远远领先于其他国内申请人，其研发团队、技术综合实力也代表着国内最高水平。为此，特选择中科院作为关键的国内申请人代表，进行国内技术现状的分析。

（2）中科院近几年有关锂金属电池关键材料的专利申请增长速度迅速，但其研发重点集中在正极材料和电解质材料，对负极材料的关注力度有待提高，且对外专利申请的布局意识有待加强。中科院大连化学物理研究所的张华民团队、中科院物理研究所的陈立泉和李泓团队、中科院上海硅酸盐研究所的温兆银团队，是中科院最主要的专利技术研发团队。

1.6　电池企业的创新比较

从全球范围内选取市场上处于主导地位的几位重要申请人进行分析，从产业最为关注的正极材料出发，分析其专利布局特点和布局策略，如表1-8和表1-9所示。

表1-8　正极材料重要申请人专利申请指标对比　　　　　　　单位：件

项目	LG	三星	松下	比亚迪
总申请量	365	276	346	106
近3年申请量*	195	138	22	28
在华申请量	109	100	88	102
近3年在华申请量	51	50	10	28
海外扩张度	1.32	1.87	0.85	0.39
总被引频次	152	451	1872	146

续表

项目	LG	三星	松下	比亚迪
平均被引次数	0.42	1.63	5.41	1.38
被引次数大于5	7	22	100	8
CN申请量	109	100	88	102
JP申请量	74	122	348	9
KR申请量	358	274	58	9
US申请量	173	196	111	13
EP申请量	118	95	40	9
五局申请总量	832	787	645	142
CN授权量	38	41	60	61
JP授权量	38	61	189	6
KR授权量	208	163	42	4
US授权量	74	82	65	8
EP授权量	23	24	20	5
五局授权总量	381	371	376	84

注：近3年指2012~2015年。

表1-9　正极材料重要申请人产业技术指标对比

项目	LG	三星	松下	比亚迪
出货量	2011年1.86亿瓦时，2012年8.17亿瓦时，2013年11.33亿瓦时，2014年16.88亿瓦时	2012年0.43亿瓦时，2013年1.4亿瓦时，2014年10.62亿瓦时	2011年0.36亿瓦时，2012年2.41亿瓦时，2013年4.09亿瓦时，2014年8.04亿瓦时	2014年10亿瓦时
合作车企	通用、三菱、雷诺、现代、长安	宝马、大众、保时捷、福特等	特斯拉、大众、丰田、铃木等	—
电池厂	美国、韩国、中国南京（将建）	韩国、中国西安（将建）	大阪住之江工厂、大阪贝塚工厂、美国（将建）	惠州、上海、深圳（将建）
技术路线	以锰系为主发展三元材料	以锰系为主发展三元材料	氧化锰锂、镍钴锰、镍钴铝	磷酸铁锂
主要合作方	通用	宝马	特斯拉	
近期专利申请重点	三元材料氧化锰锂	三元材料	三元材料氧化镍锂	磷酸铁锂三元材料
近期三元材料专利申请重点	混合活性材料、包覆改性、调控前驱体	包覆改性、掺杂改性、混合活性材料	掺杂改性、混合活性材料、混合非活性材料	掺杂改性、包覆改性

对比正极材料几位重要申请人的专利布局和产业情况，得出以下结论。

（1）总体来看，日本松下专利申请的数量和质量最高，但近3年的专利布局速度明显放缓，韩国LG和三星在专利上处于追赶状态，申请量分别高达195件和138件，同时在华布局速度也大大加快。相比而言，比亚迪的专利布局速度则相对平稳。

（2）从全球布局情况来看，韩国LG和三星有大量的海外合作厂商，较为重视海外专利布局，海外扩张度❶分别高达1.32和1.87；日本松下和特斯拉的合作关系说明其海外市场中最为重视美国；比亚迪在2007年和2008年曾加大了海外布局力度，但其他年份专利基本只在国内布局。

（3）从正极材料来看，韩国LG较为重视氧化锰锂，日本松下较为重视氧化钴锂，比亚迪在磷酸铁锂上有持续布局，值得注意的是，几位申请人近几年的专利布局热点都集中在三元复合氧化物，其中韩国三星在三元复合氧化物的申请量上处于优势地位。

（4）从三元复合氧化物的专利申请重点来看，韩国LG、日本松下、韩国三星在混合活性材料上都有重点布局，另外韩国LG和三星也重视包覆改性的布局，在掺杂改性上，韩国三星和日本松下布局了较多专利，在混合非活性材料上只有日本松下有重点布局。

（5）从三元材料重点专利的布局策略来看，韩国LG整体上对于不同的技术分支采取不同的专利布局方式，强化在重点领域的专利布局，在重点技术分支上采取路障式专利布局与糖衣式专利布局相互融合的布局模式，通过授权开发、专利运营等获取核心技术的专利许可，完善专利组合。韩国三星在不同国家采取不同的布局策略：在韩国和美国以核心专利为基础，布局大量的外围专利，形成相应技术的专利保护圈；在中国、日本和欧洲只布局较少的核心专利，降低专利申请和维护成本，通过商业合作、收购等控制产业链下游，构建整个产业链的技术壁垒。日本松下重点专利布局的数量不多，但布局范围较广，通过收购日本三洋完善了其专利布局，且重点专利都在中国进行了布局。

1.7 我国锂电池产业机遇和挑战并存

目前，全国多个地区提出了要大力发展锂电池产业，造成区域之间产业结构相似程度较高，同时低水平重复建设现象较为严重。

我国有关动力锂电池产业技术路线并不清晰，早期产业所坚持的磷酸铁锂路线受到三元材料技术路线的冲击，整个产业方向或将有所调整；从专利

---

❶ 海外扩张度为申请人在海外申请量和本国申请量的比值，其反映了该申请人的海外布局力度。

申请来看，我国虽然专利申请量多，但有关基础材料、核心技术的专利成果较少。相关基础专利、核心专利多掌握在美国、日本、韩国等重点申请人手中；我国的专利申请分散在数量众多的中小企业手中，行业缺乏具有产业主导力的龙头企业，企业整体呈现"多而不强"的局面，并且同质化竞争激烈，盈利能力差。我国科研机构与企业之间的合作渠道并不畅通，很多有价值的研究成果目前仍停留在实验室阶段（如磷酸铁制备工艺），并未被产业及时应用。此外，我国的专利申请撰写质量明显较低，对创新成果的保护力度明显较弱，同时企业的海外布局明显不足，市场上也缺少专利技术运作的成功案例。

电动汽车作为我国新能源汽车产业弯道超车的代表，被寄予厚望，因此加快电池等关键零部件的创新突破，形成自主知识产权的产业发展体系尤为重要，机遇和挑战并存。建议我国在以下环节加快推进自主创新。

（1）结合《国务院关于加快培育和发展战略性新兴产业的决定》与"十三五"规划纲要，全面长远规划我国动力锂电池产业发展路线。结合当前实际，完善当前我国动力锂电池技术路线，结合国内磷酸铁锂产业基础好的现实，并行发展磷酸铁锂和三元材料，在制备工艺调控、掺杂改性、包覆改性等方面不断细化，面向不同应用，充分发挥两大材料特性，保证路线的科学性和可行性，避免同质化竞争加剧，避免出现整体"转向"，确保产业健康发展。

（2）选择技术实力强、基础设施全、发展前景好的企业作为优先扶持对象，做大、做强本土企业，进而通过其发展带动相关企业，甚至整个产业链的逐步完善和成长。同时提升企业综合运用和管理专利的能力，引导企业主动开展海外专利布局，降低海外专利风险。

（3）充分借鉴国外成功的专利运作模式，发挥国家科技重大专项的引导作用，大力支持锂电池关键材料技术研发，促进科研院所与企业的合作，促进动力锂电池产业链上、下游企业的合作，形成适合我国现状与发展的"官、产、学、研、投"产业发展模式。

（4）企业间应建立产学研用相结合的产业技术创新战略联盟，增强锂电池上、下游企业，如关键材料企业、锂电池企业、整车企业之间合作开发力度，鼓励共同申请专利，形成持续的创新能力。

（5）根据自身特点精准定位，找准技术发展方向，集中力量突破一批核心技术，如三元材料中的杂原子掺杂、降低表面碱含量，磷酸铁锂中的精细化掺杂、作为包覆材料使用以及磷酸铁制备工艺，变粗放式发展为集约式发展，不断提升产业话语权。

（6）加强对新一代电池体系中锂金属负极、固体电解质关键技术发展动向的关注以及相关专利布局，整合资源、强化合作，集中力量攻坚克难，尽可能在核心技术上取得突破，并加紧相关专利布局，为国内锂金属关键材料的发展开辟道路；加强锂盐涂层和聚合物涂层研究成果的追踪，以及无机固体电解质研究成果的追踪，以便提高研发起点，同时有效降低专利风险；针对前沿性技术研究，在专利申请过程中要注重技术的演进性，通过构建有效的专利组合提高专利对研发成果的保护力度。

（7）增强企业专业技术人员的知识产权保护意识和专利申请文件撰写等专业技能的培训力度，合理选择专利或技术秘密形式予以保护，分层次有梯度的设定保护范围，有效提高企业专利质量。

（8）完善动力锂电池专利监控和预警机制，密切关注三洋、索尼、松下、三星、LG、3M、巴斯夫、优美科等国外重点公司的技术和专利动向，如三元材料、磷酸铁锂的改性、制备工艺。

2

智能汽车关键技术*

　　智能汽车是在普通车辆的基础上增加了诸如毫米波雷达、图像、激光等先进的传感器、控制器、执行器等装置，通过车载传感系统和无线信息终端，实现与车、路、人等的智能信息交换，使车辆具备智能的环境感知能力，能够自动分析车辆行驶的安全及危险状态，并使车辆按照人的意愿到达目的地，最终实现替代人进行驾驶操作的目的。工业和信息化部在对《中国制造2025》的解读中提出，到2020年，我国要掌握智能辅助驾驶总体技术及各项关键技术，初步建立智能汽车自主研发体系及生产配套体系。

　　业界普遍认为，智能汽车将是未来汽车工业新一轮竞争的焦点所在。目前，除了传统车企和汽车零部件厂商在该领域积极开展技术研发与专利布局之外，各大互联网企业也纷纷涉足智能汽车，特别是跨国企业在智能汽车领域的技术研发、专利布局与运营方面动作频繁，企业合作和产业联盟竞相出现，产业规模发展迅猛，生态圈日益丰富。因此，分析各大跨国企业在智能汽车领域的技术研发和专利动向，进而对比我国重点企业在该领域的技术研

---

　　* 本章节选自2015年度国家知识产权局专利分析和预警项目《跨国公司智能汽车专利动向分析和预警研究报告》。
　　（1）项目课题组负责人：李胜军、陈燕。
　　（2）项目课题组组长：汪旻梁、孙全亮。
　　（3）项目课题组副组长：马克、李岩。
　　（4）项目课题组成员：何如、马永福、刘豫川、唐峰涛、胡小伟、曹俊丽、尹川、付先武、郭颖、严晨枫、陈飚、孙玮。
　　（5）政策研究指导：邓英俊。
　　（6）研究组织与质量控制：李胜军、陈燕、汪旻梁、孙全亮。
　　（7）项目研究报告主要撰稿人：李岩、何如、马永福、刘豫川、唐峰涛、胡小伟、曹俊丽、尹川、付先武、郭颖、严晨枫、陈飚、孙玮。
　　（8）主要统稿人：汪旻梁、何如、李岩。
　　（9）审稿人：李胜军、陈燕。
　　（10）课题秘书：李岩。
　　（11）本章执笔人：李岩。

发与专利布局模式，为我国智能汽车的发展提供知识产权指导具有重要意义。

2.1 智能汽车跨界整合蓄势待发

汽车的智能化是随着电子技术的进步而逐步升级的，在未来，智能程度会越来越高。由于全球汽车保有量已经超过 10 亿辆，无论是现有车辆的升级换代，还是各种新能源汽车带来的新增数量，毫无疑问，汽车市场蕴含巨大的商机。因此，各大跨国企业纷纷以各种方式踏入这个未来的重要市场（见图 2-1）。

图 2-1 涉足智能汽车的企业阵营

由于智能汽车涉及机械、电子、人工智能、自动控制等多个领域，各大涉足该领域的企业在互相竞争的同时还根据各自的技术重点和实力积极寻求合作伙伴，通过技术合作、技术互换等方式形成了多个联盟关系，达到借助盟友的力量增强自身的市场竞争力。例如，基于苹果推出的 Carplay 汽车操作系统联盟、基于谷歌安卓系统的 OAA 联盟、为了收购诺基亚地图部门 HERE 组成的宝马、奔驰、奥迪联盟等。

国内车企开始在自主品牌车辆上应用高级辅助驾驶（ADAS）系统。如比亚迪的部分车型配置了 360°全景影像、道路偏移监测等系统；另一国产品牌吉利旗下的博瑞，则装备了自适应巡航、预测性紧急制动、车道偏离报警及半自动泊车等系统。目前，国内的 ADAS 供应主要还是依赖国外零部件厂商，不过，国内部分企业和高校也开始研发并小规模生产 ADAS 零部件。

由于国内互联网企业实力与国外互联网企业差距较小，国内的车联网领域技术水平与国外差距较小。例如，百度推出了 CarLife 跨平台车联网解决方案，能够实现手机终端与车载平台的互联；华为也积极推出车联网应用的车载终端。

2.2 全球专利呈现爆发增长势头

结合表 2-1 可以看出，本节从全球专利申请趋势、区域分布、重点申请人、技术分支、多边申请等角度进行分析。

表 2-1 智能汽车全球及多边申请基本情况对比表

项目类别		全球申请/项	多边申请/项
总申请量/项		68443	10116
一级分支	自动驾驶	33824（49.42%）	5290（52.29%）
	车联技术	35747（52.23%）	5091（50.33%）
二级分支	转向控制	11482（16.78%）	2047（20.24%）
	动力控制	8288（12.11%）	1963（19.40%）
	车辆配件智能控制	8111（11.85%）	548（5.42%）
	人机交互	1355（1.98%）	319（3.15%）
	传感器检测	7387（10.79%）	1115（11.02%）
	汽车安全	7691（11.24%）	1141（11.28%）
	导航	14228（20.79%）	2213（21.88%）
	车载通信	14851（21.70%）	2016（19.93%）
目标市场区域	中国	28409（41.51%）	7039（69.58%）
	美国	20307（29.67%）	9462（93.53%）
	欧洲	8683（12.69%）	6580（65.05%）
	日本	17241（25.19%）	5350（52.89%）
	韩国	9970（14.57%）	2634（26.04%）
	德国	8659（12.65%）	3962（39.17%）
	欧盟	16617（24.28%）	9078（89.74%）
技术来源区域	中国	21284（31.10%）	219（2.16%）
	美国	11836（17.37%）	3053（30.18%）
	欧洲	988（1.44%）	441（4.36%）
	日本	15055（22.00%）	2846（28.13%）
	韩国	8244（12.05%）	846（8.36%）
	德国	5988（8.75%）	1515（14.98%）
	欧盟	9771（14.28%）	2822（27.90%）

续表

项目类别	全球申请/项		多边申请/项	
申请人	丰田	2793（4.08%）	丰田	608（6.01%）
	现代	1902（2.78%）	博世	545（5.39%）
	博世	1315（1.92%）	通用	518（5.12%）
	电装	1207（1.76%）	福特	335（3.31%）
	谷歌	1145（1.53%）	电装	334（3.30%）
	日产	1105（1.61%）	高通	248（2.45%）
	通用	1051（1.54%）	现代	244（2.41%）
	本田	921（1.35%）	本田	236（2.33%）
	戴姆勒	803（1.17%）	三星	171（1.69%）
	LG	695（1.02%）	日产	170（1.68%）

2.2.1 发展趋势分析

智能汽车全球专利申请总量呈现平稳上升趋势，进入高速发展期的时间较短，但近年来爆发力非凡（见图2-2）。

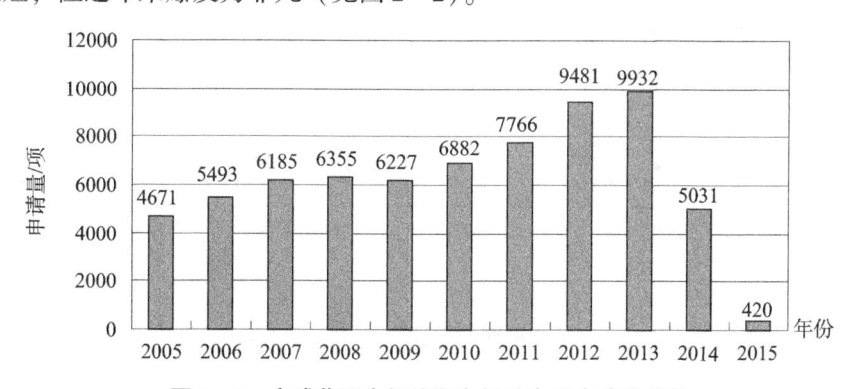

图2-2 全球范围内智能汽车相关专利申请量趋势

多边申请变化趋势基本一致。从2005年1月1日起至检索日止，在全球范围内涉及智能汽车的已公开专利申请共68443项，专利申请总体呈现增长趋势。2007年起进入平稳增长期，2011年进入高速发展期，2011年的总体申请量比2010年增长了894项，增长率达到12.9%。2012年的申请量比2011年增长了1715项，增长率达到22%。虽然高速发展期只有短短4年时间，但专利申请总量的增长量为3050项，年平均增长率达到44%。上述数据表明，智能汽车近年来受到全球企业的重视，并已经开始加大专利申请力度。

2.2.2 国家/区域分布分析

中国、日本、美国为全球最大的目标市场国和首次申请国。中国区域内专利申请逐渐增加，美国区域内基本稳定，日本区域内则逐步减少（见图 2-3 和图 2-4）。

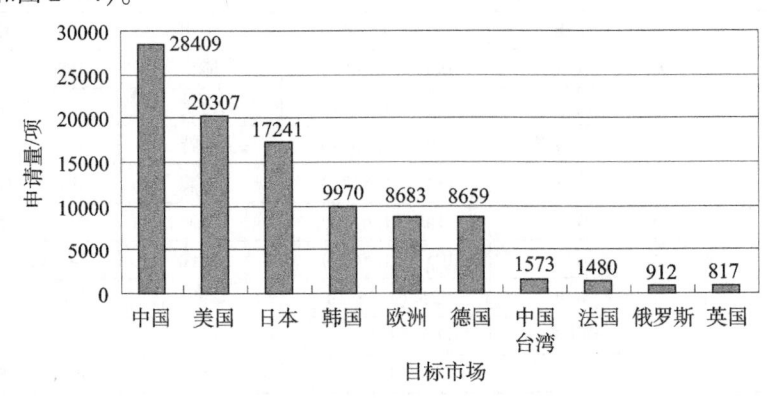

图 2-3 目标市场智能汽车相关专利申请量分布

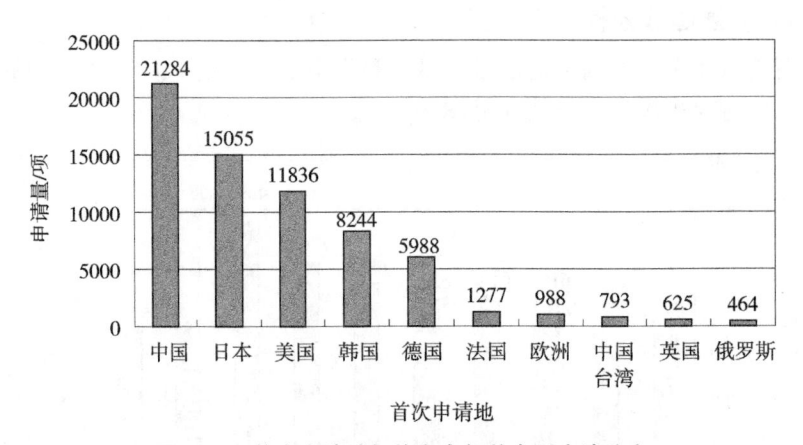

图 2-4 首次申请地智能汽车相关专利申请分布

欧洲、美国成为专利竞争最激烈的市场，日本成为本国专利垄断力最强的市场。在全球专利数据中，中国、美国和日本范围内的专利申请数量分别是 28409 件、20307 件和 17241 件，占据目标市场的前 3 名；在首次申请国数据中，中国、日本和美国分别以 21284 件、15055 件和 11836 件的申请量占据首次申请国的前 3 名。一般来说，目标市场主要与市场消费能力和大型龙头企业相关，可以看出，中国已经成为跨国汽车企业在全球的重要市场。在区域申请的来源分布中，欧洲和美国由于外来专利申请多、本国占比低而形成了激烈的专利竞争趋势。日本和韩国由于在本国申请的比例高，成为本国专利控制力最强的两个国家。

中国首次申请专利集中度低，相关技术的专利布局比较分散；日本首次申请集中度高。

专利申请集中度最高的是日本，达到了 11.36；其次是德国和欧洲，分别为 6.84 和 5.01；最后是美国、韩国和中国，其专利集中度普遍较低。这反映出，日本的大部分申请人相对持有较多的专利，容易形成有系统的布局，欧洲和德国的企业普遍更重视专利申请。日本的专利申请大于等于 5 项的申请人申请的专利数据总量约占整个申请总量的 90%，德国为 80%，两个国家已经形成了一些专利集中企业，如丰田、博世等；在中国、美国、欧洲和韩国，其专利申请大于等于 5 项的申请人申请的专利数据总量占整个申请总量的百分比均低于 67%，这表明，中国、美国、欧洲和韩国进行专利申请的公司较多，还没有形成大规模的专利集中企业。

多边申请主要布局在美国、中国、欧洲和日本等国家或地区，但多边申请来源地中，中国的申请数量急剧减少，说明中国是全球的目标市场，但中国专利申请还远未实现对等的全球布局。

对智能汽车多边申请来说，从专利申请的数量来看，排名前 6 位的国家或地区依次是美国、日本、德国、韩国、欧洲和中国，其专利申请的数量分别为 2927 项、2846 项、1511 项、846 项、441 项、218 项。与全球范围内智能汽车的首次申请国对比可以看出，作为传统汽车技术强国的日本、美国和德国，其原创的专利申请数量较多，且至少在 3 个国家进行了专利申请。

作为全球范围内首次申请专利数量最多的中国（共有 21284 项），其至少在 3 个国家进行专利申请的数量却很少，只有 218 项，反映出中国专利申请绝大部分集中在本国区域，在其他国家进行专利布局的数量较少。

2.2.3 主要申请人分析

全球申请人排名中，日本企业占 4 席，美国、韩国和德国各占 2 席。中国没有出现行业龙头企业。多边申请排名分布基本一致（见图 2-5）。

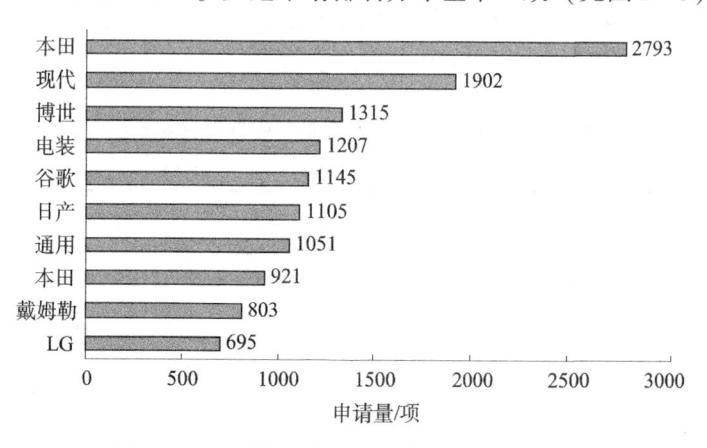

申请人	申请量/项
本田	2793
现代	1902
博世	1315
电装	1207
谷歌	1145
日产	1105
通用	1051
本田	921
戴姆勒	803
LG	695

图 2-5　全球范围内智能汽车主要申请人排名

根据主要申请人申请量排名情况，排名前10位的企业依次是：丰田、现代、博世、电装、谷歌、日产、通用、本田、戴姆勒和LG。前10位的申请人大体可以分为整车企业和零部件厂商两类，其在智能汽车领域中的申请主要涉及车联技术和自动驾驶技术方面。总体申请量排名第一位的丰田的专利申请量远远领先其他汽车公司，达到了2793项，反映出丰田在汽车领域的多年积淀以及对智能汽车的重视和研发力度。可见，目前智能汽车的技术仍然掌握在传统汽车整车厂商和汽车零部件厂商手中，但互联网厂商的优势在于软件和算法的设计，这也就促成了互联网企业和传统汽车整车厂商和零部件厂商的合作。

排名前10位的企业中，互联网企业以车联技术切入智能汽车产业，传统整车企业则在自动驾驶技术领域积累深厚，而零部件厂商的技术研发全面并具备强大的技术实力。

排名前10位的重点申请人中，包括传统整车企业丰田、现代、日产、通用、本田和戴姆勒，还包括互联网企业谷歌和LG，零部件厂商博世和电装。从它们专利申请的主要技术分支可以看出，丰田、现代、日产、通用、本田和戴姆勒均以自动驾驶为主，特别是丰田，自动驾驶技术的比例占87%，谷歌和LG主要在车联技术上进行申请，仅有不足20%的自动驾驶技术领域的申请；零部件厂商博世和电装的申请在自动驾驶和车联技术领域的排名均进入前10位，展现了强大的技术实力，这与它们在行业内多年的零部件制造和集成经验息息相关。

2.2.4　技术主题分析

全球专利申请态势呈现出车联技术逐步超过自动驾驶技术的趋势。车载通信、导航和转向控制是最重要的二级分支，其中车载通信、导航是近年来的申请热点。路径规划与指引、资讯服务和车灯控制是三级分支中的申请重点。这与多边申请分布基本一致（见表2-2）。

表2-2　全球范围内智能汽车自动驾驶技术分支专利申请表　　　单位：项

一级	二级分支	三级分支	申请量	占比
自动驾驶技术	转向控制	自动转向	1466	12.7%
		转向辅助控制	4498	39.1%
		车道变更	1695	14.7%
		车道保持	1154	10.0%
		辅助泊车	1563	13.6%
		自动泊车	1136	9.9%
	动力控制	自适应巡航	3328	38.6%
		车速控制	1870	21.7%
		自动紧急控制	3423	39.7%

续表

一级	二级分支	三级分支	申请量	占比
自动驾驶技术	车辆配件智能控制	车内照明控制	189	2.3%
		空调控制	168	2.1%
		车灯控制	5094	62.7%
		视野辅助	2570	31.6%
		模式控制	106	1.3%
	人机交互	语音识别	332	24.3%
		姿态识别	1036	75.7%
	传感器检测	障碍物检测	1829	24.4%
		交通标识检测	1320	17.6%
		车道检测	863	11.5%
		驾驶员检测	790	10.5%
		车辆部件检测	2068	27.6%
		环境检测	622	8.3%

全球专利申请总量中，车联技术领域的申请量从2007年起超过自动驾驶领域的申请量，但二者总体申请量差别不大。在二级分支中，导航和车载通信的申请总量分别从2005年和2007年起超过转向控制的申请量，成为申请最多的二级技术分支。一方面是车联技术在目前的车辆中应用越来越广泛，如车载系统和导航系统已经作为大部分车辆的一般性配置，另一方面是互联网企业近年来在智能汽车行业加大投入，进行大量的专利布局。全球专利申请态势中，二级分支中申请量最大的是车载通信，共计14851项；其次是导航和转向控制，分别为14228项和11482项。三级分支中路径规划与指引、资讯服务和车灯控制是申请热点，这与目前车辆上应用广泛的技术也是对应的（见表2-3）。

表2-3 智能汽车中国、美国、欧洲专利申请基本情况 单位：件

	项目	中国	美国	欧洲
一级分支	自动驾驶	13023（45.84%）	7884（38.82%）	9553（57.49%）
	车联技术	15850（55.79%）	12869（63.37%）	7470（44.95%）
二级分支	转向控制	3229（11.37%）	2696（13.28%）	3819（22.98%）
	动力控制	2626（9.24%）	2418（11.91%）	3370（20.28%）
	车辆配件智能控制	4925（17.34%）	1096（5.40%）	991（5.96%）
	人机交互	457（1.61%）	537（2.64%）	616（3.71%）
	传感器检测	2588（9.11%）	1978（9.74%）	2005（12.07%）
	汽车安全	4377（15.41%）	2297（11.31%）	1743（10.49%）
	导航	6487（22.83%）	5497（27.07%）	3325（20.01%）
	车载通信	5513（19.41%）	5600（27.58%）	2732（16.44%）

续表

项目		中国	美国	欧洲
首次申请	中国	21186（74.57%）	354（1.74%）	175（1.05%）
	美国	2367（8.33%）	11498（56.62%）	3523（21.20%）
	欧洲	295（1.04%）	580（2.86%）	885（5.33%）
	日本	2105（7.41%）	3505（17.26%）	2553（15.36%）
	韩国	794（2.79%）	1405（6.92%）	631（3.80%）
	德国	987（3.47%）	1371（6.75%）	5967（35.91%）
	欧盟	1764（6.21%）	2973（14.64%）	9478（57.04%）
		中国	美国	欧洲
申请人	丰田 548（1.93%）	谷歌 1131（5.57%）	博世 1656（9.97%）
	现代 495（1.74%）	通用 885（4.36%）	通用 969（5.83%）
	博世 407（1.43%）	丰田 743（3.66%）	戴姆勒 934（5.62%）
	通用 559（1.97%）	高通 498（2.45%）	丰田 662（3.98%）
	中兴 288（1.01%）	苹果 497（2.45%）	宝马 605（3.64%）
	吉利 272（0.96%）	电装 476（2.34%）	大众 584（3.51%）
	长安大学 223（0.78%）	博世 434（2.14%）	奥迪 500（3.01%）
	博泰 221（0.78%）	福特 433（2.13%）	福特 442（2.66%）
	奇瑞 202（0.71%）	本田 358（1.76%）	电装 390（2.35%）

2.3 中国市场已成专利必争之地

（1）中国区域内智能汽车专利申请发展趋势与全球基本一致（见图2-6）。

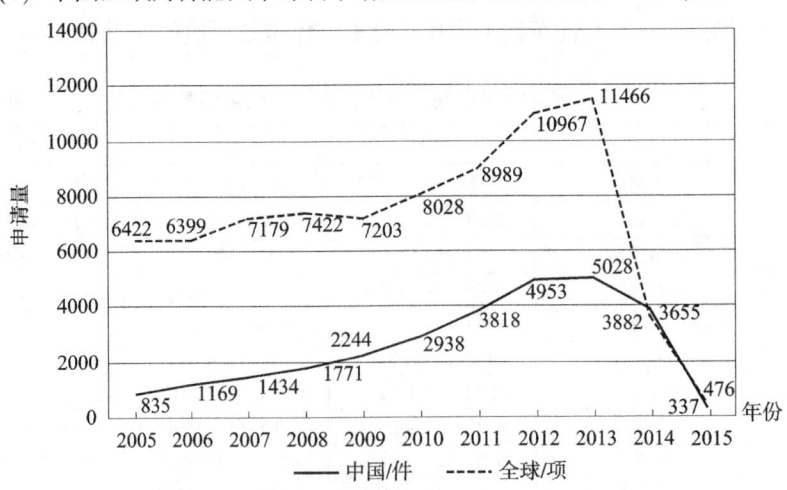

图2-6 中国和全球智能汽车专利申请量趋势对比

中国区域内的申请从 2005 年至今一直呈现增长趋势。从申请量增长速度看，中国的申请量虽然没有全球增长速度快，但一直保持较稳定的增长，并在 2011 年开始有较大的增长幅度。

（2）中国申请人在自动驾驶技术的申请分布比较分散且同质化比较严重（见图 2-7）。

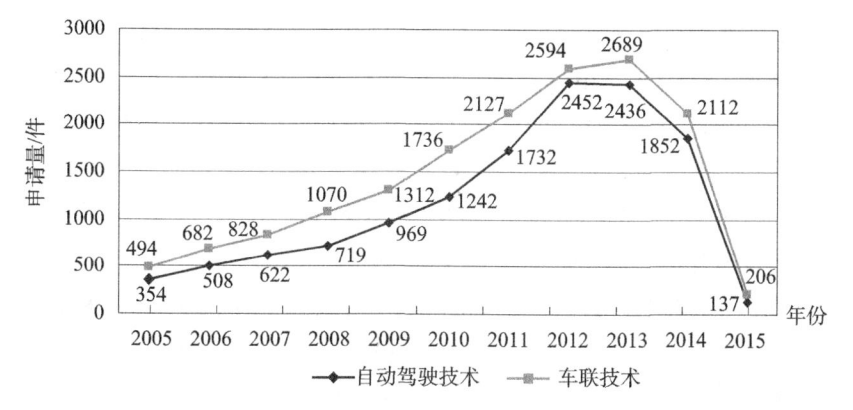

图 2-7 中国智能汽车一级分支相关专利申请趋势

从专利申请总体来看，国外来华申请人在中国的智能汽车专利申请中，自动驾驶技术集中在转向控制和动力控制领域，而中国申请人在自动驾驶技术的申请分布则比较分散且同质化比较严重，中国原创申请大量集中在车灯控制部分。通过分析发现，我国推出了会车灯光控制的标准，导致大量企业和个人围绕会车灯光控制开展大量申请，同质化严重；国外来华申请人在车联技术的专利申请集中在以路径规划和指引为主的导航技术，这与中国申请人的申请重点相同（见表 2-4）。

表 2-4 中国智能汽车相关专利技术分支申请量分布　　　单位：件

分支	申请量	分支	申请量	分支	申请量
自动转向	573	车灯控制	3743	汽车防盗	995
转向辅助控制	926	视野辅助	960	紧急呼叫	1315
车道变更	525	模式控制	26	故障报警	570
车道保持	353	语音识别	135	远程控制	1611
辅助泊车	348	姿态识别	325	地图	1847
自动泊车	511	障碍物检测	550	定位	2468
自适应巡航	841	交通标识检测	564	路径规划和指引	3697
车速控制	772	车道检测	255	V2X	1487
自动紧急制动	1096	驾驶员检测	286	位置服务	725
车内照明控制	139	车辆部件检测	771	资讯服务	2992
空调控制	65	环境检测	190	影音娱乐	835

（3）国内企业在重点技术分支下的布局存在差距，自适应巡航、自动紧急制动等领域专利风险大。

排名前列的国外来华的汽车企业中，通用在中国的申请布局最为广泛，并且与其在全球的专利布局的侧重点一致；丰田则重点布局在自动驾驶的动力控制领域，尤其是自适应巡航技术。通用、丰田和现代等公司都对动力控制进行了重点布局，在该领域中，3家企业在中国的专利竞争非常激烈，形成比较强的专利壁垒。相比较而言，中国的车企中，吉利重点在动力控制，奇瑞在转向控制，它们申请的重点重合度没有那么大，相互形成重点竞争的领域也不多，但都面临着国外企业的激烈竞争。从单个企业专利布局的竞争力来看，国内车企与国外车企在自动驾驶领域差距较大，因而国内汽车企业比较多地通过合作的方式整合各自的技术优势，应对竞争。

国外来华的互联网公司中，谷歌和苹果在以路径规划和指引为主的导航领域的竞争态势已经形成，在其他领域则没有体现出较激烈的竞争。对于国内互联网公司百度来说，其申请量最大的地图、定位、路径规划和指引等领域均面临苹果和谷歌的双重夹击。

（4）中国区域内，导航技术领域形成强烈的专利竞争局势。

单从专利申请量的角度来看，中国互联网公司竞争最激烈的战场也在导航技术领域，中兴、博泰和四维图新在该领域都有相当广泛的专利布局。具体到三级分支，又可以看出它们有各自擅长的领域并在此基础上向导航的周边技术领域延伸布局。比如，中兴的专利布局重点在定位和车载通信方面，博泰和四维图新则主要在路径规划和指引领域竞争。可以看到，中国的智能汽车专利申请最活跃的技术分支——导航技术中，中国企业面临的直接对手是谷歌和苹果这样的国际巨头，形势较为严峻。而苹果和谷歌在手机上成熟应用的很多技术都可以转用到汽车上，这些并没有计算在上述的申请量中，但我们可以预测，这种无形的技术优势能够造成其他公司与它们在导航技术领域的差距也是巨大的。国内的互联网企业在申请量上虽然多于苹果和谷歌，但在核心竞争力上的差距还是很明显。

从专利申请量变化趋势来看，高通有逐步减少导航投入、专注于车载通信和影音娱乐的趋势。博世在传感器检测和动力控制的申请量最大，而这两项分支在中国的专利申请量都较少，因而博世在这两个二级分支的竞争力是最强的。博世的中国申请在转向控制、导航方面加大了申请力度，专利布局范围在扩大，分布更平均。此外，博世在2009年以后逐渐增加导航和车载通信的申请量，预计未来会进一步增强在车联技术的专利布局。

2.4 美国市场本土企业创新占优

美国市场是各主要车企关注的重点市场,并且相关车企争相在美国测试其自动驾驶汽车。美国智能汽车相关专利申请共计 20307 件,其中自动驾驶技术专利申请共计 7884 件,车联技术专利申请共计 12869 件(见图 2-8)。

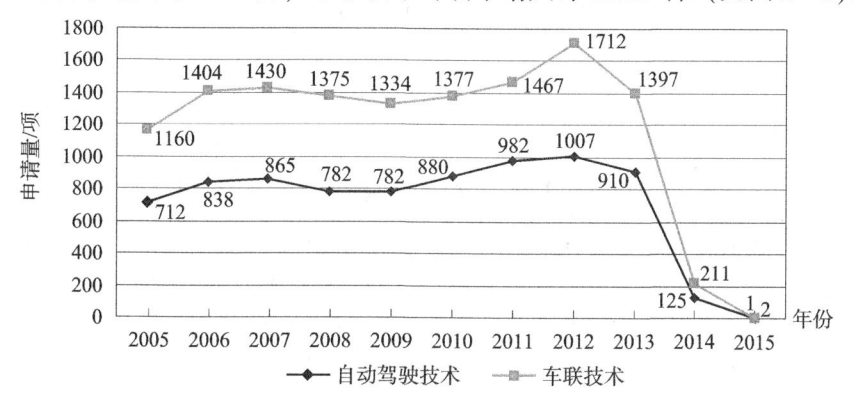

图 2-8 美国智能汽车一级分支专利申请趋势

美国市场中更加重视车联技术的发展。智能汽车二级分支中,车载通信和导航技术的专利申请量分别为前两位,其次是转向控制、动力控制以及汽车安全领域的专利申请,最后是传感器检测、智能配件控制和人机交互领域的专利申请(见图 2-9)。

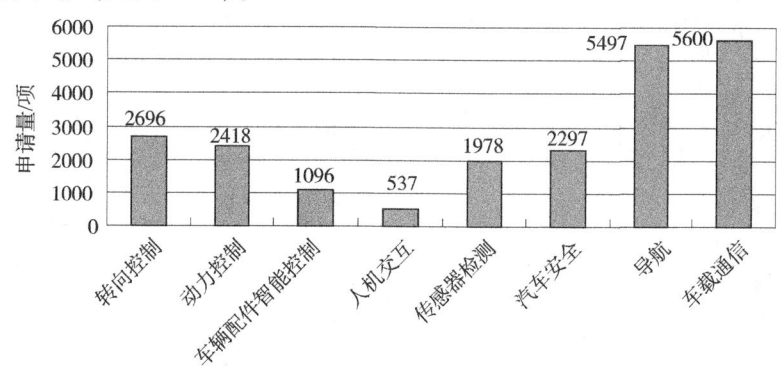

图 2-9 美国智能汽车二级分支专利申请

占据美国市场主导地位的仍然是美国本土企业,特别是在车联网领域具有绝对的优势。但在自动驾驶领域,日本企业较美国企业略微占优,因此日本企业可以采用与美国互联网企业合作的模式快速进入美国智能汽车市场(见表 2-5)。

表2-5 美国智能汽车二级分支首次申请国或地区相关专利申请　　单位：件

首次申请国或地区	转向控制	动力控制	车辆配件智能控制	人机交互	传感器检测	汽车安全	导航	车载通信
中国	16	8	35	1	14	47	171	77
美国	881	708	531	264	882	1465	3612	4009
欧洲	57	53	32	22	51	86	199	134
日本	935	891	278	89	563	303	281	527
韩国	244	141	60	69	149	104	417	371
德国	407	410	71	60	189	82	242	160

在二级技术分支中，转向控制、动力控制领域日本企业专利申请量最多，其次为美国企业；而汽车安全、导航、车载通信领域美国企业具有绝对优势；在车辆配件智能控制和传感器检测领域，虽然首次申请国为美国的专利申请最多，但是日本企业在这方面也发展迅速，并且其申请领先于德国、韩国，成为这两个技术分支首次申请国第二多的国家，并且对美国形成追赶的势头（见表2-6）。

表2-6 美国智能汽车三级分支首次申请国或地区相关专利申请　　单位：件

三级分支	中国	美国	欧洲	日本	韩国	德国
自动转向	4	152	4	40	21	29
转向辅助控制	5	199	16	545	85	99
车道变更	2	331	10	63	28	33
车道保持	1	76	9	134	54	86
辅助泊车	3	87	10	129	27	97
自动泊车	1	39	8	25	29	69
自适应巡航	2	260	27	363	60	185
车速控制	3	268	8	245	49	89
自动紧急制动	4	208	21	346	40	156
车内照明控制	1	13	2	2	2	2
空调控制	0	16	0	3	0	2
车灯控制	16	211	17	70	19	40
视野控制	18	262	13	197	37	26
模式控制	0	30	0	6	2	1
语音识别	1	76	11	23	11	4
姿态识别	0	190	12	66	60	57
障碍物检测	2	177	19	245	33	47

续表

三级分支	中国	美国	欧洲	日本	韩国	德国
交通标识检测	5	175	10	41	17	25
车道检测	0	77	4	64	29	38
驾驶员检测	2	94	3	24	15	9
车辆部件检测	2	260	4	186	52	60
环境检测	3	113	12	18	4	16
汽车防盗	3	84	6	26	3	2
紧急呼叫	12	479	23	41	29	16
故障报警	3	150	6	31	5	19
远程控制	30	764	52	208	68	46
地图	41	1165	56	50	96	33
定位	99	1059	85	133	290	85
路径规划和指引	60	2526	153	205	208	199
V2X	13	942	45	165	64	86
位置服务	3	397	14	6	22	16
资讯服务	34	2423	59	186	228	53
影音娱乐	31	560	24	183	80	13

在三级技术分支中，传统技术中自适应巡航控制、转向控制、自动紧急制动技术首次申请国为日本的专利最多，而 V2X 等车联网技术首次申请国为美国的专利最多（见图 2-10）。

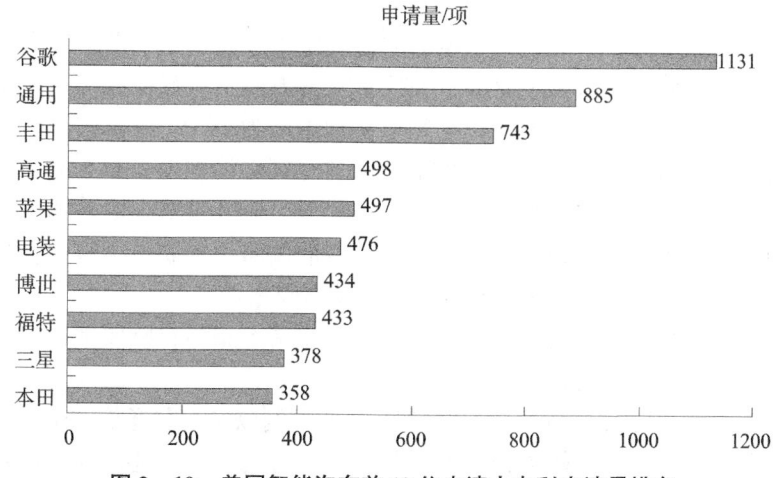

申请人	申请量/项
谷歌	1131
通用	885
丰田	743
高通	498
苹果	497
电装	476
博世	434
福特	433
三星	378
本田	358

图 2-10　美国智能汽车前 10 位申请人专利申请量排名

美国市场各企业发展策略各不相同。通用、福特等汽车企业采用自动驾驶技术与车联技术并行发展策略，而谷歌、苹果、高通、IBM等互联网企业则是以导航或者车载通信技术为切入点大力发展车联技术；丰田、本田、现代等企业则是重点布局自动驾驶技术。

美国政府重视智能汽车技术的发展，目前已有4个州支持自动驾驶汽车上路。在相关企业的推动下，美国各州政府也出台相应的政策，鼓励企业发展。其中，美国国家公路交通安全管理局联合企业加快制定车与车通信（V2V）技术的标准，并提出了未来在所有车辆上强制安装V2V通信设备的远景目标。

结合中国企业海外专利公开区域概况，通过对专利公开的国家和地区统计，可以得出中国申请人在智能汽车领域的全球申请布局情况：中国汽车企业进行专利布局的热点国家主要为美国，排名在前的中国汽车企业几乎都在美国有专利申请，其次是在日本和韩国。虽然新兴市场是中国汽车企业发展壮大的市场，但相关中国汽车企业在当前出口量较大的国家并没有积极进行专利布局，即中国汽车出口的市场热点的布局与中国汽车企业海外专利申请布局的区域热点并不一致。

综上可知，中国汽车企业出口热点的新兴市场国家的知识产权环境无法与汽车工业发达国家相比拟，各汽车企业在美国的专利布局也基本处于起步阶段。目前，中国汽车企业在目标市场的专利布局与跨国汽车企业相比差距巨大。在汽车海外出口热潮中，中国汽车企业并未实施"产品未动、专利先行"的竞争策略。

2.5 汽车企业欧洲专利布局

汽车工业作为欧洲经济的引擎，欧盟确定了包括清洁、节能、静音、安全和信息联网等作为汽车工业的主要技术发展方向。从智能汽车重点市场占比可以看出，欧盟地区在智能汽车领域专利申请为16617件，占全球重点市场申请总量的18%。智能汽车在欧盟地区的专利申请主要来自于欧盟成员国以及美国和日本，其中，美国和日本是除欧盟本地区申请人之外两个最大的竞争对手。美国申请人在欧盟市场的专利申请偏向于车联技术方面，日本申请人在欧盟地区专利申请则明显偏向于自动驾驶技术。

欧盟地区自动驾驶技术和车联技术的占比基本相当，欧盟地区的专利布局较为全面和均衡（见图2-11）。

从2005年开始，导航、动力控制、转向控制以及车载通信四个三级分支下的专利申请量保持了较为稳定的增长态势。可见，欧盟地区在发展智能汽车的过程中，对于智能汽车的核心技术给予了较高的关注，这一方面是由于欧盟地区传统汽车制造厂商众多，技术实力雄厚，另一方面是由于汽车零配件生产和供应商在长期的汽车零部件研发过程中积累的丰富经验已逐步转化为专利技术所致（见图2-12）。

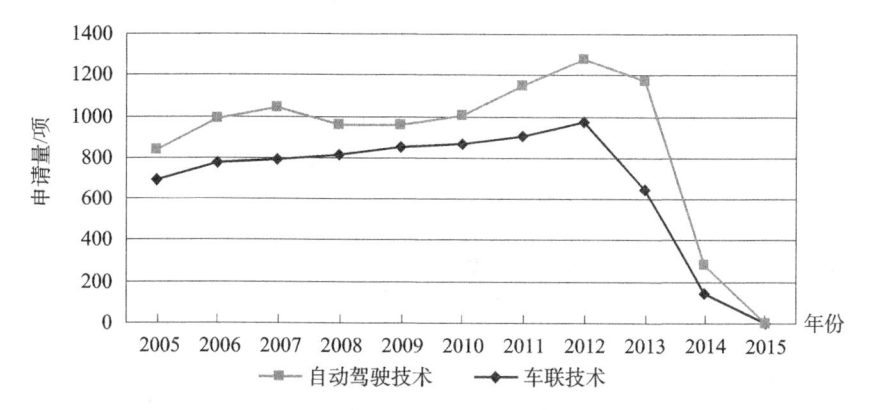

图2-11 智能汽车欧盟市场一级分支申请趋势

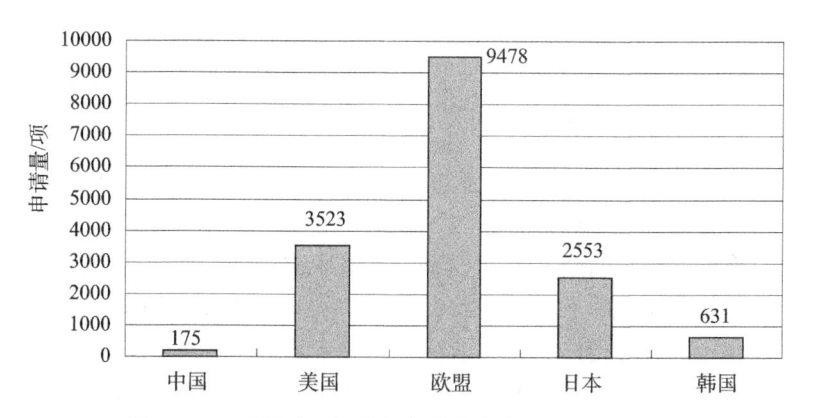

图2-12 欧盟地区智能汽车首次申请国或地区申请量

中国申请人向欧盟地区提出的专利申请量相对较小，仅为175件，占欧盟地区申请总量的1%。中国申请人在欧盟地区专利申请量较低，可能存在以下两方面的因素。

（1）尽管近年来时有中国车企进军欧洲的相关报道，然而多数是企业间的并购或者资本进入，通过控股或者合资的方式进入欧洲市场，尚无完全依靠自身技术实力和自主品牌打入欧洲市场的中国车企。

（2）中国车企的自主品牌在欧洲目前尚未形成知名度，当前大多数中国车企在欧洲开拓市场的重点还处于打造并推广自身品牌的阶段，而汽车工业作为发展历史悠久的行业，其知识产权（专利）保护方面的格局已经基本稳定，中国车企很难撼动欧洲各大传统汽车企业在欧盟地区形成的专利技术壁垒，且可能并未选择将专利布局作为其在欧盟市场开拓的首选手段，这与中国汽车企业目前在欧盟市场战略的定位有关。

当然，中国企业在欧盟地区智能汽车领域专利布局也并非毫无作为。以中国为原创，中兴和华为在欧盟智能汽车领域的专利申请分别为40件和21件，占中国在欧盟该领域专利申请数量的33%。中兴和华为作为中国通信行业最大的企业，其在欧盟地区智能汽车领域的专利申请布局走在了国内其他企业的前面。从中兴和华为在欧洲专利申请的技术领域来看，两个企业的专利申请均主要集中在车联技术领域。其中，中兴的40件专利申请均属于车联技术；华为的21件专利申请中，20件涉及车联技术，仅1件涉及自动驾驶技术。

2.6 智能汽车20大企业布局比较

本节选取了20个重点企业进行详细的分析，包括产业发展概况、合作动向、专利态势以及重点技术分析（见表2-7和表2-8）。

从表2-7和表2-8中可以得到包括专利动向、专利布局和合作模式等方面的结论。

2.6.1 专利动向分析

从一级技术分支的侧重可以看出，不同类型的企业在技术路线上存在较大区别，并且体现一定的特点。

（1）传统汽车企业基本呈现自动驾驶技术多于车联技术的申请特点。

由于传统汽车企业车辆电子化的积累，在自动驾驶领域的申请量一般多于车联技术，体现了传统汽车企业的技术特点和智能汽车研发思路，即认为智能汽车应当是传统车辆的改进，通过先进的传感器技术和车联技术，实现更安全和舒适的驾驶。

（2）传统汽车企业中也呈现了不同的层次，特别是美国企业，已经明显逐步调整为自动驾驶技术和车联技术并重发展的技术路线。

包括丰田、戴姆勒、沃尔沃和现代在内的第一梯队汽车企业，仍是自动驾驶技术占据绝对主导地位，申请量的比例基本在80%以上；包括奥迪、宝马、大众和上汽在内的第二梯队车企，已经逐步开始在车联技术方向增加专利申请的数量，这一方面与发展的技术相关，另一方面与各个公司推出的车载系统产品密切相关。这部分企业自动驾驶技术的比例基本在60%以上。以福特和通用为代表的美国企业，以及比亚迪和长安为代表的中国车企，在智能汽车一级分支下的申请量占比基本达到均衡发展的状态，体现了这些企业在车联技术上超前的洞察力和强大的技术实力。

2 智能汽车关键技术

表2-7 20家主要跨国企业专利申请对比分析（1）

企业	申请量/项	一级分支侧重❶	二级分支侧重*	三级分支侧重	专利申请热点	智能汽车重点产品	产品智能程度	技术发展特点
全球	68443			—	—	—	—	—
丰田	2793			转向辅助控制、自适应巡航、自动紧急制动	自动泊车	高速公路辅助驾驶	3	典型传统车企，缺乏车联技术申请
福特	568			车速控制、资讯服务、位置服务	自适应巡航	SYNC	2	推出车联产品、车载通信优势
通用	1051			位置服务、车道保持、自适应巡航	自动转向	超级巡航	3	技术相对均衡发展
奥迪	374			车道保持、自适应巡航、姿态识别	自动紧急制动	自适应巡航	3-4	典型车企，人机交互具备优势
宝马	507			自适应巡航、路径规划与指引	车辆部件检测	CDC自动驾驶	3	典型车企，地图方面具有拓展野心
大众	497			辅助泊车、姿态识别	车速控制	HAVE-IT	3	典型车企，人机交互具备优势
戴姆勒	803			自适应巡航、自动紧急制动、车道保持	自动泊车	Future Truck	3	典型车企，缺乏车联技术、传感器优势
沃尔沃	128			自适应巡航、车速控制、自动紧急制动	姿态识别	Drive Me	4	典型车企，动力控制优势

❶ ■代表自动驾驶，■代表整车技术。

续表

企业	申请量/项	一级分支侧重	二级分支侧重*	三级分支侧重	专利申请热点	智能汽车重点产品	产品智能程度	技术发展特点
现代	1902			转向辅助控制、车道保持、自适应巡航	车道检测	Blue Link	2	典型车企，逐步调整技术分支
长安	44			故障报警、车速控制	故障报警	In Call	1	申请较少，重点围绕故障报警
比亚迪	78			远程控制、视野辅助	视野辅助	遥控驾驶	2	申请较少，重点围绕远程控制
上汽	67			故障报警、车速控制、车灯控制	车灯控制	inkaNet	2	申请较少，缺乏车联技术，依赖合作
苹果	513			路径规划与指引、导航、影音娱乐	地图	Carplay	—	以导航和车载系统为切入点
谷歌	1045			地图、路径规划与指引、障碍物检测	障碍物检测	第三代无人车	4	以地图切入，围绕传感器展开申请
高通	504			影音娱乐、V2X、路径规划与指引	V2X	OnStar	—	以导航和车载系统为切入点
LG	695			定位、路径规划与指引、转向辅助控制	定位	车载摄像头	—	以导航和传感器为切入点
华为	97			影音娱乐、V2X、路径规划与指引	V2X	DA6810、DA3100	—	以导航和车载系统为切入点
百度	122			地图、导航、路径规划与指引	地图	百度大脑	—	以导航为切入点，缺乏其他申请
博世	1315			辅助泊车、自适应巡航、自动紧急制动	自适应巡航	辅助泊车、mySPIN	2	全面布局，倾向于车辆控制
电装	1207			自动紧急制动、视野辅助、障碍物检测	障碍物检测	Grid Map	2	全面布局，倾向于车辆控制

* 二级技术分支状态图由左到右各图例分别为：转向控制、动力控制、车辆配件智能控制、人机交互、传感器检测、汽车安全、导航、车载通信。

48

2 智能汽车关键技术

表 2-8 20 家主要跨国企业专利申请对比分析（2）

企业	多边专利*数量/项	重点布局市场（中国、美国、欧洲、日本、韩国、德国）				区域布局特点	代表合作单位	合作模式
全球	10116	—	—	—	—	—	—	—
丰田	608	日本 2634 (94.31%)	美国 743 (26.60%)	中国 548 (19.62%)		重视国内布局，全球布局不完善	福特、Telenav、MIT	互补性、借鉴型、取经型
福特	335	美国 433 (76.23%)	德国 319 (56.16%)	中国 318 (55.99%)		全面布局	丰田、微软、密歇根大学、飞思卡尔	互补性、借鉴型、供货型
通用	518	美国 885 (84.21%)	德国 722 (68.70%)	中国 559 (53.19%)		全面布局	卡内基梅隆大学、TI、谷歌、Flinc	互补性、借鉴型
奥迪	88	德国 357 (98.45%)	欧洲 158 (42.25%)	美国 94 (25.13%)		重视国内布局，全球布局不完善	英伟达、斯坦福大学、T-Mobile	供货型、借鉴型、联盟型
宝马	36	德国 485 (95.66%)	欧洲 134 (26.43%)	欧洲 93 (18.34%)		重视国内布局，全球布局不完善	Mobile、三星、大陆、百度	供货型、借鉴型、联盟型、互补型
大众	61	德国 467 (93.96%)	欧洲 111 (22.33%)	美国 78 (15.69%)		重视国内布局，全球布局不完善	大陆、博世、牛津大学、四维图新	供货型、联盟型、借鉴型
戴姆勒	44	德国 733 (91.28%)	日本 66 (8.22%)	美国 56 (6.97%)		重视国内布局，全球布局不完善	雷诺、日产、密歇根大学	取经型、联盟型、互补型
沃尔沃	64	欧洲 78 (75.73%)	中国 73 (70.87%)	中国 56 (54.37%)		重视国内布局，全球布局不完善	爱立信、瑞典交通运输局、德尔福	借鉴型、平台型、供货型
现代	244	韩国 1100 (57.83%)	美国 312 (16.40%)	中国 209 (10.99%)		重视国内布局，全球布局不完善	博通、三星	引导型、供货型
长安	1	中国 44 (100.00%)	—	—		缺乏全球布局	深讯、华为	借鉴型、供货型、取经型

49

前沿技术领域专利竞争格局与趋势（Ⅲ）

续表

企业	多边专利*数量/项	重点布局市场						区域布局特点	代表合作单位	合作模式
比亚迪	5	中国	78 (100%)	欧洲	6 (7.69%)	美国	5 (6.41%)	缺乏全球布局	A-STAR、中兴通讯、北京理工大学	引导型、借鉴型
上汽	2	中国	66 (98.51%)	美国	2 (2.99%)	欧洲	2 (2.99%)	缺乏全球布局	博泰、阿里集团	供货型、借鉴型
苹果	101	美国	497 (96.88%)	中国	95 (18.52%)	欧洲	82 (15.98%)	重视国内布局，全球布局不完善	开放汽车联盟、LG、大陆	供货型、平台型
谷歌	136	美国	318 (30.43%)	欧洲	59 (5.65%)	中国	44 (4.21%)	重视国内布局，全球布局不完善	Car Play	平台型
高通	248	美国	498 (98.81%)	中国	241 (47.82%)	欧洲	241 (47.82%)	全面布局	奥迪、宝马、A4WP	借鉴型、平台型
LG	159	韩国	647 (93.09%)	美国	236 (33.96%)	欧洲	145 (20.86%)	重视国内布局，全球布局不完善	梅赛德斯-奔驰、通用、现代	供货型
华为	15	中国	95 (97.94%)	欧洲	20 (20.62%)	美国	18 (18.56%)	重视国内布局，全球布局不完善	宝马、Uber	互补性、借鉴型
百度	0	中国	122 (100.00%)	—	—	—	—	缺乏全球布局	东风、CTTIC	借鉴型、供货型、引导型
博世	545	德国	1189 (90.27%)	欧洲	575 (43.73%)	美国	434 (33.00%)	全面布局	奥迪、英飞凌、car2go、TomTom	供货型、联盟型、借鉴型
电装	334	日本	1185 (98.18%)	美国	476 (39.44%)	德国	287 (23.78%)	重视国内布局，全球布局不完善	丰田、Drive C2X联盟、同济大学	供货型、联盟型、取经型、借鉴型

* 多边专利申请指1项专利进入的国家数量不少于3个的专利申请。

(3) 互联网企业的发展路线均是以车联技术切入，其中，不同企业对于自动驾驶技术有不同程度的侧重。

互联网企业在智能汽车中主要以提供车载系统、搭建车载平台为主，因此，申请量主要集中在导航和车载通信技术两个技术分支下。但不同企业对于自动驾驶技术有不同程度的侧重。例如，LG 作为互联网企业和系统集成商，提供包括摄像头等在内的零部件时，加强对自动驾驶技术的积累；谷歌在传感器监测的集成上已经布局了部分重要的专利申请，这既与谷歌在算法方面的优势有关，又与谷歌在自动驾驶汽车的测试和研究密切相关。更多的互联网企业研究和产品都集中在为车辆提供车载系统和软件平台，因此，绝大部分专利申请都集中在车联技术上。

(4) 零部件厂商在自动驾驶和车载技术领域逐步均衡发展，并具备强大的技术实力，可能成为行业的重要垄断者。

零部件厂商在智能汽车领域已经占据较为重要的地位，将零件制造技术和系统集成技术结合在一起，并越来越深入地参与到智能汽车产业中。传统汽车零部件厂商主要供应车辆零件，由于系统集成越来越多地应用车联技术，因此车联技术领域的专利积累和技术实力逐渐增强。

在自动驾驶技术和车联技术侧重的基础上，从二级分支可以看出各企业在具体技术分支上的差别如下。

(1) 国外传统车企的技术路线呈现以转向控制和动力控制作为绝对主要的侧重点，各企业次要的侧重点呈现不同的特点。

转向控制和动力控制的技术内涵既包括基础的控制部分，如自动转向、辅助转向、车速控制，也包括直接应用在车辆上的技术，如自适应巡航、自动紧急制动，因此，这两部分是传统汽车电子化的开始，也是开发智能汽车的主要切入点。

此外，可以看出，传感器检测是目前企业比较感兴趣的技术分支，福特和通用的申请基本比较均匀，呈现全面发展的特点，宝马、奥迪和大众的技术倾向都体现了各自的优势产品和发展特点。

(2) 国内车企普遍重视与汽车安全相关的专利申请。

其他分支的专利申请比较平均，未能形成一定体系。国内车企在智能汽车上的专利申请普遍较少，技术倾向比较同质化。

(3) 互联网企业普遍侧重导航和车载通信，根据各自的技术特点，各企业存在差别。

其中，高通和华为侧重车载通信，谷歌、苹果、百度和 LG 均侧重导航，这几个企业也均是以导航为主要切入点。

(4) 零部件厂商的技术路线与汽车企业类似，均重视传感器检测。

这与零部件厂商长期与汽车企业合作相关。为汽车企业提供零部件，需要在相应技术领域进行深入细化的研究，包括零部件制造和集成技术。传感器检测是智能汽车的重点部件，是传统汽车所不具备的，因此，该技术的研究能对汽车企业技术构成形成良好的补充。

2.6.2 专利布局分析

从前述重点申请人的全球布局来看，全球主要的布局市场在中国、美国、德国、欧洲、日本、韩国。如表2-9所示，不同国家的申请人呈现不同的布局特点。

表2-9 智能汽车在中国、美国、欧洲、日本、韩国、德国的专利基本情况[1]

单位：项

申请人	总量	中国	美国	欧洲	日本	韩国	德国
丰田	2793	19.62%	26.60%	12.32%	94.31%	2.69%	8.81%
福特	568	55.99%	76.23%	10.04%	3.35%	0.18%	56.16%
通用	1051	53.19%	84.21%	2.28%	0.19%	1.05%	68.70%
奥迪	374	21.93%	25.13%	42.25%	1.07%	0.53%	95.45%
宝马	507	15.19%	26.43%	18.34%	1.18%	0.20%	95.66%
大众	497	12.07%	15.69%	22.33%	1.01%	3.42%	93.96%
戴姆勒	803	3.61%	6.97%	4.98%	8.22%	0.00	91.28%
沃尔沃	103	54.37%	70.87%	75.73%	43.69%	8.74%	2.91%
现代	1902	10.99%	16.40%	0.21%	5.94%	57.83%	9.10%
长安	44	100.00%	2.27%	2.27%	0.00	2.27%	0.00
比亚迪	78	100.00%	6.41%	7.69%	0.00	0.00	0.00
上汽	67	98.51%	2.99%	2.99%	0.00	1.49%	0.00
苹果	513	18.52%	96.88%	15.98%	9.36%	11.31%	4.87%
谷歌	1045	4.21%	93.15%	5.65%	3.83%	2.87%	0.29%
高通	504	47.82%	98.81%	47.82%	42.86%	44.25%	0.40%
LG	695	17.70%	33.96%	20.86%	5.76%	93.09%	1.58%
华为	97	97.94%	18.56%	20.62%	7.22%	3.09%	0.00
百度	122	100.00%	0.00	0.00	0.00	0.00	0.00
博世	1315	30.95%	33.00%	43.73%	13.38%	4.79%	90.27%
电装	1207	15.24%	39.44%	3.98%	98.18%	2.82%	23.78%

---

[1] 表中专利申请总量以项计数，涉及各国同族专利的申请则分开统计。——编辑注

（1）美国汽车企业基本呈现全面布局的特点。

美国的通用和福特除了在技术路线上均衡发展，在全球布局上也采用全面布局的特点，各个重点地区的分布比例相差不大，并且与它们在本国布局的专利数量也基本匹配，说明美国汽车企业极度重视智能汽车在全球的专利实力，基本实现重点专利的全球提前布局。

（2）日本、韩国、德国企业重视国内布局，在全球范围的布局尚不完善。

丰田的高速公路辅助驾驶系统在日本布局40余件专利，但在其他区域并未进行完整的布局。戴姆勒在德国申请专利数量达到733件，但在中国仅进行了不到30件的申请。这是由于智能汽车目前发展方向尚存在许多不确定的因素，还有诸多政策的限制，因此布局尚未形成完整体系。

（3）零部件厂商全球布局较强，普遍优于汽车企业和互联网企业。

对于电装和博世两个公司，由于长期进行零部件供应，在全球范围内有大量的合作厂商，在全球范围内具备较强的专利布局意识。

苹果和谷歌尚未在全球形成系统布局，但其他涉及零部件供应的互联网企业在全球布局较多。

苹果和谷歌的相关申请并未在全球进行全面布局，仅在美国本土进行布局，这与两个公司目前的发展状态也是对应的。由于这两个公司的研发目标都是无人驾驶汽车，技术距离产业应用较远。无人驾驶汽车目前尚在研发和试验阶段，并且距离全球量产无人驾驶车辆还有较长的时间，业界普遍认为至少还需要20年的发展时间。对于苹果和谷歌来说，目前大量的技术仍处于储备阶段，故而没有进行全面申请。

（4）国内企业缺乏专利布局。

对于国内企业，除了华为外，其他企业均极少有在国外布局的相关专利。并且这些公司的专利均是围绕目前推出的产品进行申请，在出口时将无法形成有效保护，并且无法对竞争对手进行有效的遏制。

各公司在全球布局的技术分支基本与自身发展的技术分支对应，并无明显倾向，表明了目前智能汽车在全球发展并未形成产业聚集和明确的区域发展优势，各公司仍处于专利布局的战略储备阶段，因此，布局方式均选用全面布局的形式。

3

五轴联动数控机床精度检测与控制技术[*]

五轴联动数控机床是数控机床中的高水平代表，作为加工叶轮叶片、重型发电机转子、汽轮机转子、大型柴油机曲轴等重要部件的唯一手段，对于一个国家的航空航天、军事科研、精密器械以及高精医疗设备等行业有着举足轻重的影响力，是世界各制造强国不遗余力发展的重点对象。由于加工产品的精度非常之高，保持加工母机的高精度及其稳定性更是重中之重，而精度检测和控制方面的技术则是保证机床高精度的核心手段。

本研究从确定并量化国内外五轴联动数控机床精度检测与控制技术上的差距入手，深入分析差距背后的原因，并从专利中寻找和获取有用的信息，为促进我国五轴联动数控机床的精度早日达到国际先进水平提供借鉴。

3.1 五轴联动数控机床精度和控制技术发展状况

当前，在五轴联动数控机床精度和控制技术领域，日本的数控机床以高速度、高精度著称，德国高端机床的数控系统、功能部件在质量和性能上居世界前列，美国在高端机床精度和控制的研发能力方面首屈一指。

---

[*] 本章节选自2015年度国家知识产权局专利分析和预警项目《五轴联动数控机床精度检测与控制技术专利分析和预警研究报告》。
(1) 项目课题组负责人：王澄、陈燕。
(2) 项目课题组组长：方华、孙全亮。
(3) 项目课题组副组长：邓鹏。
(4) 项目课题组成员：尚玉沛、严恺、陈彦、向虎、郭振宇、杨捷斐、王瑞阳。
(5) 政策研究指导：丁文佳、田金涛。
(6) 研究组织与质量控制：王澄、陈燕、方华、孙全亮。
(7) 项目研究报告主要撰稿人：邓鹏、尚玉沛、严恺、陈彦、向虎、郭振宇、杨捷斐、王瑞阳。
(8) 主要统稿人：方华、严恺。
(9) 审稿人：王澄、陈燕。
(10) 课题组秘书：王瑞阳。
(11) 本章执笔人：方华、严恺、王瑞阳。

我国虽然也能加工出五轴联动数控机床，但数控系统主要依赖进口，且实际加工的精度、稳定性和可靠性均明显弱于日本、德国的高端机床。

五轴联动数控机床的多轴轮廓运动系统的核心思想在于，通过对给定的参考路径按照规定的曲线形式进行插补、细化，构成连续的二维/三维参考轨迹命令，从而协调各个运动轴的位置与速度，驱动末端执行器沿参考轨迹平滑运动，完成各种指定的任务❶。国产数控机床在机械结构方面已趋于成熟，一些几何性能参数的标称值已经达到了国外同类产品的相同水平，但是在命令路径的精确度、伺服控制器相关的运动控制技术方面，尚有较大差距。

基于对影响五轴联动数控机床精度的各种因素分别进行了专利分析，可以认为，在该领域实现技术突破的关键就是在存在扰动、非线性、模型和参数不确定性的情况下提高运动控制性能❷，即影响五轴联动数控机床精度的主要技术因素在于轮廓误差检测技术、针对轮廓误差的自适应控制技术以及热误差检测与补偿技术。

（1）轮廓误差的检测技术。

轮廓误差是多轴联动数控机床加工运动过程中直线轴和转动轴在执行曲线轨迹时各个轴跟踪误差的综合体现，能够较好地反映出五轴联动数控机床的精度。轮廓误差检测仪器方面，检测仪器或检测系统精度不高，检测结果中会带入仪器自身误差；检测速度不够快，导致响应延时并引入干扰；检测仪器通用性不好，不能适应多种检测场景的需要。

（2）针对轮廓误差的自适应控制技术。

轮廓误差的控制难度大，需要控制好五个轴的协同运动，既要控制平动也要控制转动，一般的控制方法鲁棒性差，难以高精度地控制好五个轴的运动匹配。自适应控制正是基于检测的轮廓误差来改善数控机床动态性能的控制技术，能够根据需要自动改变控制参数，以改善控制效果，具有很强的鲁棒性，因此，采用自适应控制改善五轴机床轮廓误差是提升精度的技术趋势。

（3）热误差检测与补偿技术。

热误差是机床加工过程中不可避免要产生的误差之一，其控制补偿技术也是必不可少的关键技术。影响热误差的因素众多，例如机床的机构在抵消热误差的布置方面有欠缺，冷却手段不足，机床材料使用的热膨胀系数小的材料远远不够等。此外，热误差的变化随机性大，热误差补偿的模型不够准确也是导致目前尚不能做到对热误差的有效补偿的原因。

---

❶ 刘宜. 多轴轮廓运动系统的轨迹生成与性能优化［D］. 合肥：中国科学技术大学，2008：11-17.

❷ 王军平. 高性能运动控制及在数控系统中的应用［D］. 西安：西北工业大学，2002：3-8.

3.2 五轴联动数控机床精度检测与控制技术专利发展态势

截至 2015 年 6 月 30 日，通过 WPI、EPODOC 与 CNPAT 数据库对五轴联动数控机床精度检测与控制技术相关专利申请进行了充分检索，经数据清洗、去重后得到全球申请总量为 27869 项（见表 3-1）；中国专利申请共 10958 件。

表 3-1 五轴联动数控机床精度检测与控制全球专利申请概况　　单位：项

发展态势及主要申请人	总申请量：27869 项；总申请人：9642 个					
	全球专利申请整体呈稳步增长之势，其中日本、德国、美国、韩国等的专利申请量保持在较为稳定的数值范围，中国的专利申请量自 2004 年以来呈现迅猛增长的态势。全球专利申请量的发展趋势越来越取决于中国的专利申请量变化				
	发那科 (699)	捷太格特 (597)	大隈 (550)	西门子 (446)	东芝 (394)
主要布局地及其申请人	日本 (10971)	中国 (10958)	美国 (7781)	德国 (7464)	韩国 (3131)
	发那科 6.29%	发那科 2.65%	发那科 4.91%	西门子 5.23%	斗山 12.52%
	捷太格特 5.41%	博世 1.48%	西门子 3.53%	发那科 5.08%	现代 6.99%
	大隈 5.01%	鸿海、鸿富锦 1.18%	博世 2.47%	博世 4.92%	大宇 4.28%
	东芝 3.55%	西安交通大学 0.95%	德马吉森精机 1.97%	德马吉森精机 2.17%	三星 3.83%
	德马吉森精机 2.84%	西门子 0.87%	波音 1.63%	大隈 1.42%	东芝 2.17%
主要产出地及其申请人	日本 (9484)	中国 (8876)	美国 (2741)	德国 (3100)	韩国 (1818)
	发那科 7.30%	鸿海、鸿富锦 2.51%	波音 4.63%	博世 11.45%	斗山 21.56%
	捷太格特 6.29%	西安交通大学 1.17%	洛克威尔 3.65%	西门子 9.00%	现代 12.05%
	大隈 5.79%	华中科技大学 0.95%	通用电气 2.88%	海德汉 2.61%	大宇 7.43%
	东芝 4.14%	上海交通大学 0.95%	布莱克和戴克 2.23%	卡尔蔡司 1.94%	三星 6.68%
	德马吉森精机 3.12%	浙江大学 0.92%	西门子 2.19%	弗劳恩霍夫应用研究促进协会 1.74%	LG 3.03%

续表

技术集中度	全球排名前 5 位申请人技术集中度：11.84%；排名前 10 位申请人技术集中度：14.95%；排名前20 位申请人技术集中度：17.99%				
	日本前 5 名申请人	中国前 5 名申请人	美国前 5 名申请人	德国前 5 名申请人	韩国前 5 名申请人
	26.64%	6.50%	15.58%	26.74%	50.75%

根据表 3-1 的数据信息及全球、中国专利申请趋势可以得出如下结论。

(1) 全球专利申请相对平稳，中国专利申请增长迅猛。

近 20 年来，五轴联动数控机床精度检测与控制技术领域的全球专利申请保持了较为平稳的增长趋势（见图 3-1）。其中，日本、德国、美国、韩国的专利申请量保持在较为稳定的数值范围，中国的专利申请量自 2004 年以来呈现迅猛增长的态势（见图 3-2）。反映全球专利申请量的发展趋势越来越取决于中国的专利申请量变化。

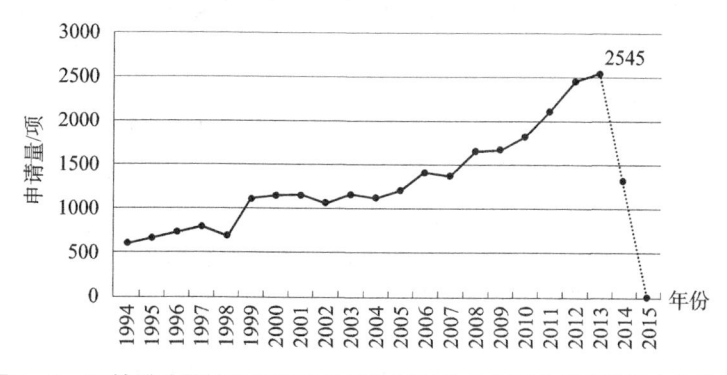

图 3-1 五轴联动数控机床精度检测与控制技术全球专利申请量变化趋势

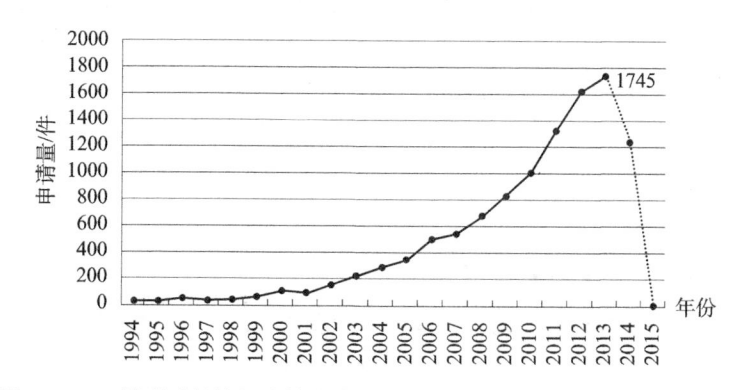

图 3-2 五轴联动数控机床精度检测与控制技术中国专利申请量变化趋势

(2) 日本、德国、美国为专利布局重点，来华申请日益受到重视。

如表 3-1 所示，五轴联动数控机床精度检测与控制技术的全球专利申请主要布局地为日本、德国、美国、中国、韩国等；同时，上述地区也是该技术的主要产出地。日本是该技术专利的重要产出国和目标国；美国作为传统的机床消费大国，是各国进行专利布局的首选之地；中国作为新兴的机床消费大国，逐步吸引国外申请人在华进行专利布局。

近年来，随着中国经济的不断发展，高端数控机床的消费市场不断壮大，并已成为世界最大的机床消费国，因此，外国机床厂商逐渐关注我国，并来华进行专利布局。

(3) 日本、德国企业占有技术优势，我国申请仍以高校为主。

全球专利主要申请人来自于日本和德国。在全球前 10 位申请人中，日本企业占据了绝对优势；西门子、博世等德国企业也多次出现在全球前 10 位申请人中。日本、德国的技术相对更为突出，且其技术进步很大程度上依赖这些全球知名企业。

中国的专利申请总量较大，但除了鸿富锦、鸿海在专利申请总量、向外进行专利布局等方面均表现较好外，其余主要是高校申请且基本仅布局国内。

(4) 全球范围内技术较为集中，但中国的技术较分散。

如表 3-1 所示，五轴联动数控机床精度检测与控制技术领域的全球技术集中度较高，尤其体现在韩国、德国和日本，表明这几个国家的相关技术主要集中在少数几名申请人手中。相比之下，中国的专利技术集中度则低了很多，说明中国在相关领域的技术仍为不同申请者分散拥有。

(5) 中国国内专利申请增速显著，国外来华申请增速缓慢。

如图 3-3 所示，21 世纪初期，外国来华专利申请保持了较为稳定的缓慢增长态势，其中，日本、德国、美国的专利申请量较高，中国的专利申请量近 10 年来出现了飞速增长。国内专利申请量自 2006 年起保持了持续快速

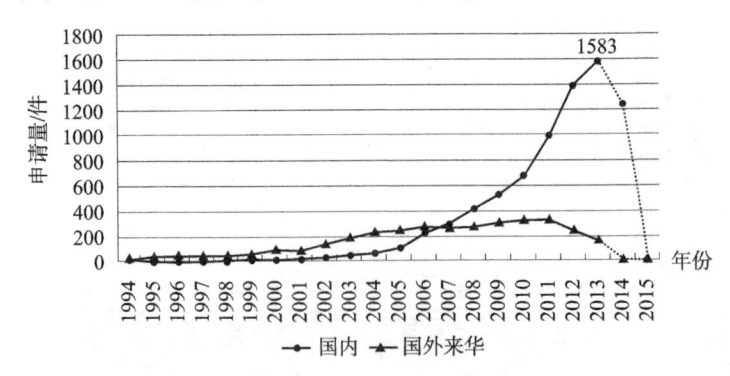

图 3-3 五轴联动数控机床精度检测与控制技术国内和国外来华申请量变化趋势

的上涨。进一步的研究表明,国内申请量主要来自工业技术发展较快、地区经济较为发达的省市,拥有专利申请量较多的申请人主要为高校和科研单位(见表3-2)。

表3-2 五轴联动数控机床精度检测与控制技术中国专利申请概况 单位:件

发展态势及主要申请人	发那科(290)	博世(162)	鸿海、鸿富锦(129)	西安交通大学(104)	西门子(95)
国外来华申请主要来源地分布	日本 1603 (14.64%)	德国 596 (5.44%)	美国 535 (4.88%)	欧洲 153 (1.40%)	韩国 97 (0.89%)
国内申请主要来源省市分布	江苏 1278 (11.67%)	上海 585 (5.34%)	浙江 421 (3.84%)	北京 370 (3.38%)	沈阳 357 (3.26%)
国内主要申请人情况	申请人	申请量	(1994~2010)近5年	(2011~2015)近5年	活跃度
	鸿海、鸿富锦	129	9.59	12.4	1.29
	西安交通大学	104	1.94	14.2	7.32
	华中科技大学	84	1.41	12	8.50
	上海交通大学	84	2.53	8.2	9.24
	浙江大学	82	2.24	8.8	3.94

(6)国外来华专利申请侧重保护力度,国内专利申请质量有待提高。

进一步对五轴联动数控机床的精度检测与精度控制技术在中国发明专利申请的授权情况进行统计后得出(见表3-3),国外申请人虽然尚未在中国进行大规模的专利布局,但是其在我国专利申请的授权比例较高,且注重获得保护范围较大的专利权。

国内的专利申请数量增长很快,但较多集中在具体检测方法或控制技术的应用或改进上,将具体的参数设定、实验条件写入权利要求中,使得保护范围相对狭窄,授权率较低。

表3-3 精度检测与控制技术在中国发明专利申请的授权情况

年份	中国申请人授权率	美国申请人授权率	日本申请人授权率	德国申请人授权率
2001	100.0%	100.0%	50.0%	66.7%
2002	100.0%	87.5%	100.0%	—
2003	64.3%	50.0%	71.4%	50.0%
2004	68.8%	71.4%	48.0%	60.0%
2005	57.7%	33.3%	83.9%	90.0%
2006	55.4%	60.0%	77.4%	71.4%
2007	59.0%	80.0%	86.1%	60.0%

续表

年份	中国申请人授权率	美国申请人授权率	日本申请人授权率	德国申请人授权率
2008	62.8%	0%	91.3%	58.3%
2009	60.5%	80.0%	89.5%	33.3%
2010	61.7%	60.0%	72.3%	16.7%
2011	51.9%	18.8%	66.7%	0
2012	37.5%	0	20.0%	0
2013	4.7%	0	13.9%	0
2014	0.6%	—	—	—
2015	0	—	—	—

3.3 五轴联动数控机床精度检测与控制重点技术分支专利分析

本研究对影响五轴联动数控机床精度的各种技术因素进行了充分的专利检索和分析研究，发现影响精度的三大主要技术因素为轮廓误差检测技术、自适应控制技术以及热误差检测与控制技术，其专利申请如表3-4所示。

3.3.1 主要技术分支专利申请概况

（1）三大主要技术分支全球专利申请量稳中有升，中国国内近5年专利申请活跃度高于全球水平。

如图3-4所示，轮廓误差检测技术、热误差检测与自适应控制技术全球专利申请量近几年增长幅度较大，自适应控制技术全球专利申请量在2010年之前一直高于轮廓误差检测技术。根据表3-4中三大主要技术分支近5年专利申请量占比可知，中国国内专利申请的活跃度高于全球，且国内专利申请活跃度普遍高于国外来华专利申请。

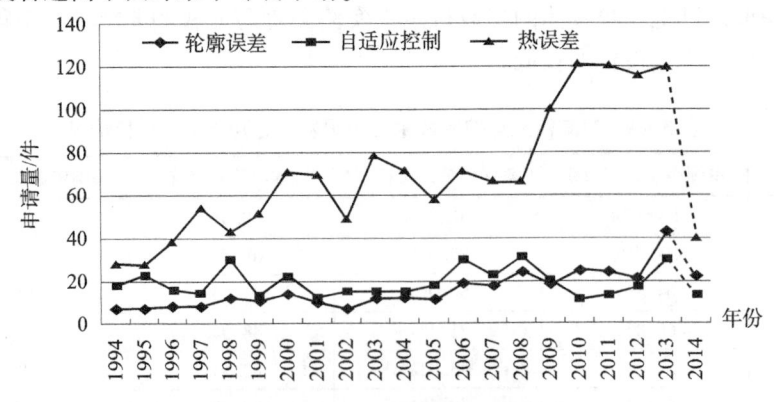

图3-4 五轴联动数控机床精度检测与控制技术
主要技术分支全球申请量变化趋势

表3-4 五轴联动数控机床精度检测与控制技术主要技术分支专利申请概况

	轮廓误差检测技术			自适应控制技术			热误差检测与控制技术		
	全球申请/项	中国申请/件		全球申请/项	中国申请/件		全球申请/项	中国申请/件	
		国外来华	国内		国外来华	国内		国外来华	国内
总申请量	335	64	117	399	54	118	1452	165	334
近5年申请量占比	33.42%	18.75%	59.83%	22.8%	22.2%	55.9%	35.6%	45.2%	75.6%
主要国家和地区申请量/件	中国 118	日本 24	中国 102	中国 118	日本 18	中国 114	日本 607	日本 74	中国 290
	德国 62	德国 15	中国台湾 16	德国 84	德国 13	中国台湾 4	中国 335	美国 34	中国台湾 45
	日本 64	英国 7	美国 8	美国 71	美国 13	美国 1	美国 165	德国 23	美国 17
	美国 29	美国 5	日本 1	日本 71	英国 3	—	德国 137	韩国 3	德国 5
主要申请人	发那科 15	发那科 8	鸿海、鸿富锦 9	西门子 55	西门子 11	南京航空航天大学 8	大隈 70	发那科 14	浙江大学 15
	西门子 15	雷尼绍 7	哈尔滨工业大学 8	发那科 8	发那科 4	沈阳高精数控 5	捷太格特 56	捷太格特 7	西安交通大学 12
	鸿海、鸿富锦 11	西门子 5	上海交通大学 5	南京航空航天大学 8	博世 2	天津大学 4	东芝 39	兄弟 7	沈阳机床集团 11
	雷尼绍 10	博世 4	浙江大学 4	三菱 7	松下 2	清华大学 4	发那科 29	大隈 6	上海交通大学 10

(2) 日本、德国和美国是重点技术领域来华申请的主要来源国，日本在热误差技术中实力最强；国内对于重点技术的专利申请布局以本土为主。

中国、德国、日本、美国是全球专利申请的主要来源国家，其中，日本、德国、美国是最主要的国外来华申请国家，申请总量占国外来华申请量的80%以上，其中，申请量最多的是日本；但是中国在该重点领域的专利布局以国内申请为主，绝大部分申请人仅在国内提交了申请。

(3) 重点技术领域的全球专利申请集中度较高；国内申请以高校为主。

在上述重点技术领域，全球前5名申请人提出的专利申请占全球申请量的占比分别为18%、19%和15%，显示出较高的技术集中度；国内申请人以高校为主。

3.3.2 主要技术分支重点专利分析

鉴于上述技术领域出现的专利申请相对集中、全球申请人技术集中度高等特点，本研究进一步对相关主要技术分支进行了深入的分析；并且有针对性地加大技术领域、国别属性和申请人的权重，并辅以被引频次、专利权维持期限、权利要求数量及保护范围、专利利用情况（维权和专利许可）等常规指标，最终筛选出各主要技术分支的相关重点专利申请，并绘制出其技术发展路线。

3.3.2.1 轮廓误差检测技术

（1）轮廓误差检测主要技术主题。

轮廓误差检测技术主要包括四个技术主题：标准圆盘检测技术、平面正交光栅检测技术、球杆仪检测技术、3D视觉检测技术。

球杆仪检测技术是轮廓误差检测技术中的主流技术，从图3-5中可见其占比达57%。标准圆盘检测技术、平面正交光栅检测技术和3D视觉检测技术分别占比8%、20%、15%。

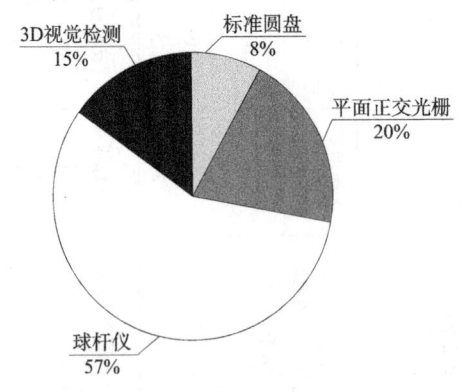

图3-5 全球轮廓误差检测技术各技术分支专利申请分布

如图 3-6 所示，标准圆盘检测技术是早期比较有代表性的检测轮廓误差的方法，其申请量主要集中在 2000 年以前；随着技术的发展，该检测技术逐渐被其他技术替代。平面正交光栅检测技术原理简单，分辨率也较高，在 2000 年后有一定的申请量。球杆仪检测技术在轮廓误差的检测中具有较大优势，随着技术的进步，球杆仪检测技术也在不断发展，专利申请量稳中有升。3D 视觉检测技术是近年来较为活跃的新技术，专利申请自 2000 年前后开始出现，近几年提升较快。轮廓误差检测技术各技术主题在全球五大专利布局区的申请分布如图 3-7 所示。

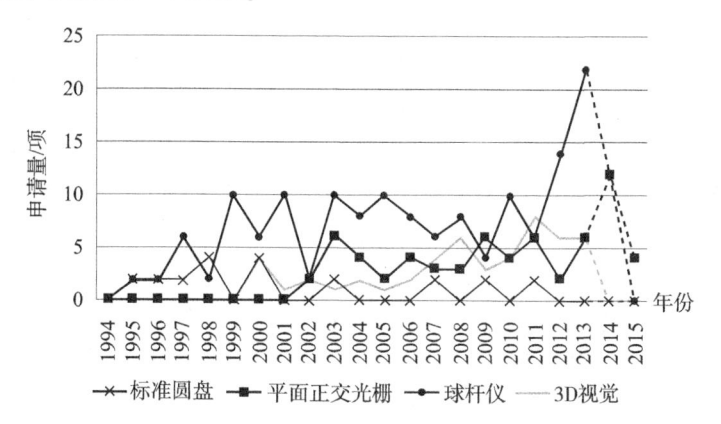

图 3-6 轮廓误差检测技术各技术分支全球专利申请趋势

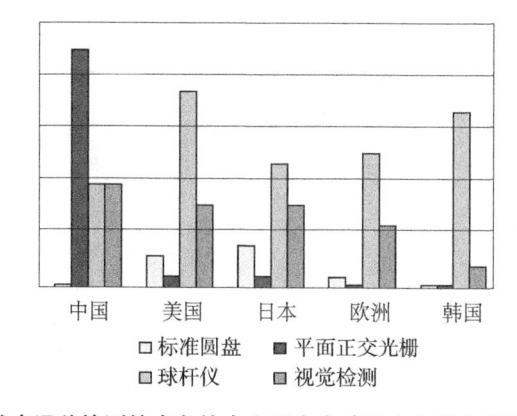

图 3-7 轮廓误差检测技术各技术主题在全球五大专利布局区的申请分布

（2）轮廓误差检测技术路线。

轮廓误差检测技术领域的前沿技术主要涉及提高检测精度、提高检测速度和增强检测通用性几个方面（见图 3-8）。在提高检测精度方面，轮廓误差检测技术包括补偿处理技术（如设置温度补偿软件以修正测量装置的温度

图 3-8 轮廓误差检测技术发展路线

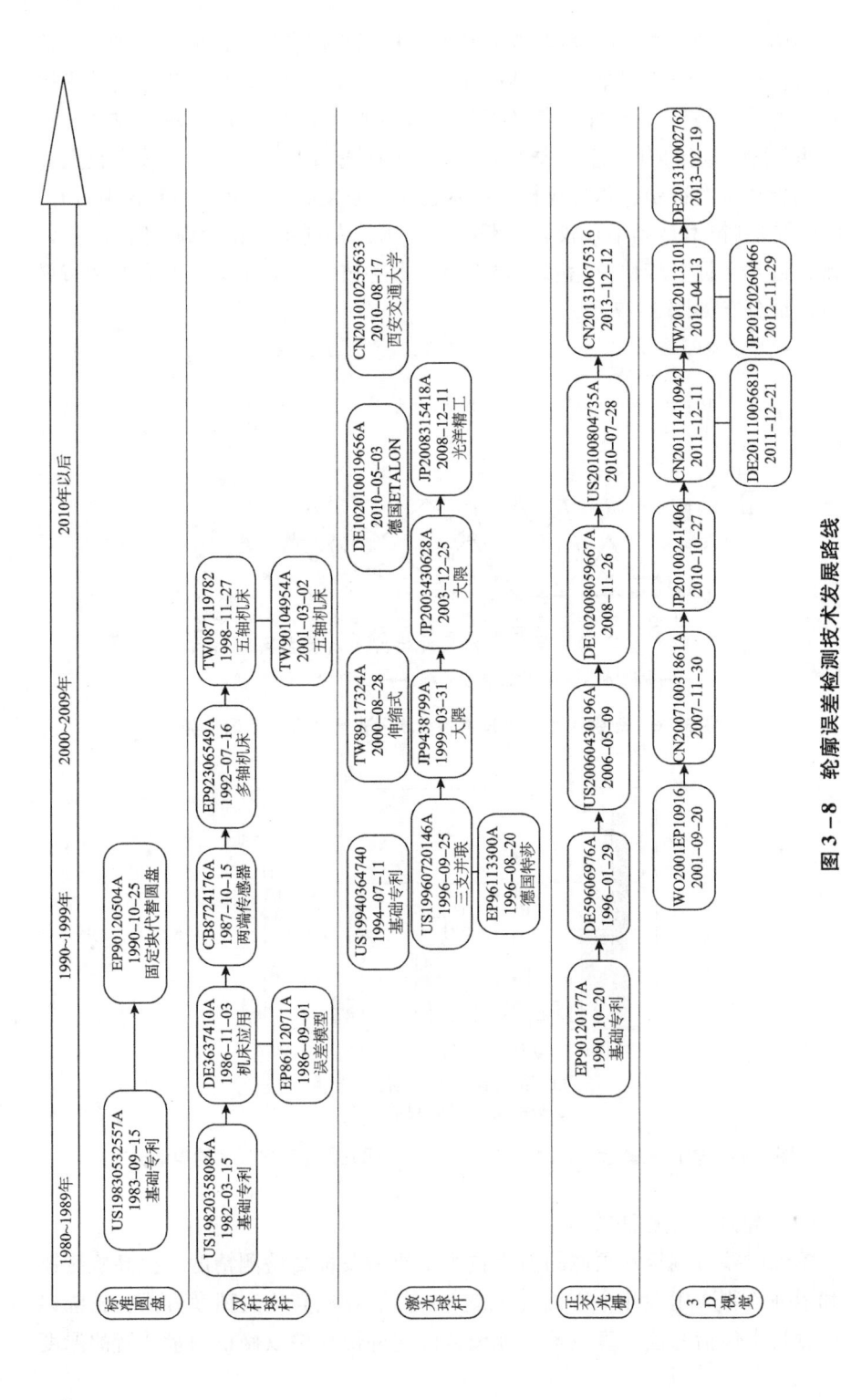

漂移、设置配重构造进行探头刚度补偿等)、探头安装位置控制技术和接触力控制技术等。这些技术可以优化检测仪器性能、减小检测仪器本身带入的检测误差,提高检测精度。雷尼绍、发那科等公司对这些技术进行了相应的专利布局,并有5项处于领先地位的专利申请。

在提高检测速度方面,轮廓误差检测技术包括工件检测基准优化技术、检测路径优化技术、转动轴位置信息辅助技术、检测数据过滤技术等。这些技术可以缩短检测采样时间、减少检测过程中的数据处理过程、提高检测仪器的检测速度和响应时间。西门子、雷尼绍等公司对这些技术进行了相应的专利布局,并有7项处于领先地位的专利申请。

在增强检测通用性方面,轮廓误差检测技术包括各种检测方法的机床应用技术,具体有机检测技术、刀具判定技术、刀具和工件位置校正技术等。这些技术增强了球杆仪、平面光栅、3D视觉等检测方法在多轴联动数控机床上的应用。发那科、光洋精工、荷兰ASML等公司对这些技术进行了相应的专利布局,并有7项处于领先地位的专利。

3.3.2.2 自适应控制技术

轮廓误差自适应控制技术领域的前沿技术主要涉及补主轴或进给轴与刀尖结合降低轮廓误差、补刀尖降低轮廓误差、动态建模与参数优化以降低轮廓误差(见图3-9,详见文前彩插第3页)。

补主轴或进给轴与刀尖结合降低轮廓误差的前沿技术主要涉及通过同时补偿刀尖姿态和进给轴位置,进行圆弧插补,以降低轮廓误差,日本大隈拥有1项处于领先地位的专利,该专利技术已进入我国并维持专利权有效状态,我国企业需要注意规避该专利。航天险峰的专利通过同时补偿刀尖姿态和主轴位置实现大型回转体零件的加工,具备较高的推广价值。

在补刀尖降低轮廓误差方面,前沿技术主要涉及通过补偿刀尖姿态完成刀尖磨损自适应补偿、在线自适应导轨补偿、在线自适应刀具微破损监控。我国航天险峰、南京航空航天大学、上海交通大学各拥有1件专利,但高校的专利技术能否在工业生产现场长期稳定运行还有待现实检验。

在动态建模与参数优化方面,前沿技术主要涉及多参数优化以抗干扰来降低轮廓误差、动态建模和自适应柔性加工、利用自适应控制技术实现数控机床性能优化。南京航空航天大学、美国洛克威尔等申请的3项专利技术处于领先地位,洛克威尔的专利申请已进入中国和欧洲,我国企业需要重点关注此专利申请,在学习吸收的前提下,发展更先进的专利技术。

3.3.2.3 热误差检测与控制技术

(1) 热误差检测与控制主要技术主题。

热误差领域的技术主要包括三个技术主题:热误差的检测、热误差的补偿、热误差的避免。如图 3-10 所示,热误差的补偿是主流技术,占专利申请总量的 39%,由于热误差的补偿需要先进行热误差的检测,因此包含热误差补偿的专利申请中往往同时包含热误差的检测技术,热误差的检测技术占专利申请总量的 29%。热误差的避免技术通常需要增加机床的成本,因此所受关注不如热误差的补偿技术。但是作为消除热误差影响的一项重要技术,热误差的避免相关专利申请仍占 32%。

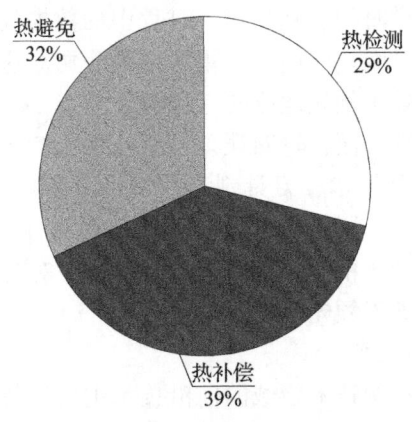

图 3-10 热误差检测与控制技术中各技术主题全球专利申请分布

如图 3-11 所示,自 1994 年以来,三个技术分支均衡发展,其中热误差的避免技术在 2001~2002 年的申请量出现了一个高峰,之后随着控制器计算速度的提升,更复杂的补偿程序的运行,以及硬件系统响应速度的提高,热误差的补偿技术在 2003~2004 年申请量出现了一个高峰。由于检测技术与补偿技术紧密结合,申请量也呈上升趋势。2009 年以后,随着世界经济的复苏,三个技术分支的申请了都出现了大幅提升。

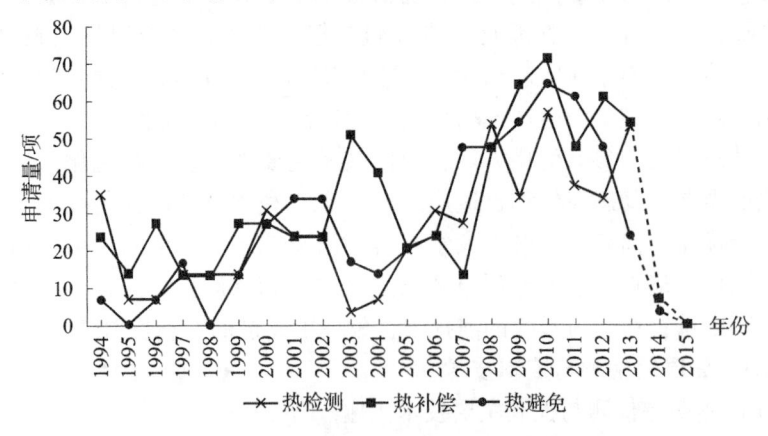

图 3-11 热误差技术中技术主题专利申请趋势

在我国,热误差的检测、补偿、避免三项技术的比例分别是 31%、59%、10%。热误差的补偿技术所占比例远大于热误差的检测和热误差的避免技术。这与热误差的补偿技术成本较低、效果显著、能迅速满足我国对机床需要的发展有一定关系。在其他国家和地区,三个技术分支发展比较均衡。例如,日本这三项技术专利申请的比例分别为 28%、35%、37%;美国这三项技术专利申请的比例分别为 29%、36%、35%。可见机床领域的强国对三项技术都非常重视,也体现了三项技术彼此关联,这对于控制机床的热误差非常重要。

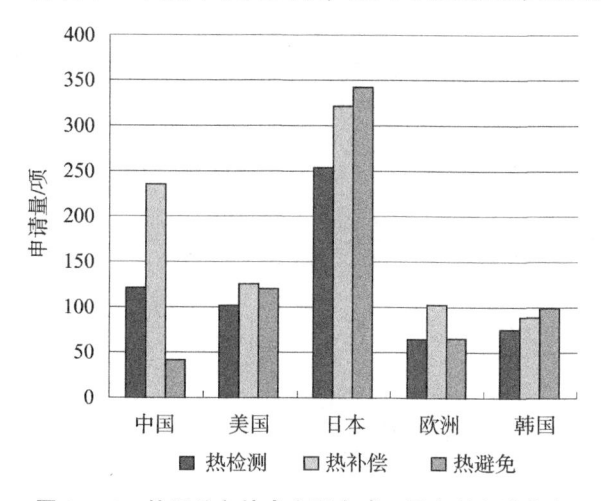

图 3-12 热误差各技术主题全球五局专利申请分布

(2) 热误差检测与控制技术路线。

热误差技术领域的前沿技术主要涉及热误差的检测、热误差的补偿、热误差的避免(见图 3-13)。在热误差检测方面,根据行程中压力变化计算主轴装置的受热位移量,设置具有高响应度的温度传感器,利用交叉的激光束测量主轴 X、Y 和 Z 的高精度坐标值及热位移量等,这些技术是提高热误差测量精度的核心技术。日本申请人大隈等提出了 6 项在该技术领域布局的专利申请。

热误差补偿的专利申请通常涉及对床身、主轴、轴承、刀具等多个关键部件的热误差补偿技术,利用线性回归理论、有限元等先进算法,对机床运转中关键机构产生的热位移进行有效修正是该技术分支的核心。森精机等申请人提出的 6 项专利申请处于前沿地位。

热误差避免包括采用对称结构抵消热变形、改变冷却用介质的回路、采用新型材料构成关键部件的构造材料等,这些技术的使用能够使热位移引起的误差最小,是该技术分支的重点技术。东芝等申请人提出的 6 项专利申请处于领先地位。

图 3-13 热误差技术发展路线

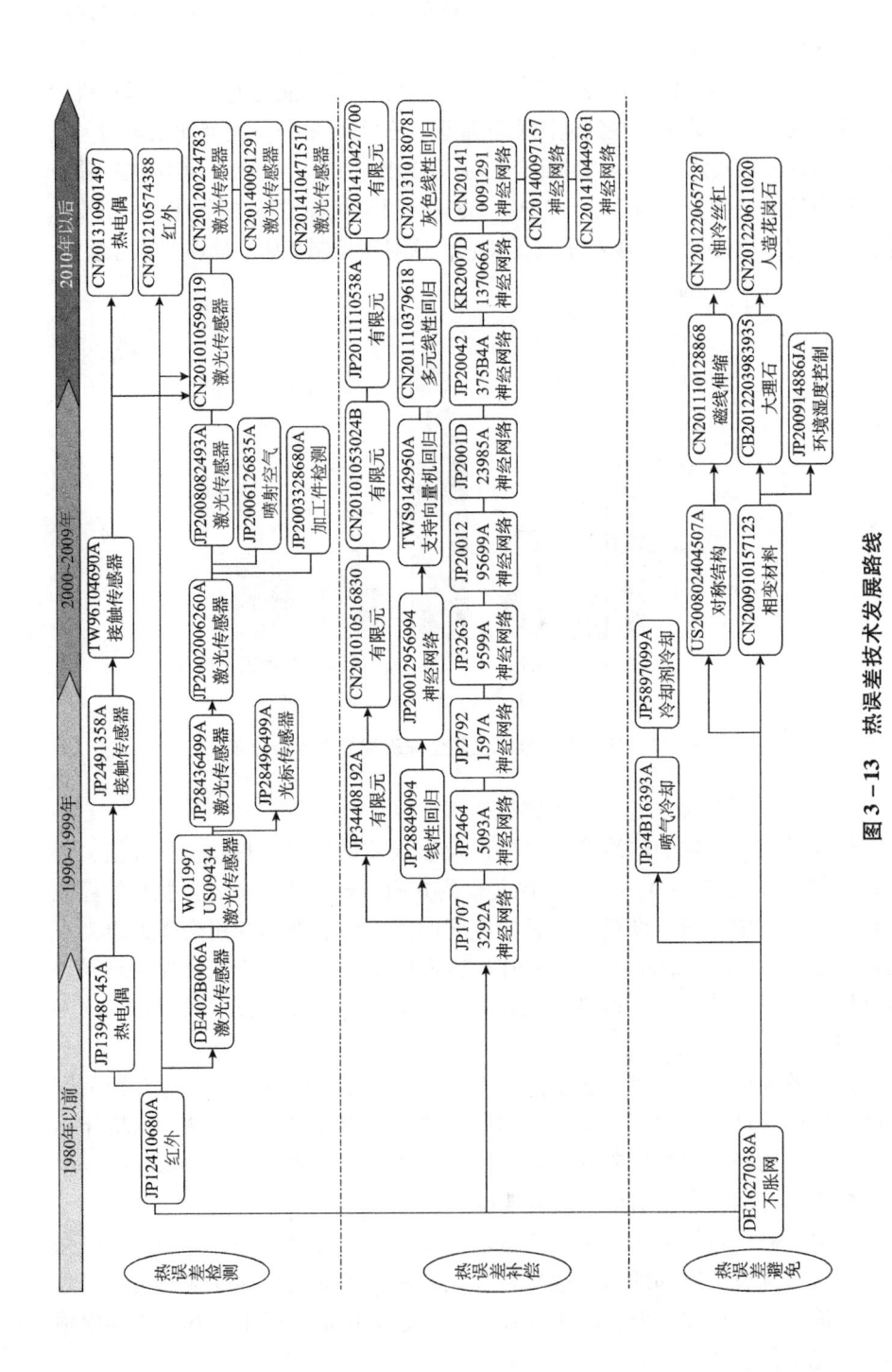

3.4 小　　结

基于国内外对五轴联动数控机床精度检测与控制技术领域专利申请状况的系统分析，尤其是对三大主要技术分支重点专利的深入剖析，结合对产业发展现状的调查研究，从充分发挥专利在产业技术发展中的作用角度出发，提出以下建议。

（1）加强关键技术保护与利用，促进产业整体发展。

探索机床产业精度新体系，真实反映机床价值。由于五轴联动数控机床本身结构复杂，影响精度的部件众多，精度表征参数各异，且不同企业制造技术上各具特色，又采用了不同的精度检测标准，目前世界上尚无有关五轴联动数控床精度检测与控制技术的统一标准；同时，对于五轴联动数控机床而言，仅给出单轴运动精度并不能真实反映出机床实际加工能力，这也正是我国许多机床标称的精度已基本达到国际先进水平，但在生产实践中加工工件的精度却不能满足需求的原因。因此，我国相关产业应当抓住时机，顺应我国大力发展制造业的趋势，在多轴联动数控机床的精度指标设定上给予相应体现，以真实反映机床加工能力及价值。这样也有助于我国企业甄别和遴选符合需要的高档数控机床，从而维护市场竞争秩序。

推动重点企业的自主创新，参与/主导标准制定。目前，标准已经不再是传统单纯实现互通目的的协议，专利权人通过参与标准制定的方式，把自己的专利权融合到行业标准、国家标准和国际标准中去。通过标准，专利权人可以放大自己的专利效应并获取更多的许可费，筑起更高的市场准入门槛，将其他竞争对手阻挡在市场大门之外。因此，高端数控机床产业中涉及精度检测和控制技术的相关企业应当努力积累核心专利的数量，并在此基础上，以自身基本专利为依据参与/主导标准的建立，增强我国在该技术和整个产业发展中的话语权。

加强核心技术的专利保护，形成完善的保护圈。对于已经掌握的核心技术，除了简单地针对该核心技术申请专利，还应当从多方向、多角度深入挖掘技术细节和技术分支，对各种可能改进方向通过专利布局进行保护，从而形成相对完善的专利保护圈，能够更好地对核心技术进行保护。例如英国雷尼绍公司，其以铰接式探头专利 WO2001GB00370 为核心，通过对探头的误差补偿、检测路径的规划、结合数字化图像、可换模块以及多轴机床上工件轮廓的检测应用等开展持续性研究，将其核心专利包围起来，用围栏式的专利群进行全方位的外围专利布局，使得竞争对手难以突破其专利封锁。

（2）引导研究力量的交互融合，突破关键技术壁垒。

研究发现，我国许多高校在高端数控机床精度检测和控制技术方面已经开展了大量的基础研究和前沿性的技术探索。比如在轮廓误差的 3D 视觉检测技术、针对刀尖补偿的自适应控制技术等方面，西安交通大学等国内知名高校和科研单位的专利申请已经出现了明显的增长，这些前沿技术的产业实践和应用将对我国高端数控机床的技术发展具有重要的促进作用；与此同时，我国企业在高端数控机床技术领域的创新成果明显较少，近年来只有少数企业在该技术领域表现较为活跃，这就说明其研发能力相对较弱。如果将高校和科研单位聚集的科研人才和获得的大批有价值的创新专利成果与相关企业进行对接，通过生产实践检验技术的产业化性能，并用实践结果再次指导技术研发和创新，经过这种技术吸收与再创新相结合的方式，既能有效促进专利创新成果的推广使用，又能快速提高企业引进技术的利用率，还能切实促进新产品的推出。因此，对于该技术领域，应充分发挥政府规划、组织和协调的作用，在研发能力强的高校及科研机构与生产能力强的优质企业之间搭建合作平台，调动相关企业和科研单位的积极性，充分发挥产学研的优势，突破关键技术，及时将科研成果产业化，提高企业的研发效率，促进创新成果向企业转移，提升我国高端数控机床产业的整体技术水平，实现多赢。

(3) 建立人员培养的长效机制，实现技术传承发展。

技术的进步、企业的发展归根到底离不开研究人员和技术人员。我国企业在技术上始终难以超越德国、日本等老牌工业强国，有一个重要的原因就是忽视对技术工人的培养。众所周知，日本企业非常重视对于人员的培养和管理，而德国在这方面也有很多值得我国借鉴之处。德国通过建立独特的技术工人培养体制来保证企业拥有高素质的技术工人，从而保持了企业的技术传承和产品质量。国内大多数企业对技术工人的重要性重视不够，缺乏长效的技术人员培养体制，多数技术人员仅是流水线上的熟练工，缺乏技术创新的能力和动力，同时，企业缺乏人员管理的有效手段，技术人员流动性大，也不利于技术传承积累和产品质量的稳定。本研究在进行基于热误差的机床精度检测技术追踪分析时发现，日本的大隈公司在热误差精度检测方面进行了长期的大量研究，研究内容系统，专利申请布局合理，这与该公司以千田治光为核心的研究团队长期潜心研究密不可分。通过在一个领域长时间的研究，千田治光团队基于热误差理论分析系统的技术体系化，形成了 25 件技术上相互继承的专利申请，由于技术之间存在关联且有延续性，从而构成较为合理的知识产权保护网。

4

高温气冷堆核电站技术[*]

"高温气冷堆"作为国际公认安全性好、发电效率高、用途广泛的先进核反应堆堆型,被列入国家"863"计划和《国家中长期科学和技术发展规划纲要(2006~2020年)》中的"大型先进压水堆及高温气冷堆核电站"重大专项。

高温气冷堆在国家科技重大专项的支持下后来居上,且在高温气冷堆产业化和四代核电商业电站建设中走在世界前列,成为我国核电"走出去"的排头兵;同时,我国高温气冷堆产业还面临国内产业分工有待协调、海外专利布局亟需完善、高温气冷堆技术创新体系仍需健全等有可能制约高温气冷堆核电"走出去"的关键问题。

4.1 高温气冷堆产业状况和专利分析切入点

气冷堆是世界上最早出现的反应堆堆型之一,20世纪50年代,随着商业化核电站的开发建设,英国、法国等选择天然铀堆型的核电技术路线发展石墨气冷堆核电厂。

---

[*] 本章节选自2015年度国家知识产权局专利分析和预警项目《高温气冷堆核电站技术专利分析和预警研究报告》。
(1) 项目课题组成员:崔伯雄、陈燕。
(2) 项目课题组组长:杜江峰、孙全亮。
(3) 项目课题组副组长:刘庆琳。
(4) 项目课题组成员:孙勐、汪磊、马美娟、孙大林、王伟宁、李瑞丰。
(5) 政策研究指导:衡付广。
(6) 研究组织与质量控制:崔伯雄、陈燕、杜江峰、孙全亮。
(7) 项目研究报告主要撰稿人:孙勐、汪磊、马美娟、孙大林、王伟宁。
(8) 主要统稿人:杜江峰、汪磊、刘庆琳。
(9) 审稿人:崔伯雄、陈燕。
(10) 课题秘书:刘庆琳。
(11) 本章执笔人:杜江峰、刘庆琳。

4.1.1 高温气冷堆技术链

高温气冷堆技术链包括镁诺克斯型气冷堆、改进型气冷堆、高温气冷堆和模块式高温气冷堆等四个阶段。其中，二十世纪六七十年代，英国、法国等共建造了37座镁诺克斯型气冷堆。20世纪60年代，英国发展建造了14座改进型气冷堆（AGR）。此后，英国、德国、美国先后研究建造了英国"龙"堆、美国"桃花谷"反应堆和西德AVR球床实验堆三座高温气冷实验堆，并在此基础上建造了美国圣·符伦堡、德国钍高温反应堆（THTR-300）两座高温气冷原型堆电站。1981年，德国提出模块式球床高温气冷堆（MHTGR）概念，20世纪80年代中期研发设计了3种模块式高温气冷堆，受当时国际环境不利因素的影响，这些设计没有实施。模块式高温气冷堆是高温气冷堆的主要发展方向。

20世纪90年代中后期，南非电力公司ESKOM在德国HTR球床堆基础上改进设计了PBMR，美国通用原子公司（GA）、俄罗斯原子能部、法国法玛通公司和日本富士电气公司共同研制氦气透平模块化高温气冷堆GT-MHR。

4.1.2 技术转移与创新路径

自1944年美国原子能委员会研究员丹尼斯·米都斯首次提出气冷堆概念设计，并于1945年申请第1件高温气冷堆专利（US2809931）以来，发生了三次气冷堆技术转移。第一次技术转移（20世纪50年代初）由美国向英国输出，促成第一代气冷堆核电站建设；第二次技术转移（20世纪60年代）是从英美气冷堆技术转移到法国、德国等，形成了以英国龙堆、美国桃花谷、德国AVR三座实验堆为代表，以TRISO结构包覆颗粒燃料和棱柱形反应堆、球床反应堆等创新技术为典型特征的高温气冷堆；第三次技术转移（20世纪80年代）是德国、美国模块化高温气冷堆技术转移到南非、中国、日本、韩国，形成以清华10MW高温气冷堆HTR-10和日本30MW高温气冷实验堆HTTR为代表的模块式高温气冷堆。每一次技术转移都促进了气冷堆技术的创新发展。

尽管全球目前仅中国有1台模块化高温气冷堆机组正在建设，占据了领先地位，但是从全球来看，美国、日本、德国已对高温气冷堆进行长期研究，设计运行了过高温气冷堆实验堆和示范电站。德国于利希研究所、美国通用原子能、日本原子燃料工业、清华大学、中核能源科技有限公司是高温气冷堆技术的主要创新主体，在高温气冷堆从研究示范向商业应用转变进程中知识产权的支撑作用日益明显。

4.1.3 产业化竞争方兴未艾

高温气冷堆产业发展还处于产业化初期阶段。根据国际原子能机构2015年5月发布的《世界核电反应堆》数据：截至2014年12月31日，世界各国正在运行的438台机组中（见图4-1），除英国15台气冷堆外，世界上还没有正式投入运行的高温气冷堆核电机组；全球目前在建的70台机组中，仅中国有1台装机容量为0.2 GW（e）的模块化高温气冷堆（HTGR）机组正在建设之中。高温气冷堆核电装机容量在世界核电市场中所占份额很小。2013年以来，随着我国"一带一路"战略及推进国际产能合作、提高对外开放水平、促进重大装备和优势产业"走出去"重要举措，中国正在加速核电"走出去"进程。"一带一路"沿线国家目标市场将成为决定我国高温气冷堆国际竞争力的主战场。

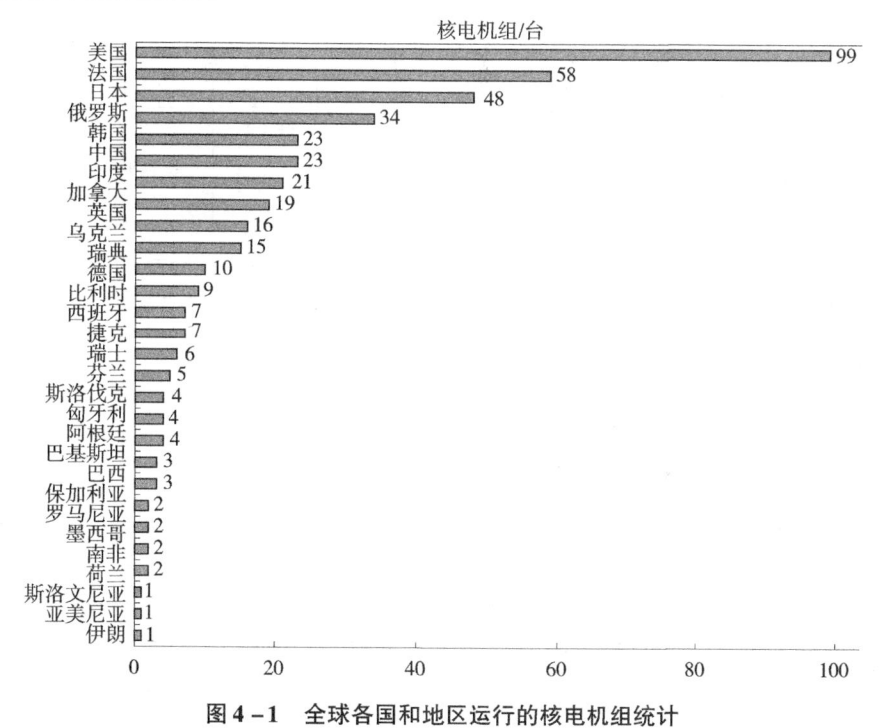

图4-1　全球各国和地区运行的核电机组统计

说明：运行总量中包括中国台湾的6座。

4.1.4　高温气冷堆专利分析切入点

我国高温气冷堆产业还面临国内产业分工有待协调、海外专利布局亟需完善、高温气冷堆技术创新体系仍需健全等有可能制约高温气冷堆核电"走出去"的关键问题。本研究力求准确把握高温气冷堆全球专利创新态势、七大重要技术专利创新趋势，深入分析全球研发热点技术发展路线，探索为国内产业发展指明方向；以"一带一路"沿线目标市场的机会与布局、全球高温气冷堆技术创新体系比较与研究、高温气冷堆重点技术专利布局的机会与风险为突破，揭示解决我国高温气冷堆产业问题的路线。具体项目分解情况如表4-1所示。

表 4-1 高温气冷堆核电领域项目分解表

一级分支	二级分支	三级分支	
高温气冷堆	反应堆本体	堆内构件	侧反射层
			底反射层
		压力容器	大封头
			无阻尼支承
			回路舱室墙体建造
			热气导管
		堆芯	规则床
		传动密封	润滑	固体润滑
				润滑涂料
			静密封	电气贯穿件
			动密封	磁耦合联轴器
				立式气体动密封
	安全保护	控制棒	—
		吸收球	—
		余热排出	—
	冷却系统	氦风机	—
		一回路	—
		净化装置	—
		蒸汽发生器	—
	燃料装卸	装料	管道
			气体
			分选
		卸料	—
		装卸料	—
		储运	新燃料
			乏燃料
	仪表控制	参数测量	过球检测
			外观检测
			燃料球缺陷
			堆芯交界测量
			流量检测
			燃耗检测
			尺寸检测
			放射性检测
			粉尘浓度
			温度测量
			棒位测量

续表

一级分支	二级分支	三级分支		
高温气冷堆	仪表控制	监控仪表	仪表电源	
			取样装置	
			控制联锁	
			卡球监测	
			热电偶组件	
		数字化仪控	—	
	发电系统	热力循环	蒸汽循环	
			气体循环	直接循环
				间接循环 闭式循环
				开式循环
			联合循环	
		减速箱	—	
		汽水分离器	—	
		涡轮机	—	
	燃料元件	元件制造	核芯	
			包覆层	
			基体石墨	
		石墨球	—	
		示踪微球	—	
		后处理	—	
	辅助应用	电缆制造	
		实验装置	
		核能利用	多堆联合	—
			采油（油砂炼油/开采石油）	
			海水淡化	
			生物质能联合	
			冷电联产	
			合成气	
			制氢	

4.2 高温气冷堆全球专利分析

截至2015年8月13日，高温气冷堆领域全球专利申请5181件（合计2401项），中国申请461件。

4.2.1 全球专利申请状况

中国、日本、美国、英国、法国、德国是高温气冷堆的重要市场（占

74.38%)和原创区域（占 88.21%）；技术研发主要集中于燃料元件（34%）、反应堆本体（19%）、冷却系统（14%）领域；技术门槛高、技术集中程度高，主要集中于德国高温反应器（14.20%）、中国清华大学（11.25%）、日本原子燃料工业（6.41%）等研发主体（见表4-2）。

表4-2 高温气冷堆全球专利申请情况

总申请量	同族专利：2401（项） 专利总量：5181（件）	
时间范围	1945~2015 年	
申请量峰值	2005 年（113 项）	
主要申请人	德国高温反应器（339 项，14.20%） 中国清华大学（270 项，11.25%） 日本原子燃料工业（154 项，6.41%） 英国原子能管理局（106 项，4.41%） 德国于利希（103 项，4.29%） 东芝（82 项，3.42%）	
技术集中度	前 5 位申请人的申请量占总申请量的 40.49% 前 10 位申请人的申请量占总申请量的 54.64%	
主要国家/地区	重要市场（按申请量计算）	技术来源（按优先权计算）
	德国（1001 件，19.32%） 日本（829 件，16.00%） 美国（635 件，12.26%） 英国（510 件，9.84%） 中国（455 件，8.78%） 法国（424 件，8.18%）	德国（656 项，27.32%） 日本（485 项，20.20%） 中国（366 项，15.24%） 美国（273 项，11.37%） 英国（247 项，10.29%） 法国（91 项，3.79%）

（1）高温气冷堆专利技术已趋成熟。

高温气冷堆的专利申请最早出现于1945年，至今已历经五个发展阶段，主要技术成熟、目前研发不活跃（清华大学除外）。第一阶段（1945~1962年）是高温气冷堆的技术萌芽期，出现了气冷堆技术，其主要特征是专利申请量少、英国独领风骚；第二阶段（1963~1980年）是高温气冷堆的第一发展期，出现了高温气冷堆技术，其主要特征是专利申请量快速增长，覆颗粒燃料技术竞争激烈，英、美、德三强鼎立；第三阶段（1981~1989年）是高温气冷堆的第二发展期，出现了模块式高温气冷堆技术，其主要特征是专利申请量稳中有降，球床堆、棱柱堆各显其能，美德双雄争霸；第四阶段（1990~2000年）是高温气冷堆产业发展的停滞期，其主要特征是专利申请少、技术研发停滞，是失去的十年；第五阶段（2001年至今）是高温气冷堆的第三发展期，中国高温气冷堆产业强势崛起、产业化进程加快，尤其是2005年以后，随着中国经济和科研实力迅速提升，实施重大专项、知识产权战略，中日两国在各方面展开较劲，中国专利申请增速快（见图4-2）。

4 高温气冷堆核电站技术

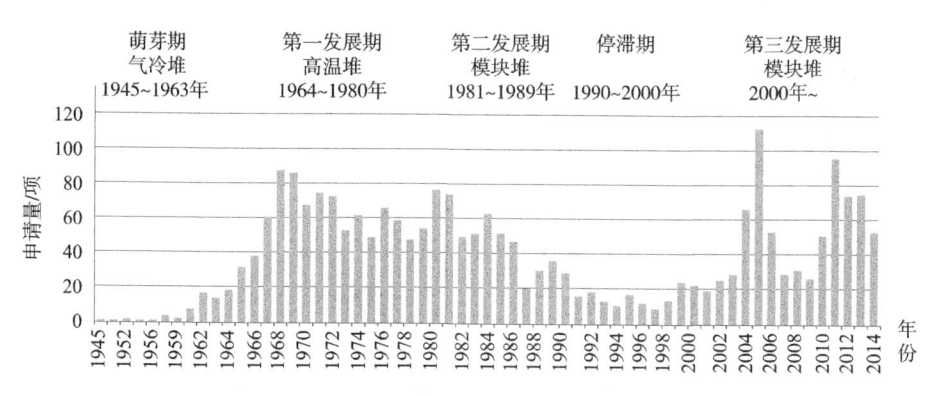

图 4-2 高温气冷堆领域历年专利申请量变化趋势

（2）需重点关注美国、日本、中国专利布局。

高温气冷堆全球专利市场分布集中在欧洲、美国、东亚和俄罗斯（占92.96%），欧洲技术实力雄厚占据半壁江山（占48.31%），德国以1001件（占19.32%）居第一位（见图4-3）。

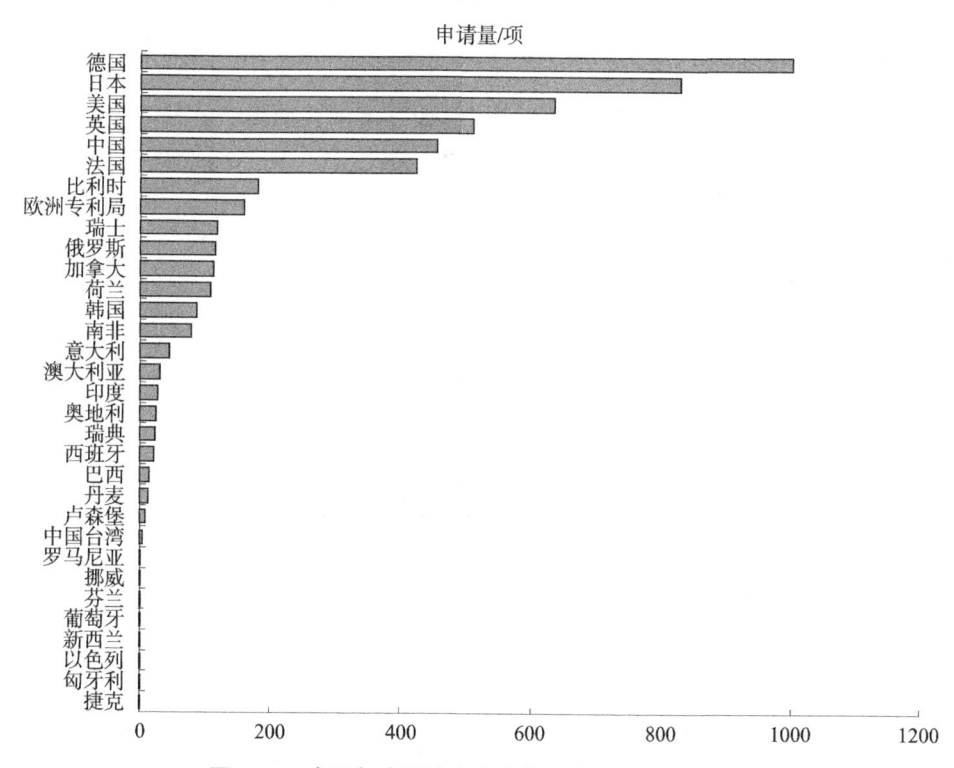

图 4-3 高温气冷堆技术全球范围专利申请区域分布

专利申请量美国、欧洲比重下降，中国、日本专利申请量比重上升，在当前形势下，美国、日本和中国的高温气冷堆市场尤其值得关注。

高温气冷堆全球专利技术来源地与重要市场前6位一致，高温气冷堆领域技术高度集中性。德国以656项（占27.32%）居第一位。中国专利申请量为366项（占15.24%）（见图4-4）。

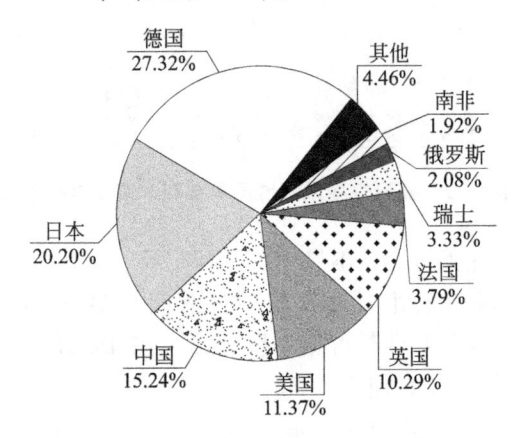

图4-4 高温气冷堆技术全球范围技术原创性的主要国家或地区（按优先权计）

全球原创地历年专利申请量比重变化如下美国、德国、英国、法国比重下降，市场控制力逐渐削弱，中国、日本比重上升，在当前形势下，美国、日本及中国的申请人值得关注。

（3）重要专利布局领域是燃料元件。

燃料元件是重要技术分支（占34%），反应堆本体（占19%）、冷却系统（占14%）是研究重点（见图4-5）。

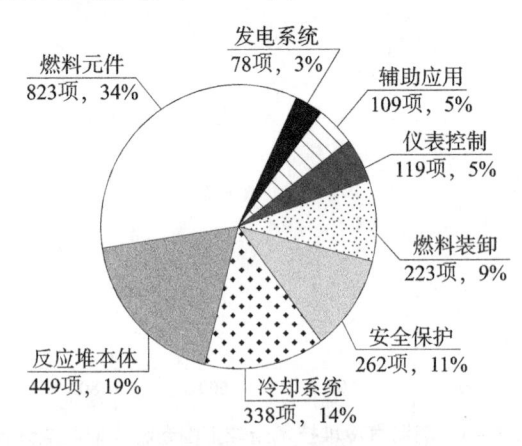

图4-5 高温气冷堆全球技术分支分布

(4) 中国异军突起，德国高温反应器和日本原子燃料工业实力雄厚。

对各技术创新主体从全球排名、阶段变化、目标区域、合作申请等角度进行了分析。德国高温反应器、清华大学、日本原子燃料工业居前3位（见图4-6）。

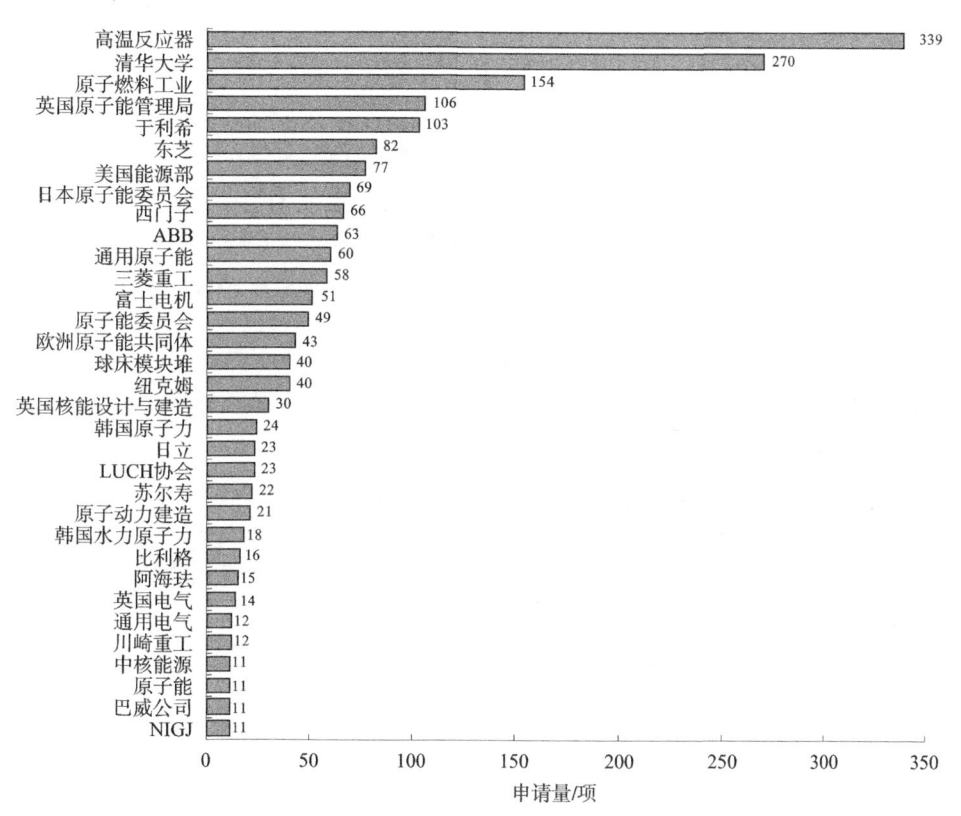

申请人	申请量/项
高温反应器	339
清华大学	270
原子燃料工业	154
英国原子能管理局	106
于利希	103
东芝	82
美国能源部	77
日本原子能委员会	69
西门子	66
ABB	63
通用原子能	60
三菱重工	58
富士电机	51
原子能委员会	49
欧洲原子能共同体	43
球床模块堆	40
纽克姆	40
英国核能设计与建造	30
韩国原子力	24
日立	23
LUCH协会	23
苏尔寿	22
原子动力建造	21
韩国水力原子力	18
比利格	16
阿海珐	15
英国电气	14
通用电气	12
川崎重工	12
中核能源	11
原子能	11
巴威公司	11
NIGJ	11

图4-6 高温气冷堆全球专利申请人及其申请量分布

高温气冷堆领域申请量排名前6的专利申请人历年申请量差异大。英国原子能管理局、德国高温反应器申请量集中20世纪90年代之前，目前已经退出高温气冷堆领域；清华大学、原子燃料工业集中在2000年以后，是主要竞争者（见图4-7）。

主要申请人专利技术区域分布中，德国比例高、创新主体多，日本与德国类似，创新主体有原子燃料工业、东芝等公司，也带有浓厚官方色彩的日本原子能委员会。中国创新主体单一，主要集中于清华大学，没有形成产业发展集团。

在三个阶段中，市场重新洗牌，排名前20位申请人由欧美向中国和日本转移，变化巨大，清华大学异军突起，申请人排名第一位。

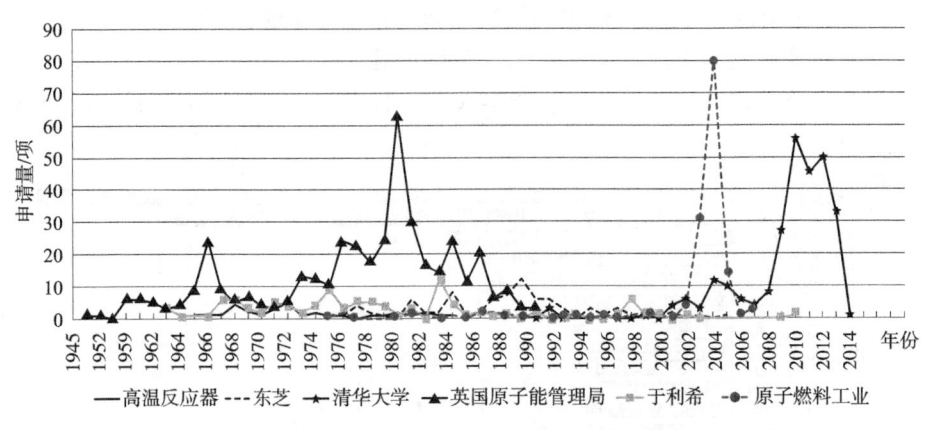

图 4-7 高温气冷堆全球主要专利申请人申请量年度变化趋势

主要对手应重视日本、美国、德国、英国专利布局，竞争激烈；清华大学应进一步加强全球主要市场专利布局以支撑我国高温气冷堆核电"走出去"（见表4-3）。

表4-3 主要申请人专利技术区域分布情况　　　　　　　单位：项

申请人	比利时	加拿大	瑞士	中国	德国	欧洲专利局	法国	英国	日本	美国	南非	意大利	荷兰
高温反应器	17	1	14	6	335	7	52	50	100	105	1	10	9
清华大学	—	3	—	270	—	4	—	3	3	3	—	—	—
原子燃料工业	—	—	—	3	—	3	—	—	154	4	3	—	—
于利希	12	4	6	9	98	17	37	43	36	52	9	4	7
东芝	—	—	—	—	—	—	—	—	82	—	—	—	—
英国原子能管理局	18	2	12	—	44	1	23	95	18	29	—	4	10
美国能源部	8	10	2	—	28	—	14	18	16	68	—	1	1
日本原子能委员会	—	—	—	1	7	1	—	2	69	9	—	1	—
ABB	8	5	23	—	49	2	30	27	7	22	—	2	10
西门子	—	3	3	2	62	13	10	10	13	19	—	—	1

高温气冷堆技术复杂、难度高，合作申请是全球主要申请人采用较多的专利技术创新方式（见图4-8）。

4.2.2 中国专利申请状况

（1）国内高温气冷堆研究后发优势明显。

2009年以后，我国高温气冷堆研究携后发优势、专利态势活跃，清华大学以275件（65.32%）占据绝对领先；国外来华专利申请发展缓慢，以防御性专利布局为主（见图4-9）。

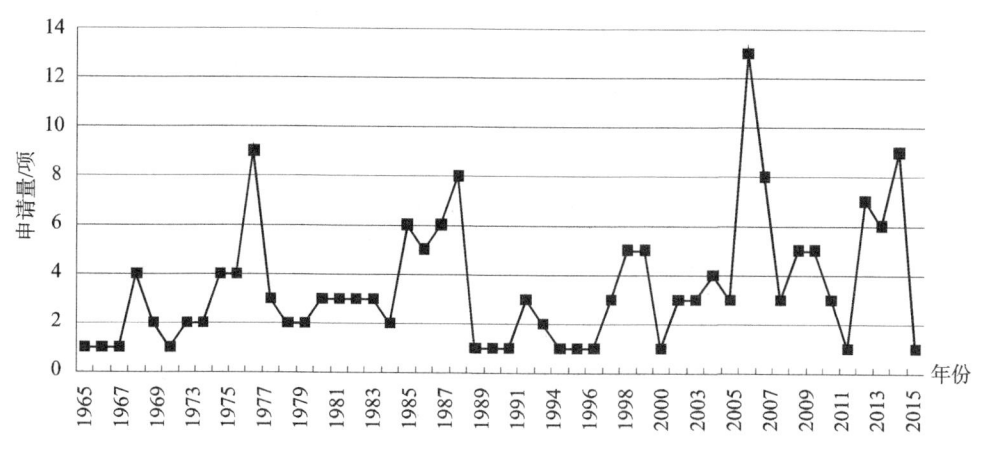

图4-8 高温气冷堆全球合作专利申请的趋势

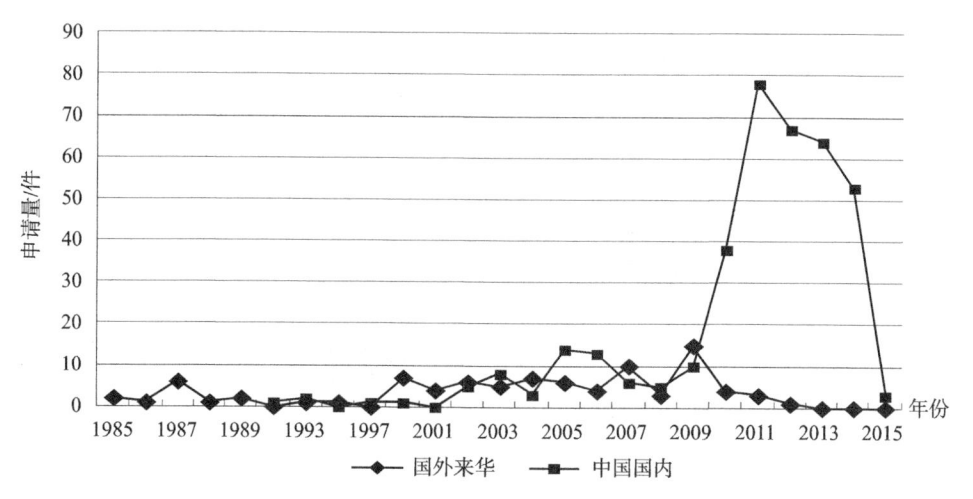

图4-9 高温气冷堆技术国内和国外来华历年专利申请量变化

国外来华专利申请数量少、质量高、专利布局意图明显。在国外来华89件专利申请中，2000年后进入中国国家阶段的PCT国际申请就有71件。特别是日本三菱重工和南非球床模块堆公司联手在发电系统的热力循环和涡轮机关键技术上布置了16件专利申请，构筑了比较全面的专利保护网，对我国申请人形成竞争态势（见图4-10）。

（2）德国、南非、法国、日本在华申请突出。

德国、南非、法国、日本等四国在华专利申请量之和占了国外来华专利申请总量的84.3%，技术实力强（见图4-11）。

81

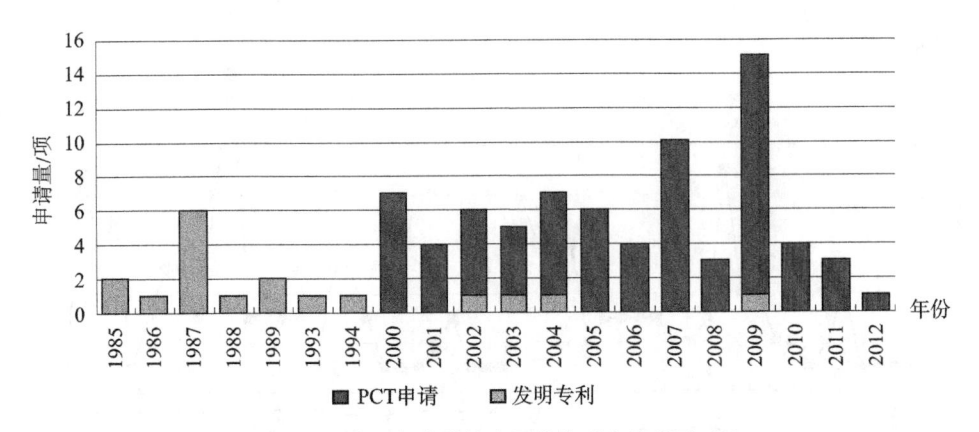

图 4-10 高温气冷堆技术国外专利申请类型对比

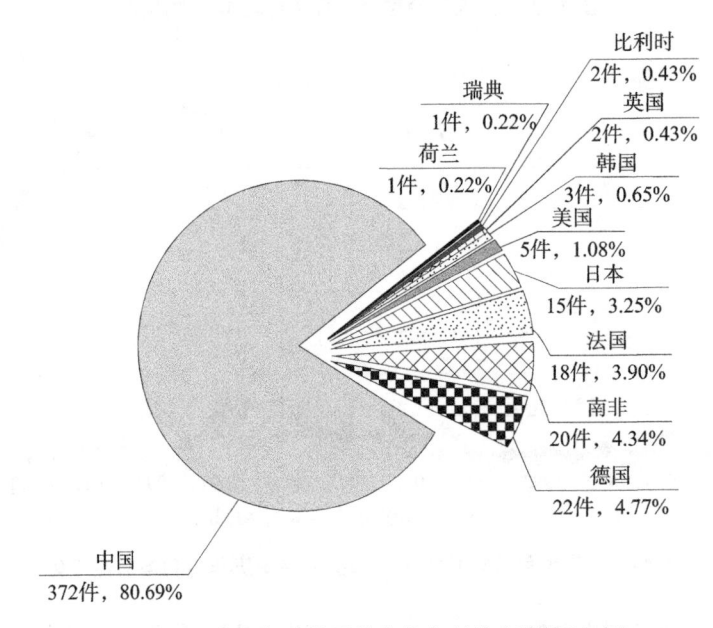

图 4-11 高温气冷堆国外来华专利的申请国别对比

(3) 专利布局集中于燃料元件和燃料装卸。

燃料元件专利申请 110 件（占 24%），燃料装卸专利申请 98 件（占 21%），反应堆本体 57 件（占 13%）、冷却系统 64 件（占 14%）。与全球申请技术主题相比较，国内申请中燃料装卸比例高；燃料元件、反应堆本体所占比例偏低（见图 4-12）。

(4) 清华大学傲居群雄。

清华大学、球床模块堆、三菱重工、于利希、高温反应器等申请人的申请量之和占 88.36%。清华大学在国内专利申请 275 件（65.32%），占据绝对领先（见图 4 – 13）。

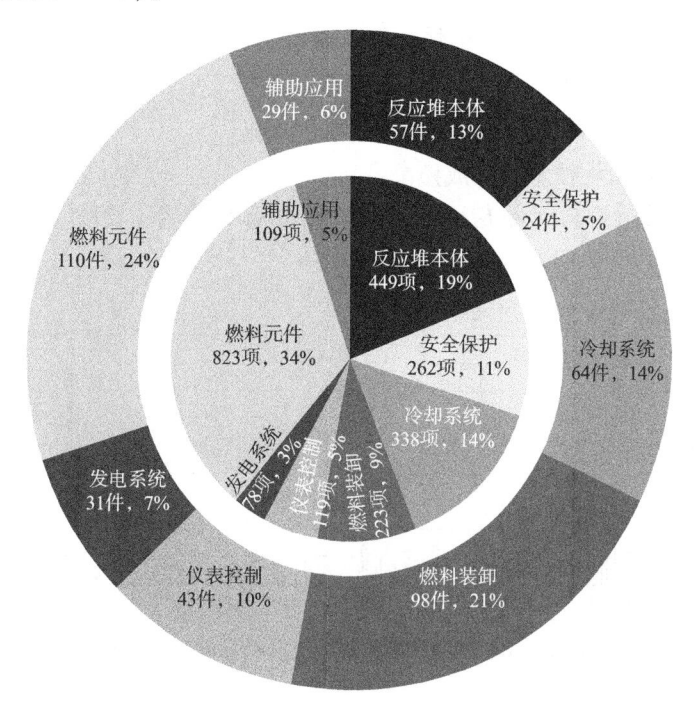

图 4 – 12　高温气冷堆全球和中国技术分支专利申请比较

注：内部饼图表示全球，外部环饼图表示中国。

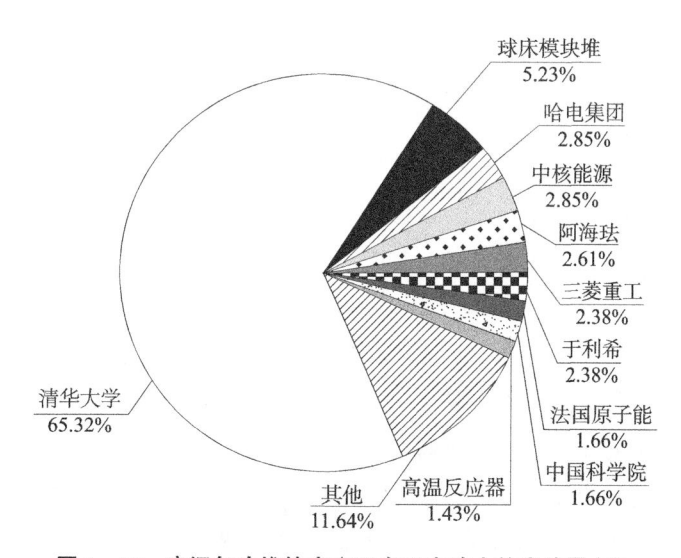

图 4 – 13　高温气冷堆技术主要专利申请人的申请量占比

4.3 燃料元件重要技术专利分析

燃料元件是高温气冷堆最核心的技术之一，是主要技术创新体力争控制的技术制高点（占34%）。

4.3.1 燃料元件重要技术全球申请

(1) 燃料元件技术已趋成熟。

高温气冷堆燃料元件专利申请最早提出于1959年。2005年前后曾经出现过峰值（见图4-14）。

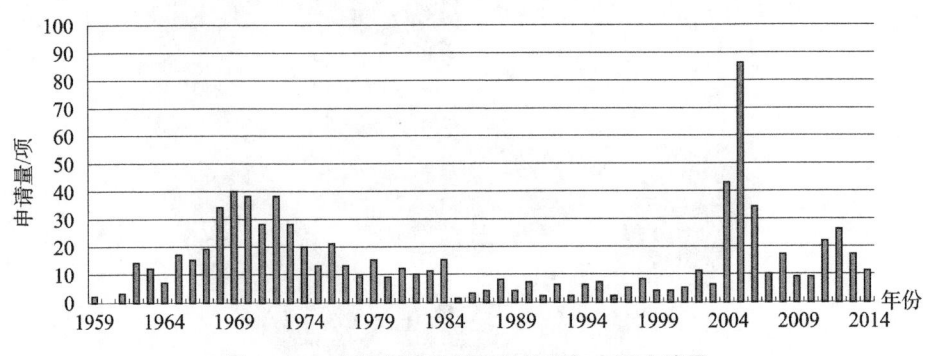

图4-14 高温气冷堆燃料元件历年专利申请量

(2) 元件制造是最重要的专利技术主题。

高温气冷堆燃料元件中，元件制造专利申请达721项，是最主要的技术分支（见图4-15）。

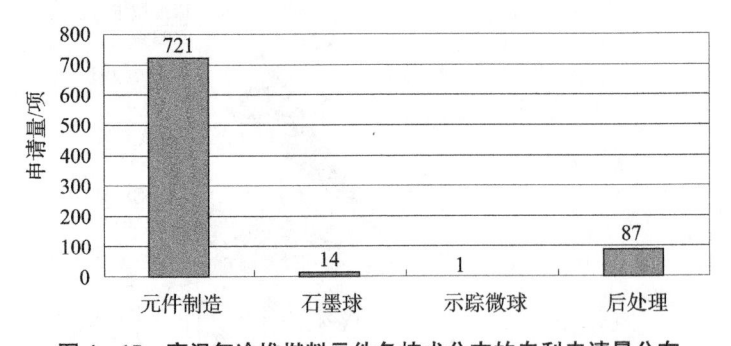

图4-15 高温气冷堆燃料元件各技术分支的专利申请量分布

(3) 日本企业在燃料元件领域技术实力雄厚。

如图4-16所示，日本企业在燃料元件领域技术实力雄厚，占有绝对优势。清华大学作为我国核心研发力量占有一席之地。日本原子燃料工业（151项）占据榜首，清华大学（73项）居第二位。

4 高温气冷堆核电站技术

申请量/项

- 原子燃料工业　151
- 清华大学　73
- 英国原子能管理局　59
- 美国能源部　42
- 于利希　40
- 纽克姆　37
- 欧洲原子能共同体　30
- 通用原子能　29
- 高温反应器　27
- 法国原子能委员会　23
- LUCH协会　22
- 日本原子能委员会　20
- 东芝　13
- 比利格　10
- 韩国原子力　9
- 球床模块堆　9

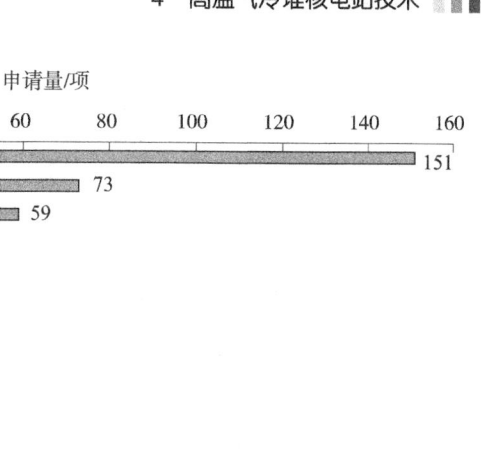

图 4-16　高温气冷堆燃料元件重点申请人的申请量排名

4.3.2　全球研发热点——包覆颗粒燃料技术

（1）技术主题对比。

清华大学偏重于包覆颗粒燃料的加工设备和检测模拟技术，在包覆颗粒燃料的包覆层结构、制造工艺上专利空白，差距明显；日本原子燃料工业在包覆颗粒燃料的加工设备、包覆层结构、制造工艺和检测模拟技术全面、研发实力强。日本申请人原子燃料工业株式会社和原子能委员会一直对包覆层结构进行持续研究和改进（见图 4-17）。

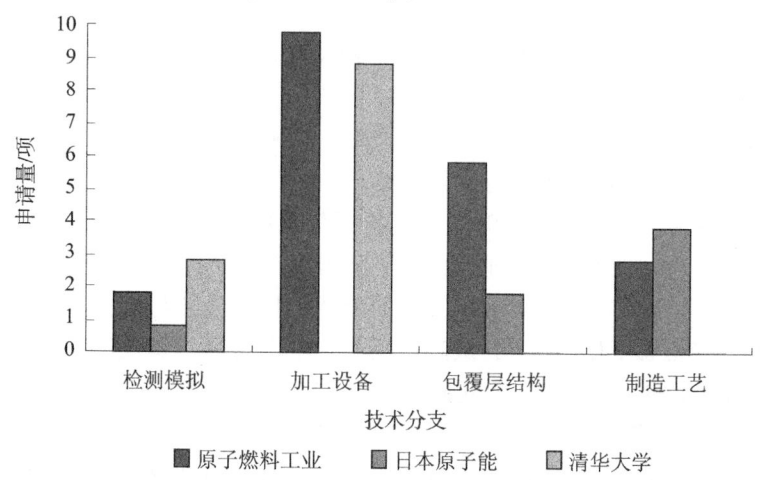

图 4-17　清华大学、日本原子能、原子燃料工业专利申请技术分布

(2) 热点技术主题对比。

目前包覆颗粒燃料领域研究的热点是，利用碳化锆涂层材料替代TRISO颗粒结构中的碳化硅材料，进一步提高包覆颗粒燃料的耐高温性能。日本原子燃料工业在涉及碳化锆材料的加工设备、包覆层结构、检测模拟和制造工艺技术方面取得突破，日本原子能在制造工艺技术方面遥遥领先；清华大学在碳化锆涂层材料研发方面有待加强（见图4-18）。

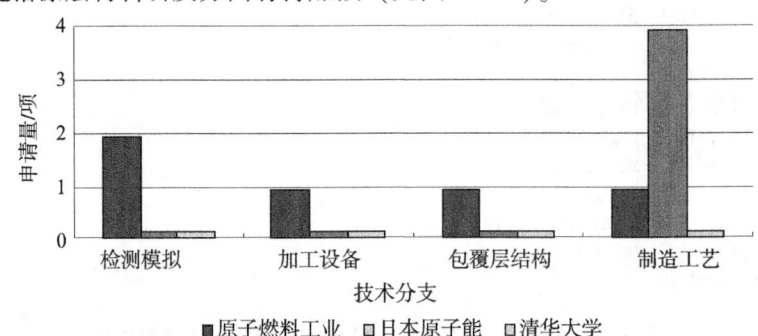

图4-18 清华大学、日本原子能、原子燃料工业碳化锆材料专利申请技术分布

(3) 包覆层技术路线。

通过对包覆层结构、工艺、材料重要专利的梳理，绘制包覆层技术路线如图4-19所示，我们认为未来包覆层技术发展方向：

① 新材料应用。碳化锆阻挡层工业化应用是近期的研究方向；碳化锆制备的反应机理和沉积机理研究是未来的重要发展方向。

目前日本申请人在碳化锆材料研究方面占有领先优势，我国申请人专利布局有待加强。

② 设备改进方面。气体分布装置结构设计是近期生产设备改进重点，以解决工业化大批量生产问题。

日本对气体分布装置进行了深入研究和专利布局，清华大学在气体管路、喷嘴结构的优化设计方面已经取得突破。

③ 包覆层结构研究。1967~1968年，美国原子能委员会申请的专利US3361638A、US3649452A确立了3种类型的TRISO包覆颗粒燃料，40多年来，高温气冷堆燃料元件采用四层的TRISO结构成为业界的共识。包覆颗粒的包覆层研究进入瓶颈期，突破难度极大。熔点更高、裂变产物阻挡能力更强的金属氧化物、碳化物、氮化物等新材料应用于包覆层中优化包覆层结构，将在产业竞争中获得巨大优势。

日本自20世纪70年代开始包覆层研究以来，一直没有中断对包覆层结构的研究，原子燃料工业具有领先优势。

4 高温气冷堆核电站技术

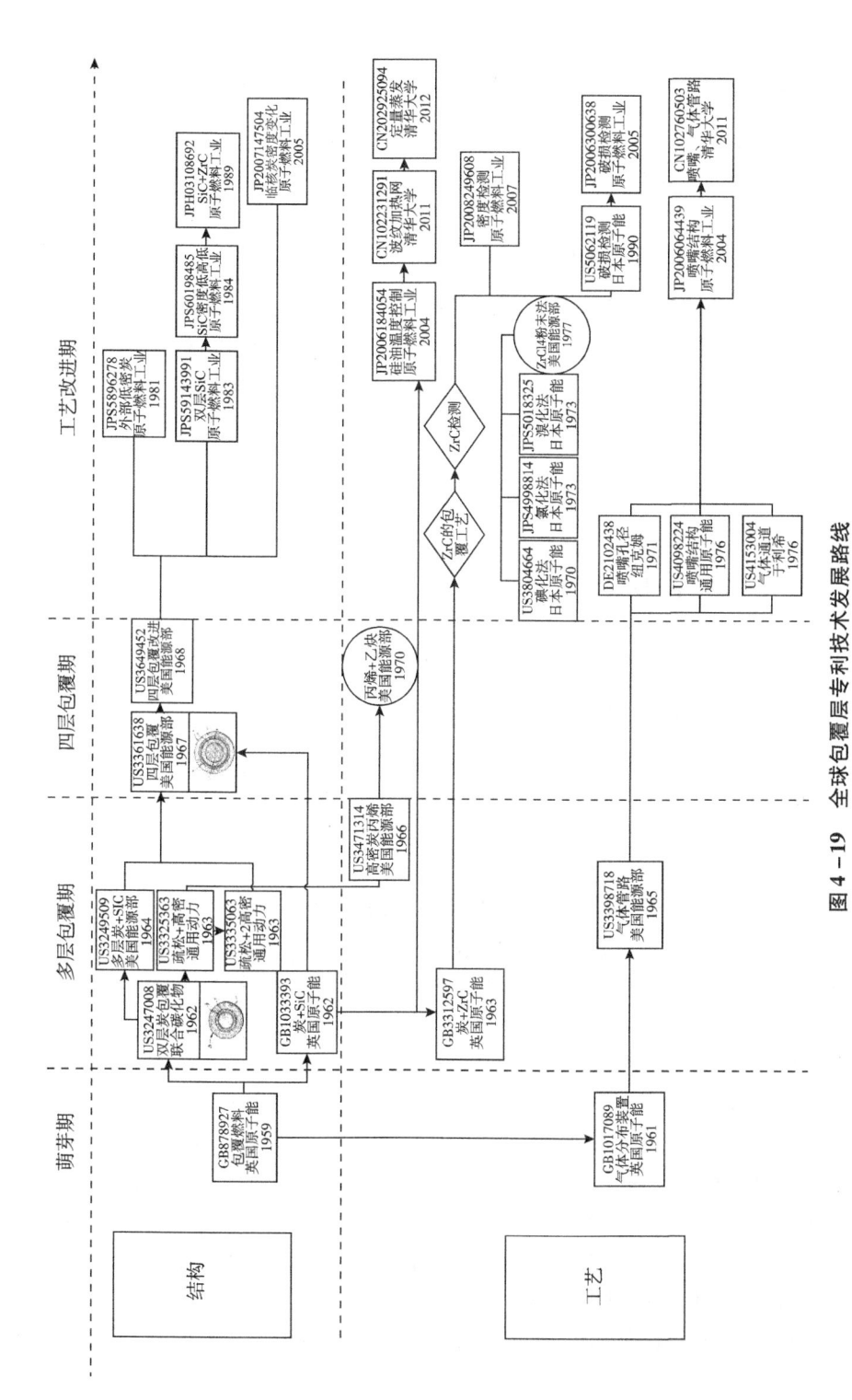

图 4-19 全球包覆层专利技术发展路线

注：□表示专利，○表示非专利文献，◇表示技术分支。

4.4 我国在"一带一路"沿线目标市场的机会与布局

高温气冷堆适应"一带一路"沿线国家市场的不同电网需求，适合建设在靠近负荷中心以及拥有中小电网的国家和地区，成为落实我国核电"走出去"战略的优选堆型之一。"一带一路"沿线国家目标市场将成为决定我国高温气冷堆国际竞争力的主战场。

4.4.1 "一带一路"沿线国家核电需求多元化

"一带一路"沿线大部分为发展中国家，基本没有自主的核电技术，需要依靠引进技术建设核电站。越南、印度尼西亚、沙特、阿联酋等国以及沿线的南非都有发展高温气冷堆核电需求，是我国高温气冷堆"走出去"的重要目标市场（见图4-20）。

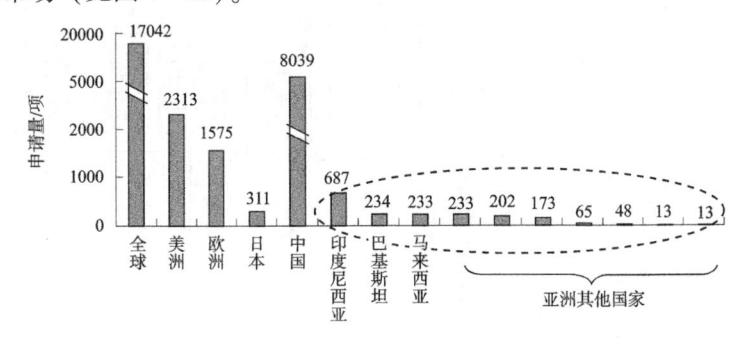

图4-20 高温气冷堆全球各地预计装机容量

注：装机量单位：基数，1基数=1MW

4.4.2 "一带一路"沿线国家核电市场机会和专利布局

从"一带一路"沿线目标市场的机会与布局来看，2020年前后，"一带一路"沿线国家目标市场将成为决定我国高温气冷堆国际竞争力的主战场。

"一带一路"沿线国家核电专利布局不平衡。南非作为非洲经济大国，核电市场大、核电专利保护相对完善，我国申请人已经有发电系统、反应堆本体领域的专利申请，下一步应加大专利布局力度；印度作为人口大国，核电市场大，高温堆专利申请相对较少；越南核电专利相对较少，高温气冷堆相关专利申请所占比例接近50%，是未来高温气冷堆竞争比较激烈的重要市场，我国申请人可以在燃料装卸、燃料元件等技术领域加强专利布局。印度尼西亚具有发展高温气冷堆的客观需求，是市场前景最明确的国家。

作为我国高温气冷堆主要目标市场的印度尼西亚、马来西亚、沙特、阿联酋尚处于专利申请的洼地，我国在这些国家的高温气冷堆专利布局大有可为（见表4-4）。

表 4-4 目标国家核电领域的专利申请概况　　　　　　　　　单位：项

国家	核电申请量	高温气冷堆申请量	申请人国家	各技术分支申请量						
				发电系统	反应堆本体	辅助应用	冷却系统	燃料元件	燃料装卸	仪表控制	安全保护
南非	1213	36	德国	—	—	1	2	1	—	—	—
			法国	1	2	—	—	2	5	1	—
			荷兰	—	2	—	—	—	—	—	—
			美国	1	—	1	—	1	—	—	—
			南非	1	3	—	1	4	—	—	—
			日本	—	2	2	—	1	—	—	—
			英国	—	—	—	—	1	1	—	—
			中国	1	1	—	—	—	—	—	—
越南	56	21	日本	1	5	—	2	3	—	3	—
			法国	—	—	—	1	—	—	1	—
			美国	—	—	—	3	—	—	1	1
马来西亚	24	1	英国	—	—	—	1	—	—	—	—
印度尼西亚	13	3	日本	—	—	—	1	—	—	—	—
			美国	—	—	—	1	—	—	—	—
			德国	—	—	—	1	—	—	—	—
印度	813	15	法国	1	—	—	—	3	—	—	1
			荷兰	—	1	—	—	—	—	—	—
			美国	—	1	—	—	2	—	—	—
			南非	—	2	—	—	—	—	—	—
			日本	—	—	—	—	—	—	—	1
			印度	—	1	—	—	—	—	—	—
			中国	1	1	—	—	—	—	—	—
沙特阿拉伯 阿联酋	3	0									

4.5 全球高温气冷堆技术创新体系比较与研究

本研究从专利的视角对比分析中国、美国、日本、韩国四国技术创新体系，并实证分析主要创新主体之一——日本产学研相结合的集团化专利策略。

4.5.1 高温气冷堆技术创新体系方法构建

党的十八大报告提出，实施创新驱动发展战略，推动科技和经济紧密结合，加快建设国家创新体系，着力构建以企业为主体、市场为导向、产学研相结合的技术创新体系，为我国高温气冷堆技术创新和产业发展指明了方向。

(1) 高温气冷堆技术创新体系理论分析。

① 高温气冷堆产业结构。

高温气冷堆产业作为高技术行业具有技术门槛高、研发难度大的特点，受企业经济实力、技术实力、市场准入等因素影响，各国高温气冷堆产业链布局层次不一、产业结构参差不齐。从产学研相结合的角度来分析各国主要专利申请人，可以发现高温气冷堆产业结构一般分为三大类技术创新主体。第一类是市场主体，主要有公司、企业性质的生产经营单位，是技术研发、市场开拓、专利申请和维护的主力；第二类是研究主体，主要有研究院所、咨询机构、国家实验室，是基础研究、专业技术研究的主要力量；第三类是教学主体，主要有大专院校、培训机构，是专业知识教育、理论研究的重要支撑。

② 高温气冷堆技术结构。

高温气冷堆技术涉及8个一级分支、29个二级分支，各主要技术创新主体对各个技术分支的关注度不同。按照关注度高和低可以将技术分支分为重点技术和辅助技术。重点技术受到大多数技术创新主体关注，申请量大、竞争激烈（例如燃料元件）；辅助技术受创新主体关注度较低、申请量小。

(2) 高温气冷堆产学研分层模型构建。

该模型的参数约定如下（见图4-2）。

① 学研：大学、研究机构（如清华大学、日本原子力研究开发机构（JAEA））专利。

② 学研/产合作：产学研合作申请的专利。

③ 产业：企业专利（如三菱重工）。

④ 重点技术：反应堆本体的堆内构件、压力容器、堆芯，传动密封的静密封；安全保护的控制棒；冷却系统的氦风机、一回路、净化装置；仪表控制的数字化仪控；发电系统的热力循环、涡轮机；燃料元件的元件制造。

学研	重点技术	辅助技术
学研/产合作		
产业		

图4-21 高温气冷堆产学研分层模型

⑤ 辅助技术：重点技术以外的其他技术分支。

⑥ 圆的半径表示专利申请量。

4.5.2 高温气冷堆技术创新体系比较

日本策略：在JAEA引导下，形成以三菱、富士为主、东芝、日立为辅，原子燃料工业和东洋碳素专务关键技术的完整协调的产业链结构，产业发展基础扎实，产学研分布合理（见图4-22）。

4 高温气冷堆核电站技术

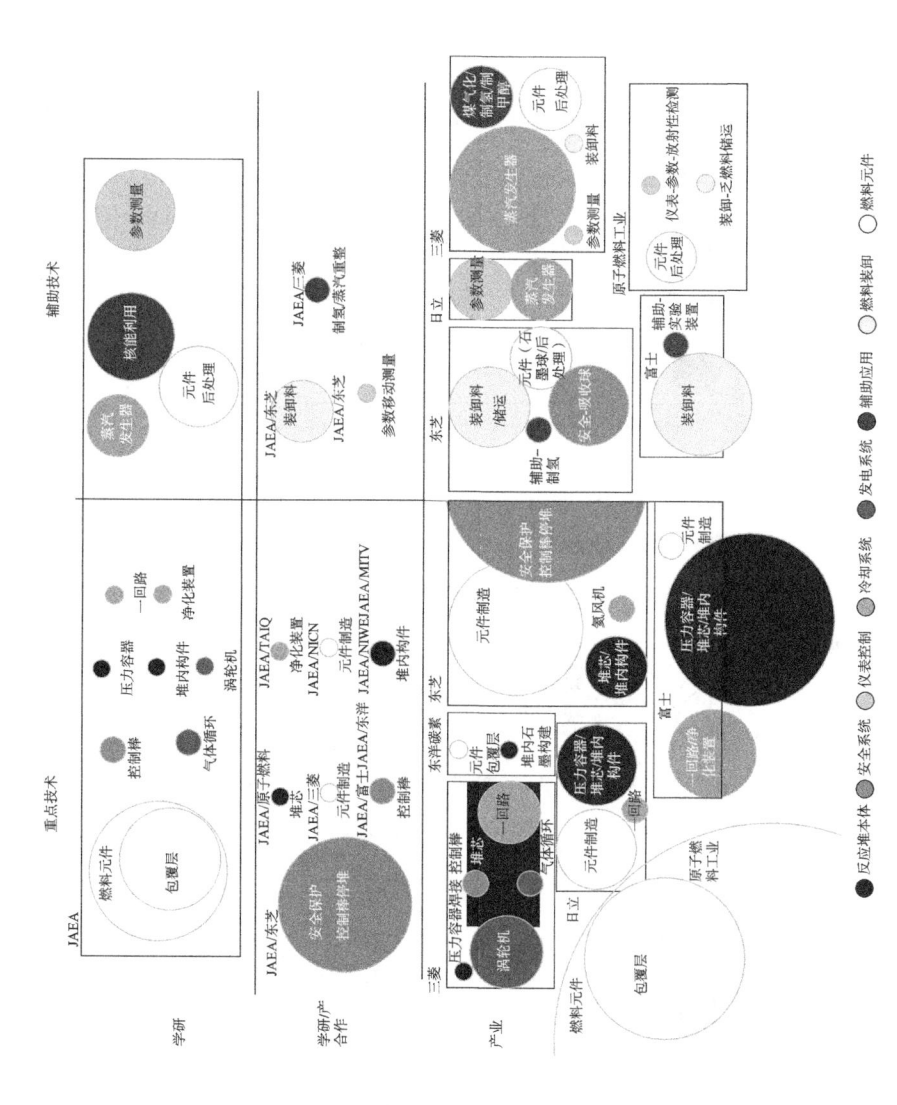

图 4-22 日本高温气冷堆国家产学研结合专利布局策略

韩国策略：韩国原子力、韩国水力原子力、浦项制铁强强联合，集中布局；韩国原子力对产业引导作用很强（见图4-23）。

美国策略：能源部与GA合作进行了一些申请，对行业起到了一定的引导作用，GA、GE等公司对于高温气冷堆重视程度较高，对于各项重点技术都有布局（见图4-24）。

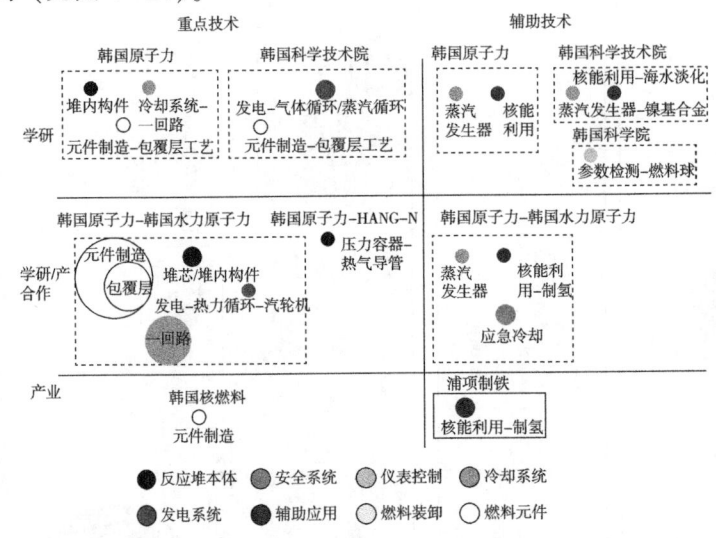

图4-23 韩国高温气冷堆国家产学研结合专利布局策略

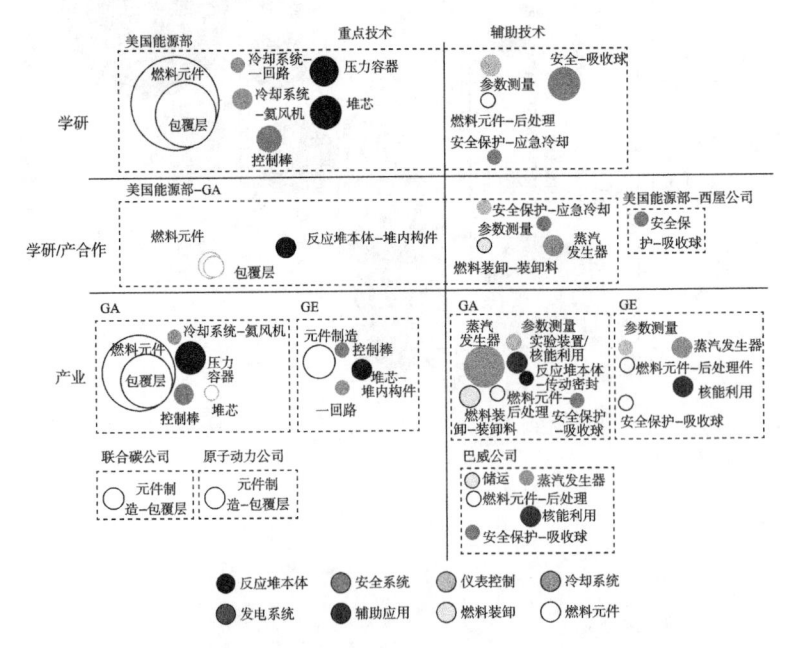

图4-24 美国高温气冷堆国家产学研结合专利布局策略

4　高温气冷堆核电站技术

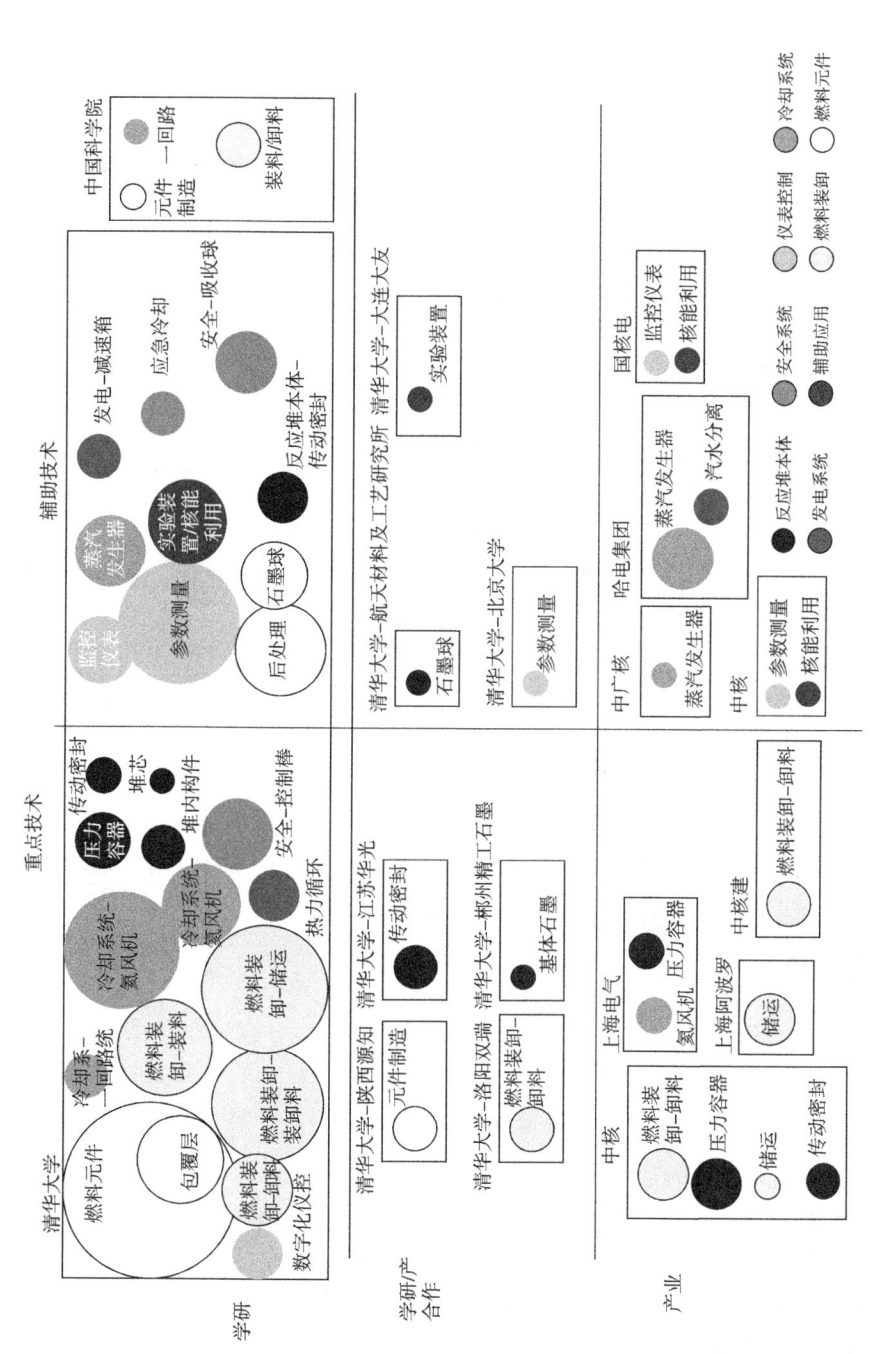

图 4-25　中国高温气冷堆国家产学研结合合专利布局策略

中国策略：清华大学在模型中表现为一枝独大，与企业技术合作少；产业基础薄弱，企业自主研发能力不足，专利意识差；产学研分工不合理（见图4-25）。

4.5.3 日本高温气冷堆技术创新体系实证研究

日本作为产学研相结合技术创新体系的积极实践者，成功实现了高温气冷堆产业集群布局、集团化作战的专利策略。日本从一个高温气冷堆技术的后来者、追随者，通过学习、借鉴欧美先进技术，利用其产学研相结合的技术创新体系实现集团化专利策略，从而成为高温气冷堆领域不容忽视的技术领导者（见图4-26）。

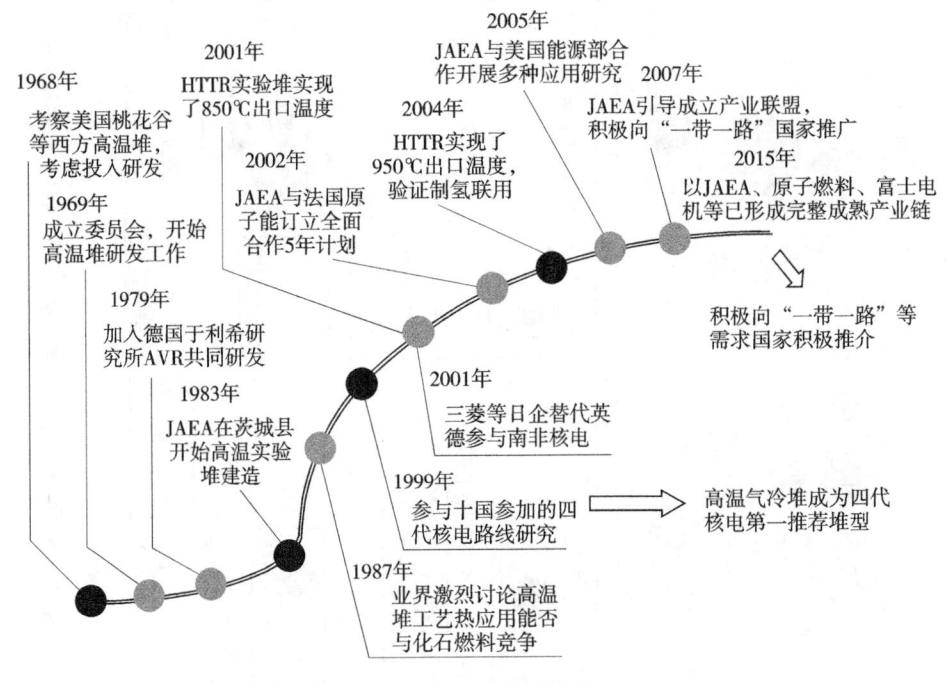

1968年 考察美国桃花谷等西方高温堆，考虑投入研发
1969年 成立委员会，开始高温堆研发工作
1979年 加入德国于利希研究所AVR共同研发
1983年 JAEA在茨城县开始高温实验堆建造
1987年 业界激烈讨论高温堆工艺热应用能否与化石燃料竞争
1999年 参与十国参加的四代核电路线研究
2001年 HTTR实验堆实现了850℃出口温度
2001年 三菱等日企替代英德参与南非核电
2002年 JAEA与法国原子能订立全面合作5年计划
2004年 HTTR实现了950℃出口温度，验证制氢联用
2005年 JAEA与美国能源部合作开展多种应用研究
2007年 JAEA引导成立产业联盟，积极向"一带一路"国家推广
2015年 以JAEA、原子燃料、富士电机等已形成完整成熟产业链

高温气冷堆成为四代核电第一推荐堆型
积极向"一带一路"等需求国家积极推介

图4-26 日本高温堆发展历程

（1）日本高温气冷堆核电开发体制。

日本高温气冷堆发展中建立由JAEA主导、执委会总体负责、骨干企业分工合作的核电开发体制。执委会正职由三菱重工出任，副职由富士电机出任。在三菱重工总体负责高温气冷堆总体设计的基础上，三菱重工、富士电机、东芝、日立等企业按照技术领域分工开展高温气冷堆核电研发工作。这一安排涵盖了日本从事高温气冷堆研发的主要技术创新主体，包括JAEA、原子燃料工业、东芝、东洋碳素、富士电机、三菱重工等重要专利申请人（见图4-27）。

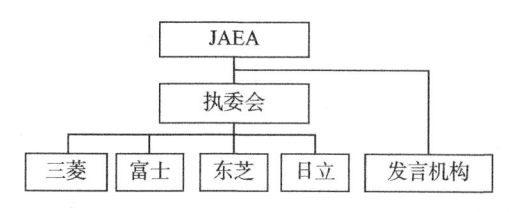

图 4-27 日本高温气冷堆核电开发体制

（2）日本高温气冷堆集团化作战产业链创新策略。

在 JAEA 对产业发展的引导协调下，形成 JAEA、三菱重工、富士电机负责反应堆本体和冷却系统，三菱重工负责发电系统，JAEA 和三菱重工负责辅助应用，JAEA 牵头、各大企业参与安全保护系统，原子燃料工业负责燃料元件，东洋碳素负责石墨制品，富士电机、日立、东芝负责仪表控制、燃料装卸及其他辅助设备，形成一个相互合作、有序竞争、配套完整的全产业链竞争态势（见图 4-28）。

图 4-28 高温气冷堆日本产业链构成

4.6 高温气冷堆重点技术专利布局机遇与挑战

本节对高温气冷堆重点技术专利布局机会进行了全面梳理，并进一步分析了重点技术专利布局预警总体情况。

4.6.1 高温气冷堆重点技术专利布局机遇

我国在高温气冷堆装卸系统、仪表控制方面申请量多，研发力量雄厚，处于国际领先地位。清华大学作为球床堆技术的重要创新主体，在以装卸系统为代表的在线换料技术方面处在世界领先地位。高温反应器、ABB、于利希等国外主要竞争对手公司已经退出装卸系统领域。南非球床模块堆公司早期在装卸系统的气力输送技术领域有少量专利布局，而清华大学在气力输送方面专利布局多、申请质量高，对球床模块堆公司专利布局实现了技术突破。

高温气冷堆的仪表控制系统领域，清华大学专利活跃度明显上升，其他竞争对手不活跃。2004年以后中国企业着重在参数检测和数字化仪控方面专利布局，监控仪表方面的专利布局有待进一步加强。

我国在高温气冷堆本体、安全保护、冷却系统、燃料元件方面有研发基础，专利申请量多、技术有所突破。我国高温气冷堆本体结构专利申请集中于电气贯穿件和金属、石墨堆内构件的结构方面，无阻尼支撑、热气导管、堆内构件材料等重点技术方面研发不足，专利申请较少；高温气冷堆安全保护系统的控制棒、吸收球方面有一定专利布局，在吸收球方面清华大学技术研发实力较强；高温气冷堆冷却系统的氦风机方面具有较强的技术研发能力和专利布局。

我国在发电系统方面研发基础薄弱，专利申请量少，技术和专利布局上存在盲点，相对国外竞争对手存在较大差距。高温气冷堆发电系统国外竞争对手有球床模块堆公司（专利技术围绕气体热力循环）和三菱公司（专利技术围绕涡轮机的结构和管路设计）。我国高温气冷堆发电系统的专利布局集中于汽水分离器、减速箱、联合热力循环和蒸汽热力循环方式，汽水分离器和减速箱有一定的技术突破，热力循环专利布局相对外国竞争者处于劣势，涡轮机和气体热力循环方式等方面研发严重不足，专利布局空白。我国在高温气冷堆发电系统方面，相对外国竞争对手存在较大差距。

4.6.2 高温气冷堆技术专利布局预警

整体上我国高温气冷堆国内专利布局风险较小，海外专利布局亟待加强，为核电"走出去"保驾护航迫在眉睫。例如，日本三菱重工、南非球床模块堆针对气体循环和涡轮机关键技术在全球主要市场布置了几十件专利申请，构筑了比较全面的专利保护网，对我国申请人形成竞争态势（见表4-5）。

4.7 高温气冷堆产业发展整体建议和应对措施

（1）加强高温气冷堆产业化发展顶层设计，完善我国产学研结合的高温气冷堆技术创新体系。清华大学和中国核工业建设集团公司为推动高温气冷堆产业化成立了中核能源科技有限公司，以发挥企业主体和产业化平台的作用。从中外高温气冷堆产业化发展现状和技术创新体系比较来看，我国目前尚未形成完备的产学研相结合的高温气冷堆技术创新体系。因此，亟需加强国家层面高温气冷堆产业化发展顶层设计，成立能够协调全国高温气冷堆产业化布局的实体机构，增强高温气冷堆关键设备和配套设备制造业企业的研发能力，发挥清华大学作为学研主体的引领作用，进一步完善我国产学研相结合的高温气冷堆技术创新体系建设。

4 高温气冷堆核电站技术

表4-5 高温气冷堆重点技术概况

技术领域	重点技术概况			技术集中度	主要申请人			重点技术分析		
^	申请量/件			^	活跃程度*	主要技术领域	重点技术	研发热点/研发方向	国内与国外技术实力对比	
^	全球	中国	国外来华	^	^	^	^	^	^	^
反应堆本体	842	59	15	0.95	高温反应器 ↓↓	堆内构件、压力容器	压力容器	无阻尼支撑、热气导管	申请量较少、有一定研究基础
^	^	^	^	^	富士电机 -	堆内构件、堆芯	堆内构件	石墨构件材料、金属构件结构、堆内布置	申请量较多、有一定研究基础
^	^	^	^	^	西门子 ↓↓	压力容器	^	^	^
^	^	^	^	^	清华大学 ↑↑	传动密封	传动密封	电气贯穿件	申请量多、研究实力雄厚
^	^	^	^	^	于利希 ↓↓	堆内构件、压力容器、堆芯	^	^	^
安全保护	536	22	5	0.91	东芝 ↓↓	控制棒	控制棒	控制棒和驱动结构自身结构、落球棒缓冲器	申请量多、研究基础好
^	^	^	^	^	高温反应器 ↓↓	控制棒、吸球	^	^	^
^	^	^	^	^	于利希 ↓↓	控制棒	吸收球	气体输送、落球阀	申请量多、研究实力雄厚
^	^	^	^	^	日本原子能委员会 -	^	^	^	^
^	^	^	^	^	清华大学 ↑↑	控制棒、吸球	^	^	^

97

续表

技术领域	重点技术概况			技术集中度	主要申请人			重点技术分析		
	申请量/件				活跃程度*	主要技术领域	重点技术	研发热点/研发方向	国内与国外技术实力对比	
	全球	中国	国外来华							
冷却系统	663	65	8	0.78	高温反应器 ↓↓	蒸汽发生器	氦风机	氦风机本体结构	申请量多，研究力量雄厚	
					清华大学 ↑↑	氦风机			
					三菱重工 ↑	蒸汽发生器	蒸汽发生器	换热管、连接管、集流管	申请量较多，有一定研究基础
					苏尔寿 ↓	蒸汽发生器			
					西门子 ↓	蒸汽发生器			
装卸系统	382	98	8	0.93	清华大学 ↑↑	装卸料系统、燃料储运	装卸料系统	气力输送	申请量多，研究力量雄厚	
					高温反应器 ↓↓	装卸料系统、燃料储运			
					ABB ↓↓	装卸料系统			
					于利希 ↓	装卸料系统			
					东芝 ↓	燃料储运	燃料储运	无燃料储存设施	

续表

4 高温气冷堆核电站技术

技术领域	重点技术概况			主要申请人			重点技术分析	
^	申请量/件		技术集中度	活跃程度*	主要技术领域	重点技术	研发热点/研发方向	国内与国外技术实力对比
^	全球	中国	国外来华	^	^	^	^	^	^
仪表控制	204	45	3	0.85	清华大学 ↑↑↑ 高温反应器 ↓↓↓ ABB ↓↓↓	参数测量、仪表、数字化仪控、监控 参数测量、数字化仪控、监控仪表 参数测量	参数测量 数字化仪控 监控仪表	粉尘检测、过球检测 数字化仪控系统整体设计 尾气取样、放射性检测装置	申请量多，研发力量雄厚 申请量较多，有一定研究基础 专利申请空白
发电系统	222	29	18	0.87	球床模块堆 ↓↓↓ 三菱重工 ↓↓↓ 清华大学 ↓↓↓ 哈电集团 ↓↓↓	热力循环、涡轮机 涡轮机 热力循环、减速箱 汽水分离器	涡轮机 热力循环 汽水分离器 减速箱	旁通流量、配管结构改进 系统布置 结构改进 立式减速箱结构	申请量多，研发力量雄厚 有一定研究基础 申请量多，研发力量雄厚
燃料元件	2021	106	25	0.83	原子燃料工业 ↓↓↓ 清华大学 ↓↓↓ 英国原子能管理局 ↓↓↓ 美国能源部 ↓↓↓ 于利希 ↓↓↓	元件制造 元件制造、石墨球、后处理 元件制造 元件制造、后处理 后处理	核芯 包覆层 基体石墨 包覆燃料压制 后处理	溶胶凝胶法 步骤工艺设备改进 制备工艺和设备改进 基体石墨制备和检测工艺改进 压制设备和工艺改进 处理工艺和处理设备改进	申请量多，研发力量雄厚 申请量较多，有一定研究基础 申请量较多，有一定研究基础 申请量多，研发力量雄厚 申请量较少，有一定研究基础

注：↑表示活跃度上升，↓表示活跃度下降，—表示活跃度不变。

（2）抓住高温气冷堆产业发展机遇期，稳步实现高温气冷堆核电"走出去"全球专利布局。目前高温气冷堆在国际上处于缓慢发展阶段，主要创新主体整体上技术研发不活跃。随着高温气冷堆示范电站的建设，我国正处于从研究示范向商业应用转变进程，我国进入高温气冷堆专利技术研发高速发展阶段。我国核电企业应当抓住全球高温气冷堆产业发展的重大机遇期，利用未来一段时间，稳步开展高温气冷堆全球专利布局，为核电"走出去"提供坚强的知识产权保障。一是在高温气冷堆燃料元件、涡轮机等关键技术方面，加强在主要创新主体的国家和地区专利布局，抢占技术制高点，形成我国高温气冷堆核心竞争优势；二是针对国外创新主体在"一带一路"沿线目标市场如印度尼西亚、越南、南非等进行专利布局，有针对性地开展防御性专利布局；三是对于市场价值大的重要技术（例如包覆颗粒燃料），持续进行技术研发，构建专利保护网；四是对目前相对较弱的技术，积极开展规避设计、外围专利技术研发。

（3）高度重视海外创新人才、专利布局和运营人才的引智工作，促进高温气冷堆国际合作。随着经济全球化和对外开放的深入发展，合理利用海外智力资源成为经济高效的市场行为。高温气冷堆产业化和核电"走出去"同样要坚持开放、包容、国际合作的态度，积极开展高温气冷堆技术、人才、项目合作，争取合作共赢。从全球专利申请的主要申请人阶段性变化来看，欧美等核电大国曾经在高温气冷堆发展中处于技术领先位置，积累了丰厚的人力资源和专利技术资源。我国应当重视海外人才的引智工作，利用德国、南非等国企业转行、人才流动的机会，采取各种措施、开展国际合作。一是在德国、南非等国建立海外技术研究中心，吸纳当地高温气冷堆高级技术人才，开展与我国高温气冷堆产业化、商业化密切相关的技术研发活动；二是开展企业并购、技术转让、合作研发等活动，弥补我国高温气冷堆技术短板和缺陷；三是积极稳妥地开展与德国于利希研究所、法国阿海法公司等国际项目合作，利用我国的资金、技术、制造成本等优势，实现借船出海、搭船出海、造船出海。

（4）制定高温气冷堆中长期专利布局规划，培育具有国际视野的高温气冷堆核电企业。随着我国高温气冷堆产业化发展，将进一步加剧专利技术之间的竞争；高温气冷堆"核电走出去"参与国际核电市场竞争也会面临比国内市场更复杂的专利风险。有关方面应当扶持培育具有国际视野的高温气冷堆核电企业，尽早制定高温气冷堆中长期专利布局规划，为高温气冷堆产业发展营造良好的知识产权环境。

（5）密切关注国内外重要创新主体在燃料元件、发电系统专利布局。尽管我国高温气冷堆技术创新主体在高温气冷堆多数领域国内专利申请中占据领先地位，但是通过重要技术专利创新趋势研究发现，在全球高温气冷堆领域最重要的燃料元件技术分支专利申请中（占34%），日本企业技术实力雄厚，仅日本原子燃料工业公司专利申请量（151项）就领先清华大学（73项）一倍以上。在包覆颗粒燃料的研究热点碳化锆材料方面，日本原子燃料工业公司、原子能委员会遥遥领先。在国内专利申请中，日本三菱重工和南非球床模块堆公司联手在发电系统的热力循环和涡轮机关键技术上布置了16件专利申请，构筑了比较全面的专利保护网。

5

水体污染治理关键技术[*]

5.1 背　　景

我国正处于新型工业化、信息化、城镇化和农业现代化快速发展阶段，用水量和污水排放量急剧增加，水污染防治任务繁重艰巨。为此，我国将"水体污染控制与治理"设为16个重大科技专项之一，2013年国务院《关于加快发展节能环保产业的意见》明确提出到2015年节能环保产业成为国民经济新支柱产业。

2015年4月，国务院发布了历时两年、30次易稿的《水污染防治行动计划》（以下简称"水十条"），提出238项具体治理措施，要求2020年实现全国水环境质量得到阶段性改善，污染严重水体较大幅度减少，饮用水安全保障水平持续上升。根据相关测算，到2020年，完成"水十条"相应目标需要投入资金4万亿～5万亿元。这样巨大的投资需求，必将拉动环境产业发展，推进技术创新，并为政府与社会资本合作等市场手段应用创造有利条件。因此，媒体将2015年称为"中国水年"。

---

[*] 本章节选自2015年度国家知识产权局专利分析和预警项目《水体污染治理关键技术专利分析和预警研究报告》。
(1) 项目课题组负责人：闫娜、陈燕。
(2) 项目课题组组长：董晓静、孙全亮。
(3) 项目课题组副组长：王雷。
(4) 项目课题组成员：万俊杰、雷军、刁航、周春艳、张庆慧、李芳。
(5) 政策研究指导：葛亮。
(6) 研究组织与质量控制：闫娜、陈燕、董晓静、孙全亮。
(7) 项目研究报告主要撰稿人：万俊杰、雷军、刁航、周春艳、张庆慧、李芳。
(8) 主要统稿人：董晓静、万俊杰。
(9) 审稿人：闫娜、陈燕。
(10) 课题秘书：李芳。
(11) 本章执笔人：董晓静、万俊杰、李芳。

在"水十条"开局之年,为了全面完成"水十条"的要求,国家知识产权局组织相关研究人员对水体污染治理技术的相关专利申请进行广泛、深入的分析和预警研究,既要对该领域技术和产业现状进行全面评估,更要对未来的发展趋势和潜在风险进行预测。这对于提高我国水体污染治理产业创新能力、促进产业健康快速发展有着重要意义。

5.1.1 产业状况概述

为治愈"九龙治水❶"的痼疾,"水十条"提出了"从水源地到水龙头全管"的目标。"从水源地到水龙头"包括两个循环,一是给水循环,即原水、输水、净水、供水、售水、排水、污水处理,二是污水处理排放后回到水源地,还包括相关管网的建设和维护、设备生产等一系列产业节点形成的产业价值链。在该价值链上,给水处理和废水/污水处理这两个产业节点是实现污染治理核心价值诉求的关键环节,也是该研究为更好地契合"水十条"中"强化科技支撑"和"充分发挥市场机制作用"而选择的两个重点技术分支。

如图 5-1 所示,给水和废水/污水处理产业的上游产业为化学试剂(例如絮凝剂、杀灭剂)和化工设备(例如反应器)等制造业,中游为工程设计施工服务业,下游则是水污染处理工程的相关服务业,例如运营服务、环境咨询等产业。

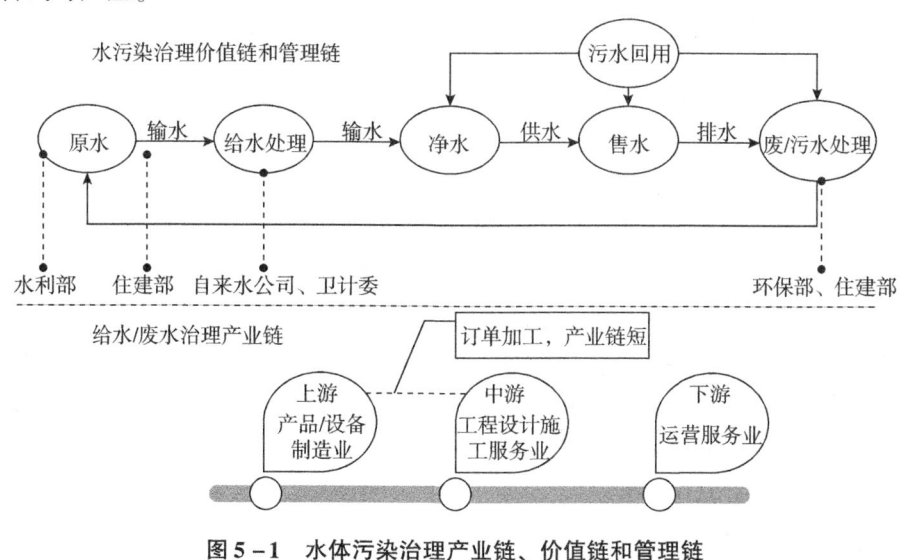

图 5-1 水体污染治理产业链、价值链和管理链

---

❶ 传统的水务行业与废水处理行业依然沿袭惯例,分别由住房和城乡建设部、环保部归口管理。

从图 5-2 可以看出，我国从 20 世纪 70 年代以来逐步建立和完善了国家和地方的水污染排放标准体系，极大地促进了产业发展，随着总量控制制度不断深化，将发挥出重要的约束性作用。

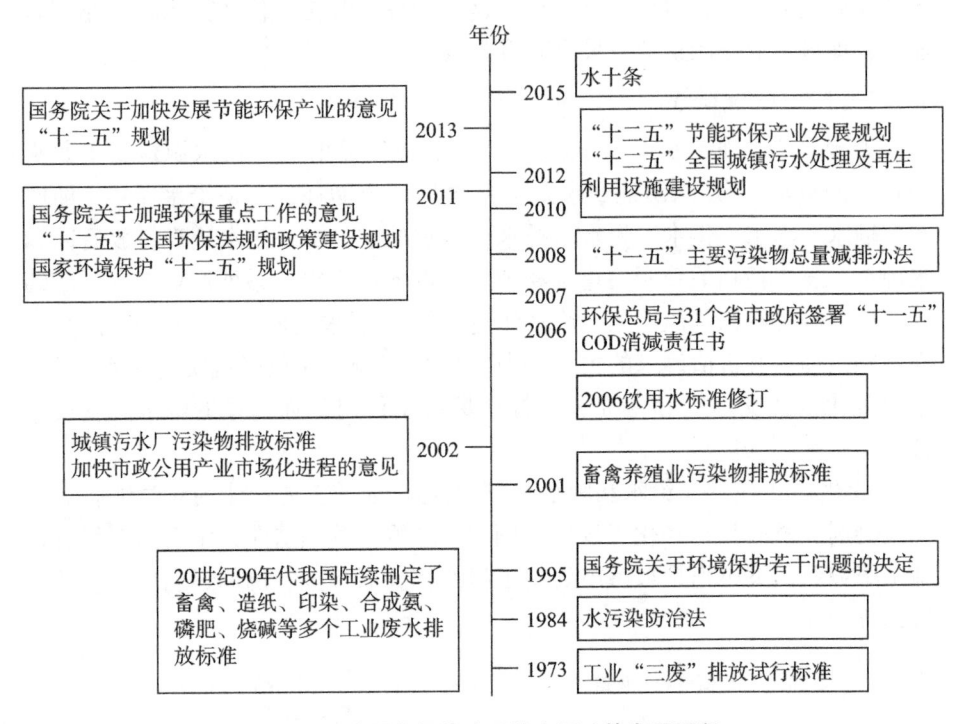

```
年份
─ 2015   水十条
─ 2013   
国务院关于加快发展节能环保产业的意见
"十二五"规划
─ 2012   "十二五"节能环保产业发展规划
         "十二五"全国城镇污水处理及再生
─ 2011   利用设施建设规划
国务院关于加强环保重点工作的意见
"十二五"全国环保法规和政策建设规划
国家环境保护"十二五"规划
─ 2010
─ 2008   "十一五"主要污染物总量减排办法
─ 2007   
─ 2006   环保总局与31个省市政府签署"十一五"
         COD消减责任书
         2006饮用水标准修订
─ 2002
城镇污水厂污染物排放标准
加快市政公用产业市场化进程的意见
─ 2001   畜禽养殖业污染物排放标准
─ 1995   国务院关于环境保护若干问题的决定
20世纪90年代我陆续制定了
畜禽、造纸、印染、合成氨、
磷肥、烧碱等多个工业废水排
放标准
─ 1984   水污染防治法
─ 1973   工业"三废"排放试行标准
```

图 5-2 我国水污染治理的主要政策发展历程

5.1.2 研究目标和任务

在各种关于水污染治理的政策出台和节能环保产业迅速发展的背景下，通过产业调研和专家座谈，该研究了解到本行业普遍存在的需求是：水污染治理企业应如何选择经济有效的技术，寻找哪个高校进行合作，科研机构如何将创新研究成果转化为实际应用等，这就需要在两者之间搭建桥梁。本文围绕这一产业需求，在进行技术分析的同时，试图提出简洁高效的方法来对市场主体的实力进行评估，这样有助于双方尽快并直观地了解对方、确定合作意图和方向。

5.1.3 研究内容

本节主要针对水体污染治理技术的整体状况以及三个关键技术进行专利分析和风险预警，由此给出我国水体污染治理行业的发展建议。

本节在对水污染治理的全部相关专利进行全面检索和定量分析的基础上，

对所选择的三项关键技术进行深度分析，具体技术分解如表 5-1 所示。

表 5-1　水体污染治理技术项目分解表

一级	二级	三级	四级
水体污染治理	给水的污染治理	生活给水	除无机物	—
			除有机物	除消毒副产物
				……
			除微生物	除藻类
				……
		工业给水	—	—
	废水的污染治理	生活污水	—	—
		工业废水	化工行业	煤气化废水
				……
			……	—

5.2　水体污染治理技术整体状况分析

通过表 5-2 可知，截至 2015 年 10 月，全球范围内的水体污染治理技术领域中已经公开的专利申请总量为 254327 项，其中，在中国提交的专利申请为 93977 项。

在中国的水体污染治理技术相关专利申请中，国外来华申请量所占比例很小，仅为 8.9%；国内申请占据绝对主体地位，这与环保产业的公益性和我国水污染治理行业的市场垄断性有关。

表 5-2　水体污染治理技术专利申请整体情况　　单位：项

	水体污染治理	一级分支	
		给水污染治理	废水污染治理
申请量	全球（254327），中国（93977）（其中，国外来华8366，占比 8.90%）	全球（35782），中国（11968）（其中，国外来华1509，占比 12.61%）	全球（218545），中国（82009）（其中，国外来华6857 项，占比 8.36%）
主要原创区域	中国（85670），日本（76957），美国（25405），韩国（17005）	日本（11916），中国（10471），美国（3831），韩国（2313）	中国（75199），日本（65041），美国（21574），韩国（14692）
主要目标市场	中国（93977），日本（86064），美国（35638），韩国（21565）	日本（13264），中国（11968），美国（5490），德国（3258），韩国（3145）	中国（82009），日本（72800），美国（30148），韩国（18420）

续表

	水体污染治理	一级分支	
		给水污染治理	废水污染治理
向外申请动向	中国⇒日本（236），美国（467），韩国（128）	中国⇒日本（47），美国（75），韩国（25）	中国⇒日本（189），美国（392），韩国（103）
	日本⇒中国（2512），美国（3977），韩国（2006）	日本⇒中国（472），美国（689），韩国（385）	日本⇒中国（2040），美国（3288），韩国（1621）
	美国⇒中国（2830），日本（4816），韩国（1638）	美国⇒中国（470），日本（701），韩国（290）	美国⇒中国（2360），日本（4115），韩国（1348）
	韩国⇒中国（677），日本（564），美国（747）	韩国⇒中国（130），日本（114），美国（134）	韩国⇒中国（547），日本（450），美国（613）
主要国家科研机构申请情况	中国（24022），占比28.04%	中国（2231），占比21.31%	中国（21791），占比28.98%
	日本（1091），占比1.42%	日本（120），占比1.01%	日本（971），占比1.49%
	美国（1401），占比5.51%	美国（215），占比5.61%	美国（1186），占比5.50%
	韩国（1908），占比11.22%	韩国（179），占比7.74%	韩国（1729），占比11.77%

全球专利申请主要分布在中国、日本、美国和韩国等国家或地区，全球专利申请也主要由这些国家的申请人提出；虽然中国和日本的申请量最大，但从3/5局[1]申请量排名来看，美国名列首位，体现出其技术实力强大、专利布局广泛。中国虽然申请量最高，整体研发实力较强，但是中国申请人的向外专利布局意识明显低于美国、日本、韩国等发达国家。

水体污染治理技术领域各国的创新主体构成明显不同，中国的大学和科研院所申请量最多（占申请总量28%），成为主要的专利申请人，而日本的申请量中仅有1.4%是科研机构申请的，这与各国的科研管理体制和市场化程度密切相关。

5.3 消毒副产物控制技术专利分析

如图5-3所示，总体上看，2006年以前消毒副产物的申请以日本的专利申请为主，中国的专利申请起步较晚但增长较快。特别是2006年后，我国成为该领域绝对的研究主力。与此相反的是，在其他国家和地区，尤其是美国和日本，2006年之后申请量骤减。这是因为美国和日本的主要消毒副产物标准自2006年后没有再变化过，导致企业缺乏创新动力。中国在2006年发布了更严格的饮用水标准，之后更是设立了水专项、颁布了"水十条"，政策的刺激是中国申请量剧增的主要原因。

---

[1] 3/5局申请是指同一技术主题同时向美国、欧洲、中国、日本、韩国五个专利局中的任意三个局提交了专利申请。

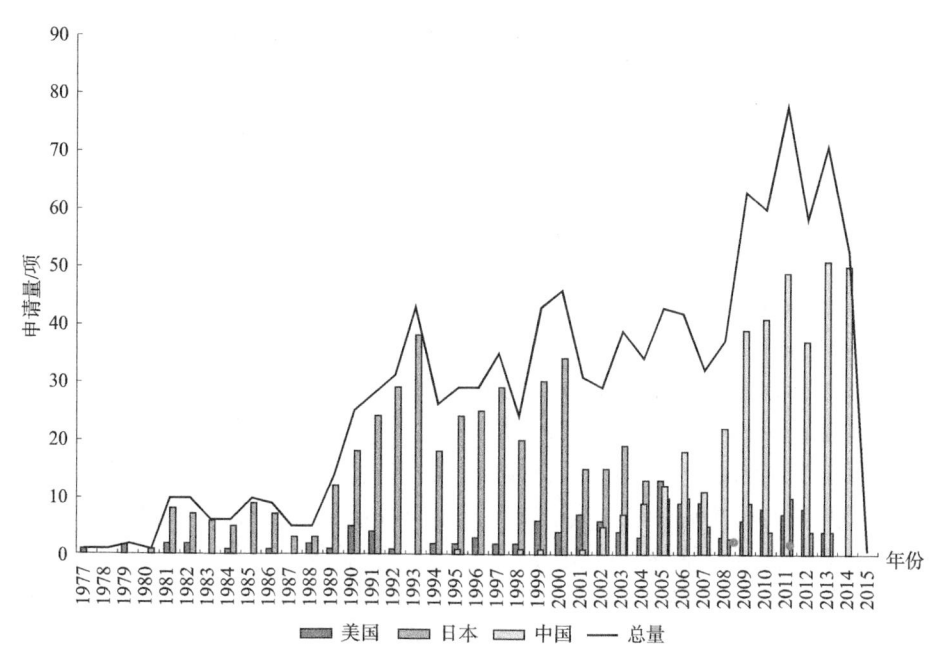

图 5-3 消毒副产物控制技术全球专利申请趋势

日本、中国、美国是目前申请量占据前三位的国家,其次是韩国和欧洲。日本和中国虽然申请量非常大,但是都只在本国申请专利,很少"走出去"。美国的专利布局策略则大不相同,美国大约42%的专利申请都对外进行了布局,主要的布局国家或地区是欧洲、澳大利亚、加拿大、日本。美国的环保技术长期以来处于世界领先地位,是美国对外出口的传统优势产业之一,产值占全球环保产业总产值的三成左右[1]。其中,水处理设备与药剂占美国环保设备产业出口的近一半,这些主要布局国家也是其主要出口目的国。

如表 5-3 所示申请人方面,日本专利申请人以企业为主,尤其以电器生产研发企业为主,例如松下、三菱、东芝、日立等,申请的专利大多涉及净水机的结构改进;其次是水处理企业和化工企业,申请的专利涉及消毒副产物或其前体去除工艺和设备,以及处理材料;再次是化工材料企业,例如可乐丽化工有限公司和尤尼吉可集团,申请的专利涉及水处理材料及其修饰改性。美国的企业成分则比较复杂,既有小型水务企业,也有化工材料企业,还有电器生产企业等,总的来说,美国的技术市场缺乏大型的龙头企业。

---

[1] 李博洋,郭庭政. 国内外环保产业发展比较与启示 [J]. 中国科技投资, 2012 (25): 27-30.

表 5-3 消毒副产物控制技术各国申请人类型　　　　　　　　　　单位：项

	美国	日本	中国
大学/科研院所	23（17.6%）	3（0.6%）	228（60%）
企业	61（46.6%）	430（89.8%）	111（29.2%）
个人	47（35.9%）	46（9.6%）	65（17.1%）
产学研合作	7（5.3%）	0（0）	12（3.15%）

我国专利申请中大专院校和科研院所占主导地位，企业的申请并不多。上述情况的出现，归因于给水处理的市场特性以及我国的科研管理机制[1]。

如图 5-4 所示，从目前研究较为成熟的三卤甲烷和溴酸盐的去除技术发展路线来看，日本和美国拥有较多的基础专利，而且发明时间较早，三卤甲烷的基础发明都在 1990 年之前，溴酸盐的基础发明都在 2005 年之前，之后中国才开始出现基础专利。不论是对三卤甲烷还是溴酸盐，还是从最开始的催化还原法发展到活性炭吸附法、曝气法、辐射法、光催化法、膜分离法、电解法等方法，由于吸附法成本低、工艺成熟，操作最方便，吸附法始终是工业上最受欢迎的技术。因此，在专利方面，围绕吸附法进行改进的专利贯穿始终，尤其是国外申请人。

重点专利分布方面，虽然日本拥有较多的基础专利，但是其发明主体以电器生产企业为主，技术改进点多在于净水器的结构，因此在该领域的发展势头不及美国和中国。美国的研发主体由于成分复杂，其技术相比日本要丰富。虽然中国和美国都拥有大量的重点专利，但是美国的重点专利时间都较早，多数已经失效，目前中国的专利占据主导地位。中国的创新主体以科研机构为主，更侧重创新性，所以中国的专利技术相对于美国和日本更加多样化。从发展趋势上来说，近年来的专利申请不再局限于吸附法，一些更为先进的技术如光催化法、膜分离法、电化学法，以及多种方法联合使用越来越受到科研人员的青睐，也是未来的发展趋势（见图 5-5）。

在研发方面，国内外申请人的创新思路也存在差异。2006 年以前，以日本申请人为代表的国外申请人的创新思路是针对一种技术进行深度研究，根据其存在的技术问题进行改进。以活性炭吸附法为例，针对活性炭需频繁再生、操作复杂、定期更换成本高的问题，申请人的解决思路是不断寻找新的可替代的吸附剂；针对活性炭对三卤甲烷的吸附能力有限，容易饱和的缺陷，

---

[1] 给水处理工艺是一个历史悠久、技术相对成熟的工艺，除非特殊必要，供水厂和供水公司没有采用替换原有技术的动力。并且给水处理产业重资本、轻技术创新性的特点，决定了很少有企业涉足大型水处理工艺。科研院所的研究更侧重创新性，所以申请量多。但我国科研机构的专利申请大部分还停留在实验室阶段，由于缺乏中试和大型生产的条件，阻碍了这些专利技术的成果转化。

5 水体污染治理关键技术

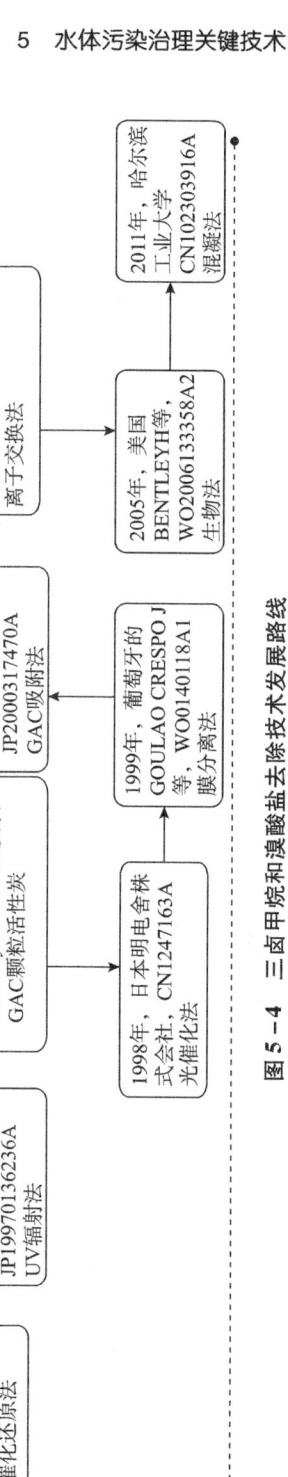

图 5-4 三卤甲烷和溴酸盐去除技术发展路线

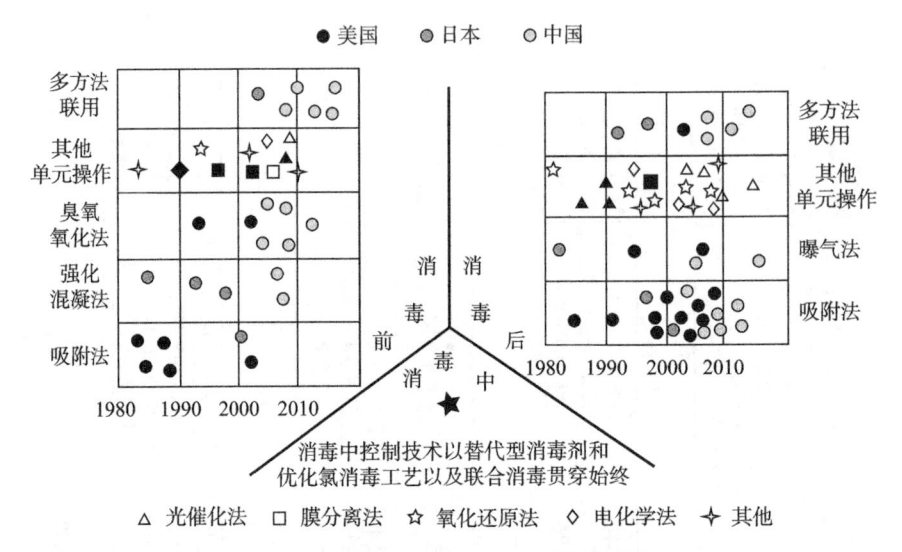

图5-5 消毒副产物控制技术重点专利分布

科研人员不断对活性炭的表面物理和化学性质进行改进，提高其对三卤甲烷的吸附能力；针对吸附的三卤甲烷解吸困难，活性炭再生条件复杂的问题，申请人不断寻找新的活性炭再生方法。从而围绕活性炭吸附法衍生出外围专利，这是一种被动性的创新思路。

2006年之后，在国家政策的刺激下，中国在消毒副产物控制技术领域的研发活动逐渐活跃起来。国内申请人在该领域起步较晚，起点较高，并且以专业技术能力较高的科研团队为主要发明人，相对于国外的企业发明人，国内的科研团队的创新思维更加大胆和主动。针对单元操作，国内的申请人建立起以过程深度研究为基础的创新思维模式。如中国科学院生态环境研究中心的曲久辉院士团队建立了以过程认知为基础的高效水处理新工艺，并发明了多项核心技术，形成了基于形态学原理优化饮用水处理工艺的新理论和新思路。

由于每一种单元操作技术都存在优缺点，多方法联用逐渐成为一种发展趋势。随着研究的深入，多方法联用也不再是简单地将几种技术操作串联使用，一种新的创新思路是将多种技术组合在一个单元操作中。如哈尔滨工业大学的马军教授将几种方法有机地结合在一起，开发了一种不仅适合家用，也适合大型水厂使用的光促脱卤复合药剂/光联用去除水中卤代有机物的方法。

从技术领先程度上，由于污染物重量、数量（工业发展阶段、自然环境状况等）不同，面临的排放标准也不同，可以认为在环保领域不存在可比性。但从整体上看，我国的技术能够针对更难的处理对象，符合更严的处理标准，所以能与国外技术抗衡。

（1）对于消毒副产物，我们面临的任务更重，水源地水质恶化导致消毒步骤压力大，且经济发展阶段决定了我国广泛采用更为经济的氯消毒方式，从而使得消毒副产物控制的压力较大。其他国家并非如此，例如欧洲国家生态环境较好，工业污染少，污水排放标准严格，政府监管力度大，使得原水水质好，消毒剂使用较少，从而产生的消毒副产物也较少，尤其是欧洲很多自来水厂采用物理消毒法如紫外线消毒，不会产生消毒副产物。日本是一个电器生产和研发大国，其专利申请多数是关于净水器的结构和材料的改进发明，技术发展路线与我国不同，技术难度也较低。美国虽然拥有较多基础和核心专利，但是申请时间较早，其后期的申请主要是改进发明且数量较少。

（2）我国目前采用的标准较严，对技术的要求更高。我国国内的专利申请多采用多种手段联合处理的技术方案，不仅能够针对浓度更高的水质，并且能够达到更好的效果。

（3）在某些国外鲜有研究的小众的消毒副产物如卤乙腈、卤乙醛、亚硝胺、MX 等领域，我国的专利申请更多，具有技术优势。

（4）国内饮用水环境复杂多变，从而培养了一大批经验丰富的水处理研发团队。由于科研资金的支持和国家政策的激励，这些研发团队积攒了大量的技术和研究实力，在技术创新方面具有不可比拟的优势。

但是我国科研机构的专利申请大部分还停留在实验室阶段，缺乏中试和大型生产的条件，阻碍了这些专利技术成果的进一步转化。

专利风险方面，在我国布局的 406 件专利申请中，国外来华仅 26 件，目前仍保持授权有效状态的专利有 14 件，其中存在一些造成较大侵权风险的专利，我国企业在生产过程中只要做好规避设计，就可以避免侵犯专利权。基于水处理技术领域的特点，实现相同或相近似功能的技术手段有很多，没有必要完全一致，因此，能够规避侵权的技术手段有很多，规避较为容易。而且水污染处理本身就是订单式加工，需要根据用户要求调整手段，很难做到与专利申请的保护范围完全一致。因此，我国国内的专利也不容易在这个领域形成很强的控制力。对于难以规避的基础专利，如果不能进行规避，将其设计成新的技术方案或者形成可要求交叉许可的专利，则可以等待该专利到期后，提前开展研究，待该专利失效后尽快布局。

5.4 淡水水体藻类去除技术专利分析

如图 5-6 所示，全球专利申请在 1987 年之前增长缓慢，之后申请量开始稳步增长，2006 年申请量开始快速增长。各个国家和地区的申请量爆发期基本与其经济发展的高速增长期相对应，出现在经济增长期之后 7~10 年，因此，可以推测环境污染主要受经济发展的影响。

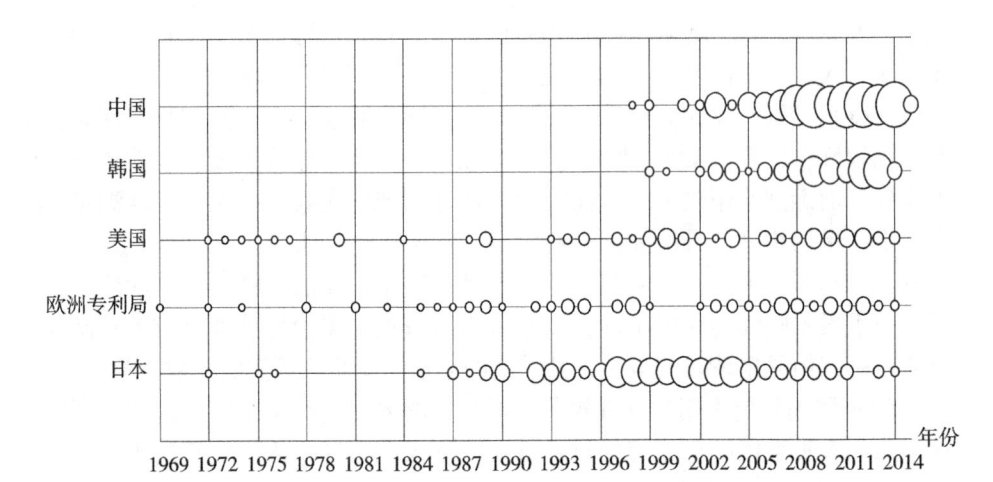

图 5-6　淡水水体藻类去除技术全球主要国家和地区专利申请量趋势
注：图中圆圈大小代表申请量多少。

中国的专利申请出现比较晚，这也与中国经济快速增长一段时间后环境受到污染，人们开始逐渐重视环境治理相关。在 2003 年之后，中国的专利申请量呈爆发式增长，主要得益于政策和藻华事件推动下国内水体污染治理的需要。国外来华的专利申请量一直保持在个位数，来华申请热情不高。

全球专利申请目的地排名为中国、日本、欧洲、韩国、美国，基本上都是全球主要经济体。中国、日本和韩国绝大部分只在本国申请专利，在本国申请的专利占到了 90% 以上，而向其他国家申请的专利很少，美国和欧洲有更多的专利向其他国家和地区申请专利，占比在 50% 左右。

申请人方面，淡水水体藻类去除技术的全球 828 项专利申请中，主申请人有 576 个，申请人比较分散。排名第一位的申请人株式会社贝里塔斯，仅申请了 16 项专利，说明淡水水体藻类去除技术领域没有优势比较强大的申请人。对申请量前 10 位的申请人进行分析发现，目前尚无在某一技术主题领域构成技术垄断者（见表 5-4）。

表 5-4　淡水水体藻类去除技术全球前 5 位申请人的主要技术分支　单位：项

排名	国内申请人	技术分支	申请量	申请总量
1	株式会社贝里塔斯	遮光技术	13	16
		其他物理法	3	
2	株式会社吴羽工程	遮光技术	12	15
		其他物理法	3	

续表

排名	国内申请人	技术分支	申请量	申请总量
3	HAN S K	微波	3	14
		过滤	1	
		其他物理法	8	
4	中国科学院生态环境研究中心	天然矿物絮凝法	9	14
		其他化学法	5	
5	日本三菱重工业株式会社	曝气	4	13
		电解除藻	3	

技术分支全球专利申请方面，物理技术和化学技术分支占比较大。其中物理法中，过滤除藻、曝气除藻、电解除藻、遮光技术和气浮除藻方面申请最多；化学法中，非氧化杀灭剂、混凝（絮凝）剂、氧化杀灭剂和天然矿物絮凝剂相关技术申请最多；生物法中，植物、溶藻细菌相关技术申请最多（见图 5-7）。

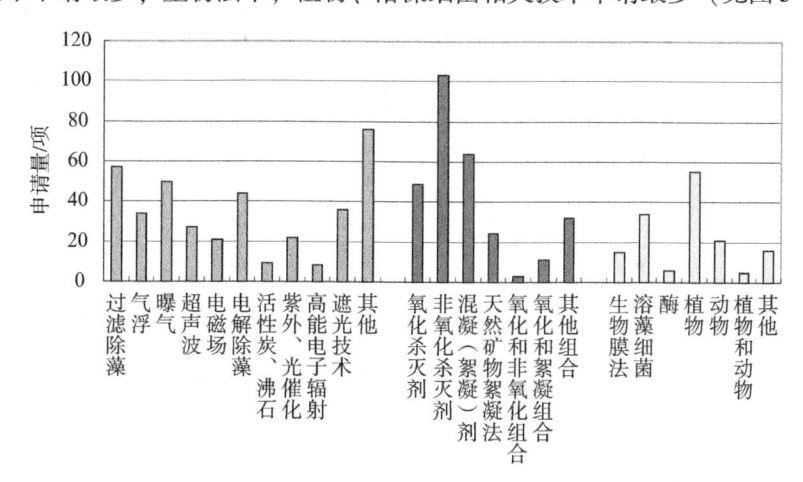

图 5-7　淡水水体藻类去除技术全球二级技术主题专利申请分布

物理法中，比较成熟的是曝气技术和过滤技术，超声波、电磁场、活性炭和沸石、高能电子辐射以及遮光技术都是 20 世纪 90 年代后才出现的处理技术，其中，遮光技术和电解技术是现在藻类研究的热点，国内申请人可以多关注。

化学法中，非氧化杀灭剂、絮凝（混凝）剂和氧化杀灭剂是申请量最多且出现较早的 3 种技术，天然矿物絮凝以及各种组合工艺是新型技术。中国在天然矿物絮凝以及非氧化杀灭剂技术方面占据较大优势，尤其是从植物中提取藻类杀灭剂这一方法可以从中药中获取灵感，建议国内申请人着力研究。

生物法出现得比较晚，其中植物法占绝对优势，也是未来的研究重点；

另外一个热点是溶藻细菌。比较新型的酶和生物膜法处理水量较少，并不被看好。

从中国地区的申请量来看，植物法除藻技术和混凝（絮凝）技术是专利申请的热点。随着年份增加，生物法去除藻类技术所占比重也逐渐增加。生物法中，中国占较大份额，国内申请人应继续保持这种优势。在物理和化学技术分支，中国与国外差距较大，尤其是物理法，中国的专利申请量并不占优，可以加强这方面的创新（见图5-8）。

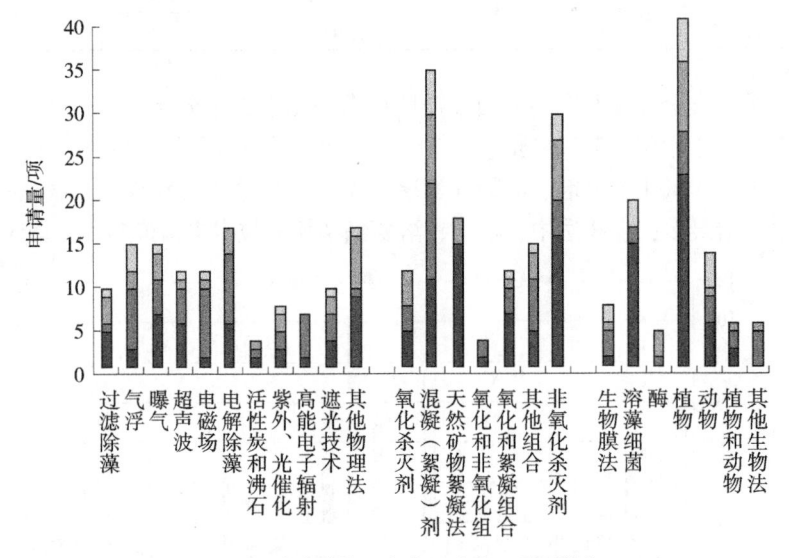

图5-8 淡水水体藻类去除技术中国技术主题专利申请分布

中国申请方面，国内专利申请主要分布在三大经济区域：长三角、环渤海和珠三角，这些地方也是中国高校和科研院所的集中地带。从省市来看，江苏、北京、上海、湖北和广东排名前5位。

排名前7位的13名申请人中有11个是高校和科研院所，只有两家企业，高校科研院所占大部分申请量，而企业专利申请量偏少，因此需要加强产学研合作，进一步转化技术创新成果，提升引领优势（见表5-5）。

表5-5显示了我国在水体藻类去除技术的申请情况。其中，中国科学院生态环境研究中心更关注天然矿物絮凝法除藻技术以及溶藻细菌法去除技术，中国科学院水生生物研究所则关注植物法除藻技术，上海交通大学则更关注溶藻细菌和物理法中的遮光技术，天津农学院研究重点放在了非氧化杀灭剂除藻技术；清华大学关注于植物法去除水体藻类技术，南京大学则关注于电解除藻和溶藻细菌除藻；浙江大学则主要是非氧化杀灭剂相关专利申请。复旦

表 5-5 水体藻类去除技术国内申请量排名前 7 位的申请人　　　单位：件

排名	国内申请人	申请总量	申请量占比	发明	实用新型
1	中国科学院生态环境研究中心	14	5.09%	14	—
2	上海交通大学	12	4.36%	12	—
3	中国科学院水生生物研究所	8	2.91%	6	2
4	浙江大学	7	2.55%	7	—
5	波鹰（厦门）科技有限公司	6	2.18%	3	3
5	东南大学	6	2.18%	4	2
7	安徽雷克环保科技有限公司	4	1.45%	2	2
7	北京市水利科学研究所	4	1.45%	3	1
7	复旦大学	4	1.45%	3	1
7	江南大学	4	1.45%	4	—
7	南京大学	4	1.45%	3	1
7	清华大学	4	1.45%	4	—
7	天津农学院	4	1.45%	4	—

大学的申请涉及多个方面，不集中，包括物理法和生物法除藻技术。东南大学更关注超声波、遮光技术等物理除藻法以及氧化杀灭剂化学除藻法。企业中的波鹰（厦门）科技有限公司则关注于电解除藻，安徽雷克环保科技有限公司更关注于电磁场除藻以及混凝（絮凝）剂除藻法。北京市水利科学研究所主要是在气浮法、混凝（絮凝）剂和非氧化杀灭剂等方面申请了有关淡水水体藻类去除技术的专利。

通过分析国内专利申请趋势发现，专利申请量受国家法规政策与环境重大事件的影响比较大。淡水水体藻类去除技术是一项环境治理技术，属于公益技术。对社会而言有投入就有收获，对企业而言，投入并没有足够利润的产出，因此，需要政府制定法规和政策鼓励推动企业进行研发，并投入一定财力来刺激市场主体参与到治理改善淡水水体环境中去。

国外来华的专利申请人没有进入申请量排名前 10 位，这说明在中国专利申请方面，中国申请人占据绝对的优势。在全球专利排名前 10 位的申请人中，除日本的株式会社吴羽工程和株式会社贝里塔斯进入中国外，其他国外申请人未进入中国，这两家日本企业在中国共申请了 4 项专利，布局也非常少，因此，中国申请人在国内面对国外申请人的专利风险很小，在国内具有较大的机遇（见图 5-9）。

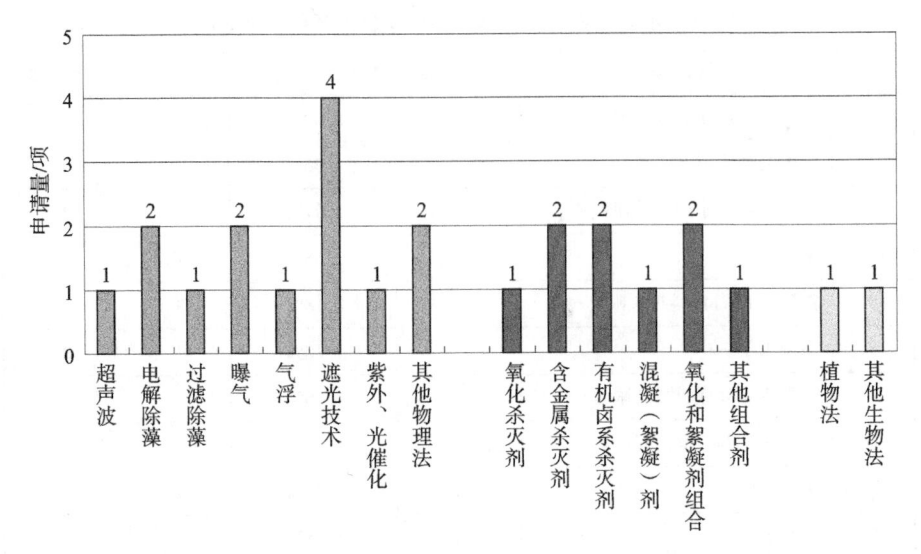

图 5-9 淡水水体藻类去除技术国外来华专利技术主题分布

在国外来华授权有效的专利中，遮光技术是申请最多的技术主题。分析这些来华专利，其授权专利质量较高，中国国内申请人应关注这些专利，注意专利风险。同时，由于遮光技术成本低，效果直接，是国内外的研究热点，中国申请人应加强对遮光技术的研究并积极布局。

技术优势方面，在日本提交的相关专利申请中，物理法去除藻类技术的申请量最大。其中尤以遮光技术和曝气的相关申请最多；在化学法中，又以氧化、非氧化杀灭剂以及混凝（絮凝）剂为热点。国内相关申请人在进入日本时，应关注这类专利申请。

在欧洲，申请量最大的技术主题也是物理法，但其研究热点与日本不同，主要为过滤除藻、曝气和气浮；在化学法中，又以非氧化杀灭剂最热，申请量达到 11 项；在生物法中，也涉及了少量的溶藻细菌法。

在韩国，以过滤除藻、曝气法和超声波法的相关申请最多；化学法和生物法涉及的申请都很少。国内相关申请人在进入韩国时，应重点关注此类专利申请。

在美国，涉及化学法的申请最多，其次为物理法，然后为生物法。化学法中尤以氧化和非氧化杀灭剂的相关申请最多；在物理法中，又以过滤除藻和电解除藻为热点；涉及生物法的专利申请很少。

通过对上述专利申请开展分析可以得出以下结论：在淡水水体藻类去除技术方面，国内申请人可以继续在生物除藻方面加强研究，这一方向是未来的技术趋势，同时国外申请人布局也少，没有形成技术垄断。植物提取液除藻技术与中药关联，虽然在专利申请数量方面中国处于优势，但国内申请人不能掉以轻心，应当继续发挥所长、加强研究。

淡水水体藻类去除的各种技术可以进行组合，达到协同效果。例如物理法中的遮光技术可以与生物法中的植物技术相结合，将植物附着于遮光体上；也可以将遮光技术和电解除藻、超声波、电磁场等相结合，利用太阳能提供电力等。国内申请人可以在各技术组合工艺方面进行挖掘发力，抢占先机。

5.5 煤气化废水处理技术专利分析

我国能源总体状况是"富煤、贫油、少气"，煤炭占我国一次能源消费结构比例达到70%左右，适当有序发展煤化工产业具有一定的战略意义。2006年，国家发展和改革委员会发出通知，要求煤化工项目加强环境保护，达到废弃物减量化、资源化和无害化标准。作为典型的煤化工项目，煤气化排放的废水具有有害物质多、波动范围大等特点，是煤化工废水中最具代表性和难度的处理对象。

总体上说，自1975年起，煤气化废水处理方面，全球专利申请共381项。中国申请排名第一位，全球申请量的增长主要源自中国申请量的快速增长。2000年以来，知名的水处理公司，如通用电气、法国液空、栗田工业等在此期间申请了相关专利，开始涉足煤气化废水处理领域（见图5-10）。

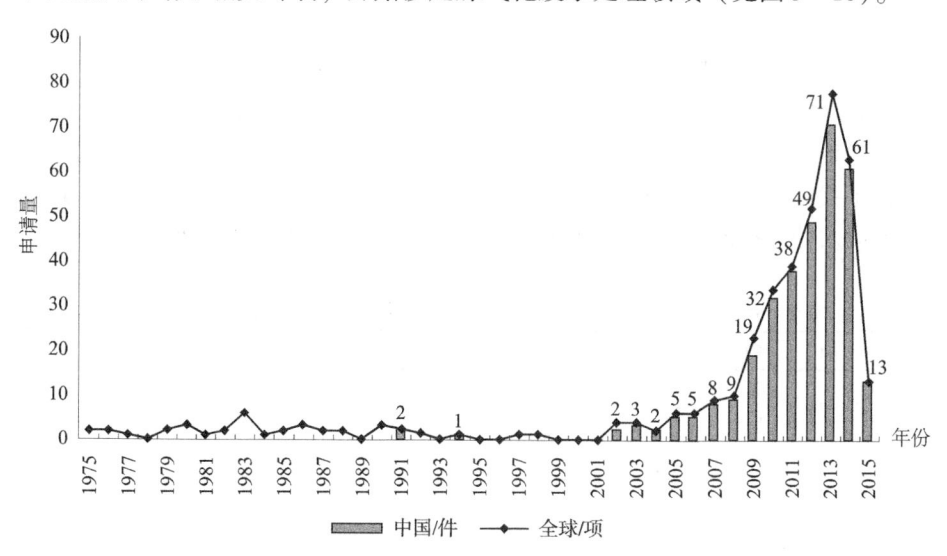

图5-10 煤气化废水处理技术全球和中国专利申请趋势

中国的原创专利申请320项，占全球申请量的85%，并且中国的专利申请多为2000年后的申请，2000年以后的专利申请为317项；德国专利申请

25项，集中在1975~1990年；日本专利申请17项，申请时间为1997年以后；美国专利申请11项，占全球申请总量的3%（见图5-11）。

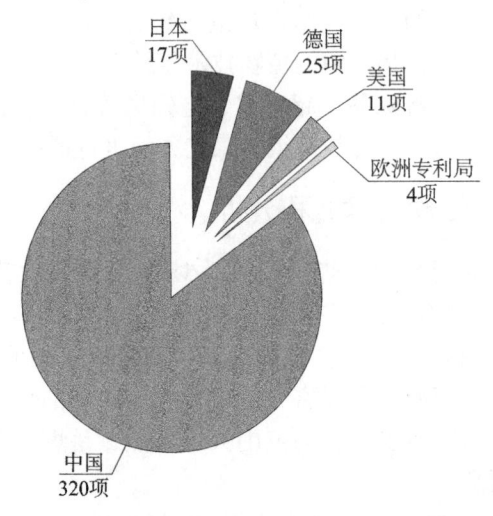

图5-11 煤气化废水处理技术全球专利申请原创区域分布

2002年以后，中国对于煤气化废水污染控制的关注度极高。国外来华专利申请数量很少，只有4件，其中2件为授权发明专利，专利风险较小。

申请人方面，国外申请人提交的申请较少，没有大型的煤气化企业作为申请人，这反映出国外煤气化废水处理技术较为成熟，缺乏创新的动力。

全球主要申请人主要以中国的煤气化企业和高校为主，日本也占有两席。我国申请人众多，包括煤气化企业、环保企业和高校科研院所三大类型，原因在于我国煤质差，多采用废水难以处理的鲁奇法煤气化技术，没有引进配套的废水处理技术，因而需要自力更生解决废水处理的难题（见表5-6）。

表5-6 煤气化废水处理技术国内省市专利申请技术来源

序号	省市	企业	高校及科研院所	个人	申请量/项
1	北京	73.8%	16.9%	9.2%	65
2	山东	66.7%	24.4%	8.9%	45
3	江苏	64.0%	28.0%	8.0%	25
4	广东	20.0%	60.0%	20.0%	20
5	黑龙江	20.0%	75.0%	5.0%	20
6	上海	70.0%	25.0%	5.0%	20
7	山西	58.8%	23.5%	17.6%	17
8	浙江	69.2%	23.1%	7.7%	13
9	河北	83.3%	8.3%	8.3%	12
10	天津	63.6%	27.3%	9.1%	11

国内专利申请分布区域分为四个集团。第一集团为北京，拥有众多煤气化相关企业的总部、高校和科研院所，并拥有众多环保服务企业；第二集团为山东，拥有大量的环保服务企业，其中，青岛科技大学的盖恒军教授对于煤气化废水的研究较为突出；第三集团包括江苏、广东、黑龙江、上海、山西等省市。江苏、上海拥有众多的环保服务企业和高校，广东的华南理工大学、黑龙江的哈尔滨工业大学，对于煤气化废水控制技术的研究较为领先，山西拥有大型的煤气化企业；第四集团为其他省市，没有形成规模申请。前三个集团的申请总量占国内申请量的66.25%，产业发展聚集特征明显，行业集中度比较高。其中，北京、山东、江苏、上海和山西的企业申请人占据优势地位，广东、黑龙江则是高校及科研院所的申请人占主导。

研发侧重方面，哈尔滨工业大学的发明人团队主要研究方向为生物法处理废水，13件专利申请均为生物法相关技术；华南理工大学、青岛科技大学发明人团队、技术体系一脉相承，对于汽提法和萃取法处理煤气化废水研究深入。中海油新能源投资有限责任公司涉及研发方向很多，充分利用高校的技术实力，与华南理工大学、上海交通大学、四川大学合作研发申请了相关专利。同时，中海油新能源投资有限责任公司发挥自身的研发能力，对于物理法和氧化法进行了研究和专利申请。十大申请人中，大唐国际化工研究院主要发挥自身研发优势，对于工艺耦合方法进行了深入研究，形成了9件专利申请（见表5-7）。

表5-7 煤气化废水处理技术全球十大申请人

序号	申请人	申请量/项
1	中国海洋石油总公司	16
2	中海油新能源投资有限责任公司	14
3	哈尔滨工业大学	13
4	华南理工大学	12
5	大唐国际化工技术研究院有限公司	9
6	青岛科技大学	8
7	栗田工业株式会社	8
8	电源开发株式会社	7
9	新奥科技发展有限公司	7
10	中国石油化工股份有限公司	7

技术分支方面，全球专利申请中，汽提法和萃取法在近年来发展放缓，然而它们仍然是针对性最强的煤气化废水处理技术，华南理工大学、青岛科

技大学等高校在汽提法的改进上做出了贡献。生物法在全球申请中占比最高，缘于生物法是近期常规废水处理研究的热门分支，近年来增长迅速，尤其是来自中国的专利申请。其中，将成熟技术有效组合以降低成本和提高效率的工艺耦合成为近年的研究重点。目前，国内申请人在各技术分支均领先于国外申请人（见图5-12）。

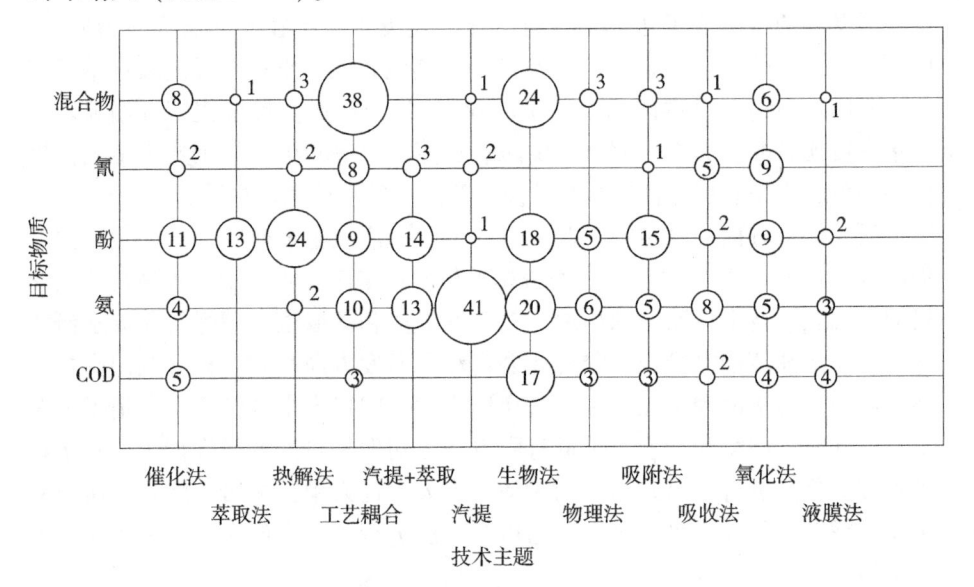

图5-12 煤气化废水处理技术主题与目标物质关系

注：图中数字表示申请量，单位为项。

煤气化废水中的重点特征污染物为氨和酚。目前，对于氨的处理，汽提法和生物法占绝对优势，汽提法主要针对废水中的游离氨，生物法主要针对常规废水中的氨氮，国内外专利申请人对于氨的去除技术也以这两种方法为主。酚是煤气化废水中最难去除的成分，目前，对于酚的处理技术分支较多，传统的萃取法也有一定的局限，国内外申请人在各技术分支方法上做了大量尝试。

专利布局方面，德国和美国的众多企业很早就涉及了煤气化废水控制技术的研究，针对酚的萃取法工艺和针对氨的汽提法工艺均为德国和美国的申请人所掌握。幸运的是，这些专利申请的一部分由于时间原因已经失效，并且大部分没有进入中国，对于国内企业来说，专利风险较小。国外来华的专利中，涉及上述两种方法的专利申请仅有一件获得授权，且该授权专利的保护期将届满（见图5-13）。

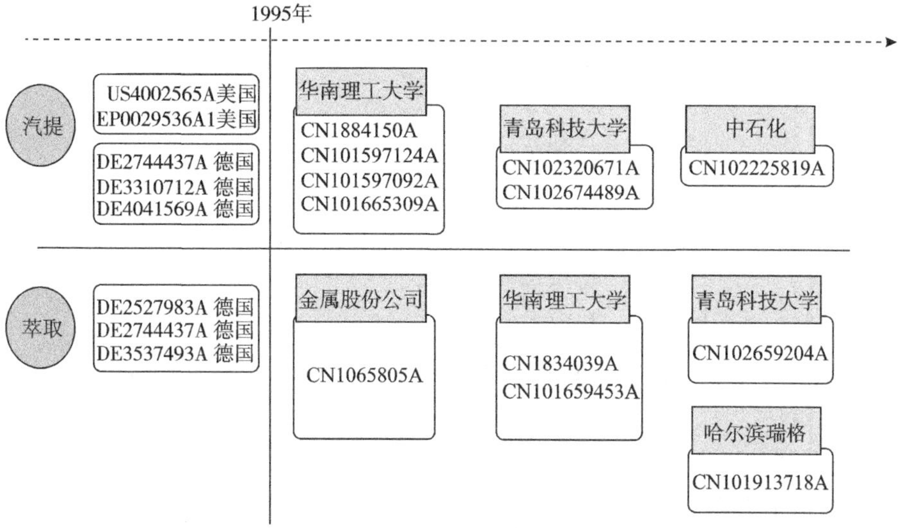

图 5-13 煤气化废水处理技术汽提法、萃取法重点专利布局

在 1990 年以前，国外多家公司进行了汽提法的研究。然而，1990 年之后，汽提法处理煤气化废水技术的研究陷入了停滞。直至 2006 年，华南理工大学对汽提法处理煤气化废水进行了深入研究，提出了单塔加压侧线抽提技术，申请并获得了相关专利。在此基础上，华南理工大学和青岛科技大学对单塔侧线抽提技术中的工艺组合、操作参数和热量回收等方面进行了进一步的研究，并提交了相关专利申请。中石化、日本三菱重工在工艺组合方面对汽提法进行了优化。

从汽提法和萃取法的技术布局中可以看出，华南理工大学和青岛科技大学拥有较强的技术实力。

总体而言，煤气化废水处理领域全球申请以中国申请为主，国内申请增速较快，国外来华申请较少，风险不大。国内申请人已经具备一定的技术实力，形成了一定的产学研规模。

5.6 专利分析方法创新探索

5.6.1 基于专利的市场主体实力评估

在当前鼓励"大众创业、万众创新"的环境下，考虑到国家对环保产业的大力扶持，以及水污染治理本身的高回报特点，无疑会有越来越多的新入行者。对于这些入行者而言，它们需要快速了解行业经营方式、主流技术等，解决这一需求的便捷方法之一就是直接向这一领域的先进者学习；同时还需要筛选出重要的市场主体，进一步筛选出重要的技术信息（见图 5-14）。

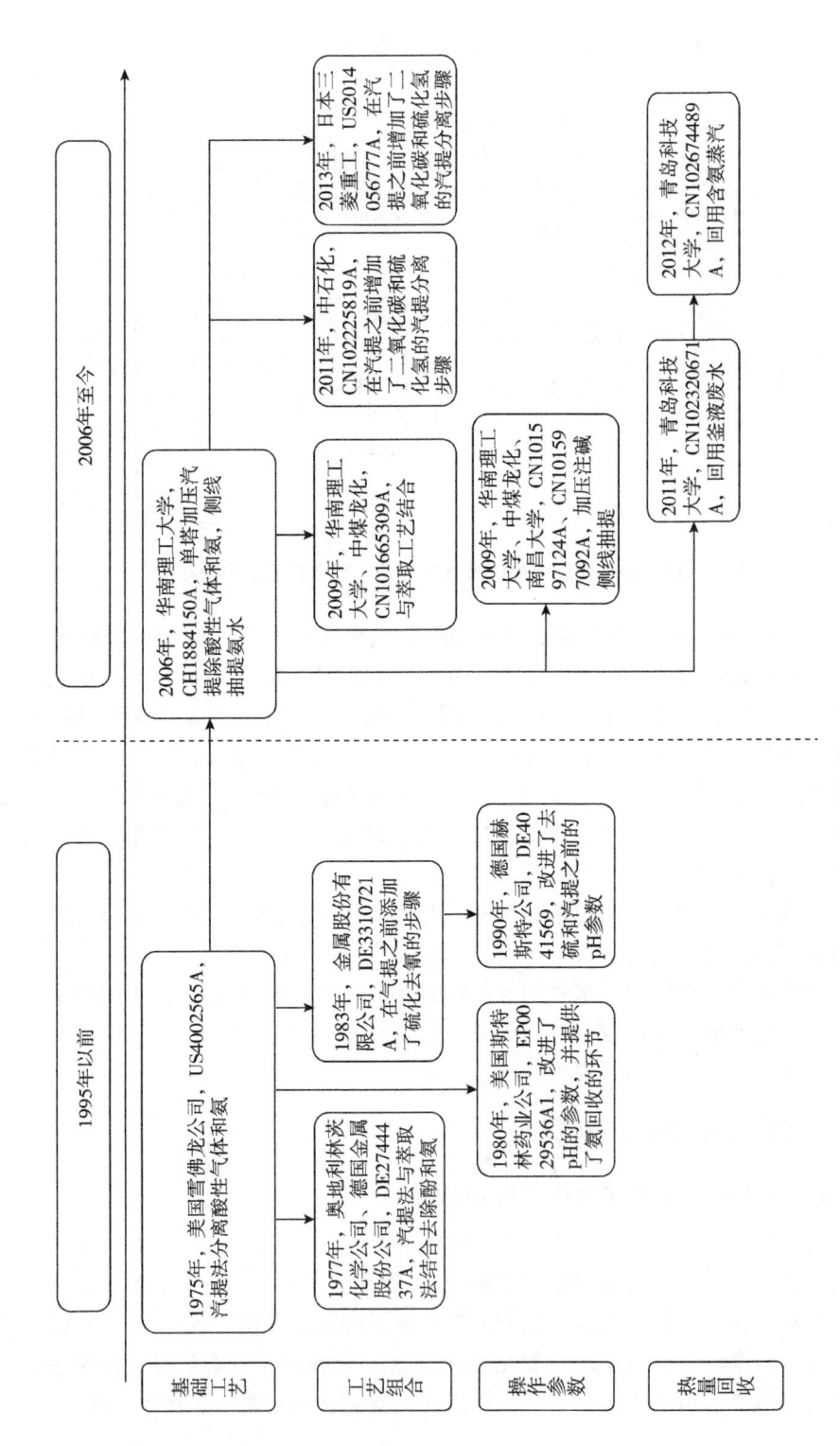

图 5-14 煤气化废水处理技术汽提法技术发展路线

5 水体污染治理关键技术

为了解决如何简洁高效地评估市场主体的实力,该研究提出了以下实力评估体系(见表5-8)和雷达图分析方法(见图5-15)。

以消毒副产物控制技术领域的专利申请为例进行实证研究,以考察该研究方法的可操作性。

表5-8 用于市场主体实力评估的重要专利指标

序号	专利指标	定义	所代表的信息
1	专利申请量	某一公司全部专利申请量(全球,以专利族计)	对专利的重视度,技术实力,市场价值
2	平均专利质量	$Q1 \times 0.3 + Q2 \times 0.1 + Q3 \times 0.2 + Q4 \times 0.4$	该公司在该领域所有专利申请的总平均质量
	有效专利量(Q1)	某一公司有效专利(含已授权和待审未驳回)占待专利申请人全部专利申请量的比率	技术质量
	技术覆盖面(Q2)	某一公司所有专利申请覆盖的IPC分类号多样性和数量(一个分类号计为1个计量单位)	技术质量
	国际覆盖面(Q3)	某一公司申请进入国家或地区的总和/该公司的申请量	市场价值
	引用频次(Q4)	某一公司所有有效专利被在后专利申请所引用的专利数量	技术质量,市场价值
3	专利保护强度	专利申请量×平均专利质量	—
4	专利技术份额	某一公司全部专利申请量占该领域全部专利申请量的比率(全球,以专利族计)	—
5	合作强度	存在共同申请人的所有专利数量	该公司获得外部知识的机会
6	研发侧重点	该公司在该领域的申请量占公司总申请量的比率	该技术领域对于该公司的重要性,该公司的综合实力

图5-15显示了我国主要科研机构和企业的综合实力对比。从图上可以看出,在专利平均质量、专利保护强度和专利技术份额方面,哈尔滨工业大学遥遥领先于其他申请人。哈尔滨工业大学是我国饮用水深度处理领域研究实力最雄厚的高校,对于有资金、无技术的新入行企业,可以优先考虑与哈尔滨工业大学进行专利转移或合作研发。清华大学和南京大学在专利合作方面经验丰富,对于缺乏合作经验的企业来说,选择这样的高校不失为一条创新捷径。

(a)　　　　　　　　　　　　　(b)

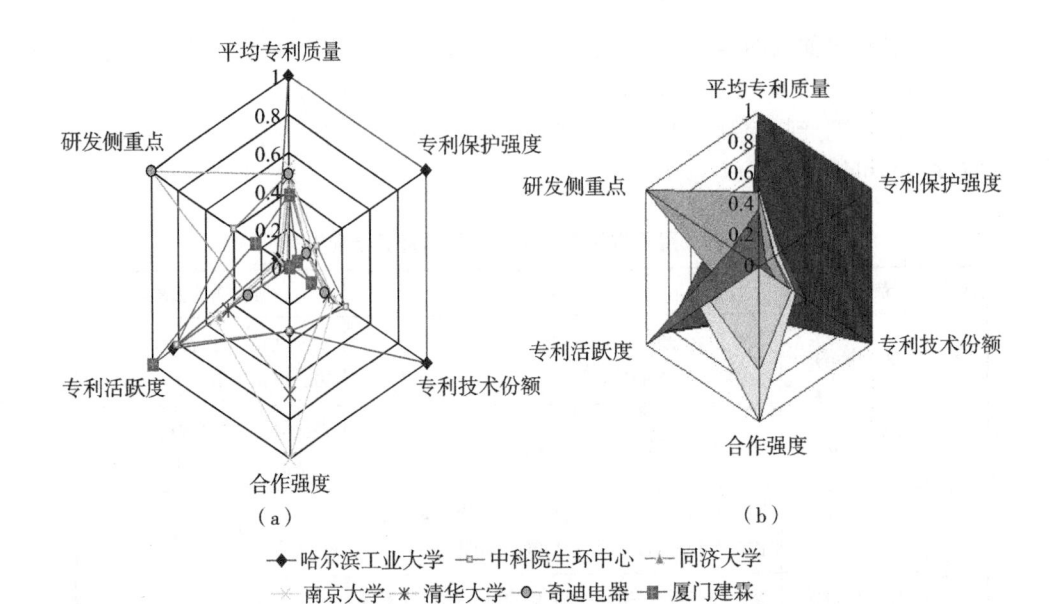

→哈尔滨工业大学 -□-中科院生环中心 -▲-同济大学
-×-南京大学 -*-清华大学 -○-奇迪电器 -■-厦门建霖

图 5-15　国内主要科研机构和企业的综合实力对比

在研发侧重点方面，奇迪电器排名第一。这说明奇迪电器非常重视消毒副产物的控制技术。在专利活跃度方面，厦门建霖工业有限公司（以下简称"厦门建霖"）近年才向净水和空气净化等健康家具产品领域进军，研究活动非常活跃。

当科研机构寻找企业进行合作或技术转移时，可以寻找注重这方面技术的企业或者新进入该领域且研发活跃的企业进行洽谈。

从产学研对比的角度来看，企业（如奇迪电器和厦门建霖）专利合作少，主动寻求技术合作的动力不足。科研机构则在专利质量、专利保护强度、专利技术份额和技术合作方面都强于上述企业。如果能够在上述企业和科研机构之间形成合作网络，不仅有利于高校的技术有效转化，也有利于企业迅速提高技术实力，优势互补、实现共赢。

5.6.2　基于专利对政策的创新效应进行分析

水污染治理隶属环保产业。有专家曾言，"环保产业是典型的政策驱动性产业。环保产业的市场不是自发产生的，是由政府的环境管理催生的。"但是，在实地调研中发现，尽管水污染治理从业者都认可国家政策和环保法规的制定对于产业发展有非常重要的作用，但是对于技术创新受政策的影响程度，例如，对于消毒副产物的研究时间节点和研究方向，是受美国先出台相关水质标准的影响更大，抑或是受本国政策的影响更大，业界尚没有更清晰的理论研究。

5 水体污染治理关键技术

为了解水体污染治理领域的产业政策对技术创新的影响，本章系统梳理了相关技术领域的各项政策和标准及其出台的时间，考察了相关领域的专利申请随时间的变化趋势，再将二者关联起来进行分析。下面以消毒副产物控制技术为例进行分析。

消毒副产物处理环节属于给水的终端处理环节，其受水质标准的影响非常大，技术创新动力主要来源于政策的刺激，每次政策出台都会促进、引导该领域的创新。一般来说，本国的标准变严或者增加了新的项目，当年度或次年度的相关申请量就会出现剧增（见图 5-16）。

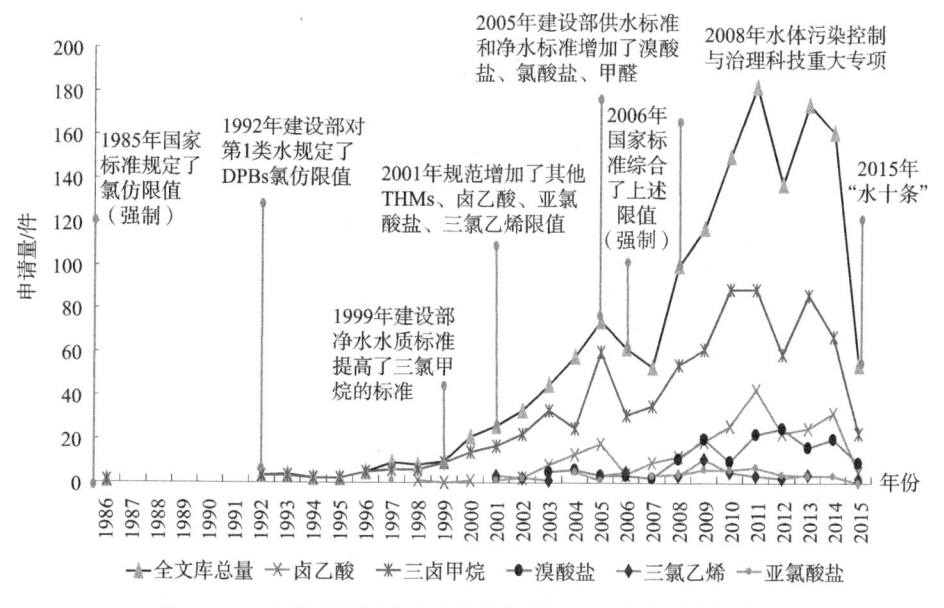

图 5-16 中国消毒副产物申请量与饮用水标准和政策的关系

从中国的申请量上看，我国的申请量对于标准制定内容反应快速，每次政策的出台和标准的修订都会对申请量产生非常大的影响。对于每一项具体的消毒副产物而言，每当一种消毒副产物出现在标准中，或者限制变严，当年或次年申请量都会有所变化，例如 2001 年的饮用水规范中新增卤乙酸、亚氯酸盐、三氯乙烯的限制，在当年或次年这些消毒副产物就出现在了专利申请中或者相关申请量有了显著提高。2006 年，我国国家标准化管理委员会和卫生和计划生育委员会联合发布了《生活饮用水卫生标准》（GB 5749—2006），2008 年开始实施水专项，对专利申请量的刺激作用非常明显，使得我国成为全球申请最活跃的国家。

美国的情况也是如此。美国的饮用水标准修改非常频繁，每次修改的当年或次年都会在申请量上有所反映。标准制定与技术发展相互作用。一方面，标准刺激专利申请量，另一方面，技术的创新又为标准的修订奠定了技术基础（见图 5-17）。

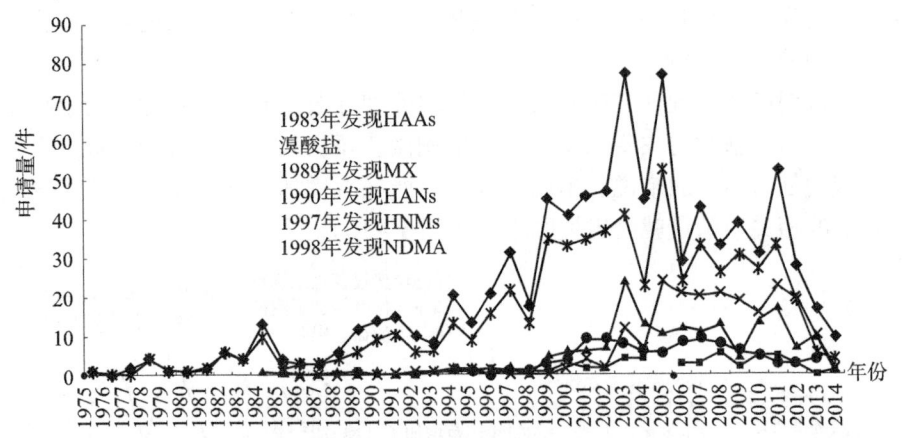

图 5-17 美国消毒副产物申请量与饮用水标准的关系

5.7 措施建议

对于水污染治理企业，一方面，应加强产学研的联合，将一些成熟的研究成果应用到实际中去，以提高企业的竞争力；另一方面，可适当考虑专利收购、许可等知识产权交易手段，以消除后顾之忧或补强一些短板，从而谋取更快的发展。

我国相关企业应当密切关注重点国内外公司的专利申请，积极采取有效应对措施，将可能的知识产权风险降到最小。对于有侵权风险且已经授权的国外来华专利，寻求能否通过无效程序宣告其无效的可能性，或者可加强技术分析，寻求规避方案。

另外，国内专利权人或申请人还要对自身的已授权专利稳定性、在审申请授权可能性或侵犯在先专利权的风险进行动态跟踪研究，以便及时确定应对措施或提前制订相应的发展战略。

充分利用国内外可自由使用的先进技术成果，避免重复投入，提高企业的研发水平，从而有效提高企业竞争能力。对于已经进入公知技术范畴的专利，其技术本身可能对国内企业和研究机构开展相关领域的研究有参考利用价值，应予关注。

对企业来说，引进技术人才，加强技术合作，形成优势互补，能够极大提高企业的核心竞争力。国内申请人也可以利用自身的优势进行多方合作，促进技术交流和产学研结合，共同挖掘技术创新点。

科研单位应主动了解产业需求，促进技术市场化，构建产业需求和科研资源之间的结合。如与自来水公司以及周边产业如净水机、净水器生产企业建立合作关系，开展更多的科学研究；还可与水务公司合作，共同组织一些技术培训等。

加强产学研合作研发或合作申请专利，将科研机构最新研究的先进成果尽快转化为生产力，采用技术入股、专利权转让等多种方式实现技术产业化。

建议国内高校和科研院所申请人提升专利申请文件撰写水平，在对结构特征的描述方式、独立权利要求的必要特征限定以及权利要求的整体设置等方面进行改进和提高，将专利的保护范围最大化，以确保我国在相关技术领域的优势。

6

移动智能终端射频芯片关键技术[*]

6.1 移动智能终端射频芯片产业发展概况

中国智能终端制造业的飞速发展带动了相关芯片产业的发展，2012年以来，国家一系列文件和政策的出台极大地推动了包括射频芯片在内的国内智能终端芯片领域的蓬勃发展，目前我国移动智能终端芯片正处在创新突破口期和掉队风险亦存的重要关口。在智能终端如火如荼发展的背景下，射频芯片行业也随之日益繁荣。射频芯片是智能终端中的重要器件，决定着智能终端的整体性能。

6.1.1 射频芯片技术简介

手机的射频部分中的关键元件主要包括 RF 收发信机、功率放大器（PA）、天线开关模块（ASM）、前端模块（FEM）、双工器、RF SAW 滤波器等。相关器件的技术成为射频芯片的关键技术。

---

[*] 本章节选自2015年度国家知识产权局专利分析和预警项目《移动智能终端射频芯片关键技术专利分析和预警研究报告》。
（1）项目课题组负责人：白光清、陈燕。
（2）项目课题组组长：张蔚、孙全亮。
（3）项目课题组副组长：张勇。
（4）项目课题组成员：赵晓红、阎岩、张倞、贺秀莲、刘昶、薛永旭、凌宇飞、康凯。
（5）政策研究指导：沙开清。
（6）研究组织与质量控制：白光清、陈燕、张蔚、孙全亮。
（7）项目研究报告主要撰稿人：赵晓红、阎岩、张倞、贺秀莲、刘昶、薛永旭、凌宇飞、康凯。
（8）主要统稿人：张蔚、赵晓红、阎岩、张倞、刘昶、贺秀莲、薛永旭、凌宇飞、康凯。
（9）审稿人：白光清、陈燕。
（10）课题秘书：王雷。
（11）本章执笔人：赵晓红、王雷。

RF 收发信机是手机射频的核心处理单元，主要包括收信单元和发信单元，前者完成对接收信号的放大、滤波和下变频，最终输出基带信号。通常采用零中频和数字低中频的方式实现射频到基带的变换；后者完成对基带信号的上变频、滤波、放大。

收发信机正朝集成化和多模化前进，集成化是对持续降低成本的要求，绝大多数厂家的收发信机半导体制造工艺已转换为 RF CMOS，单模的收发器完全集成到基频里。多模化是对厂家能力的挑战，3G、4G 手机多数支持 WCDMA、LTE 和 WIMAX 等多种技术标准。

PA 用于将收发信机输出的射频信号放大，通常有 3 种实现方式：分立晶体管电路、单片微波集成电路（MMIC）和功率放大器模块（PAM）。分立晶体管电路是最古老也是最便宜的解决方案，一般选用成本较低的硅双极器件。其主要缺点是手机制造商必须拥有丰富的射频电路设计经验。因此，对于超过 1GHz 以上的系统 PA 的快速开发，分立晶体管电路缺乏吸引力。这正是 MMIC 的优势所在，MMIC 过去采用 GaAs MESFET 制造，现在多采用砷化镓异质结双极晶体管（GaAs HBT）工艺制造。PAM 则提供完全的射频功能，采用功放模块，手机制造商仅需要很少的射频知识，从而最终降低了功放的成本。

前端模块（FEM）集成了开关和射频滤波器，完成了天线接收和发射的切换、频段选择、接收和发射射频信号的滤波。在 2GHz 以下的频段，许多射频前端模块以互补金属氧化物半导体（CMOS）、双极结型（BJT）、硅锗（SiGe）或 双极（Bipolar）CMOS 等硅集成电路制程设计，逐渐形成主流。由于硅集成电路具有成熟的制程，足以设计庞大复杂的电路，加上可以与中频和基频电路一起设计，因而有极大的发展潜力。

6.1.2 射频芯片市场现状

4G 手机的快速发展拉动了射频芯片市场的发展，射频芯片所占一台手机的成本比例较低，但是随着通信的发展，目前 4G 手机中射频芯片的成本较 2G、3G 的成本要高。

据 International Business Strategies 分析，预计 2015 年市场规模达百亿美元。预计未来的射频芯片市场份额会进一步增长，收发信机和功率放大器将占有射频芯片市场的一半，其中，功率放大器的增势最为强劲。

功率放大器是射频芯片的一个重要器件。该市场虽然成熟，但出现了很多新技术影响着市场格局。目前的一个趋势是融合更多的功率放大器，并且越来越多的宽带功率放大器被市场接受。砷化镓仍然主导功率放大器市场，但是互补金属氧化物半导体（CMOS）功率放大器有望在低端市场首先实现突破性增长，另外，绝缘衬底上的硅（SOI）技术也有可能在不久的将来应用于功率放大器。

手机收发信机的产量占整个收发信机产量的绝大部分。随着收发信机平均售价的稳步增长，收发信机的市场销售额也稳步增长。

收发信机目前与基带芯片有逐渐融合的趋势，而且制造工艺也相仿，因此，基带芯片占据优势的企业，同样在收发信机上也有先天优势。

目前，国内射频芯片产业发展主要集中在 PA、开关等主要射频器件领域。此外，海思、锐迪科（RDA）等 IC 设计龙头企业在收发信机芯片方面也有所建树。

另外，国内 PA 市场呈现中外竞争格局，外资企业包括 Qorvo（RFMD）、Skyworks，本土企业包括 Vanchip、汉天下、锐迪科、中普微、国民飞骧、慧智微以及宜确等，此外还包括联发科入资的台湾 Airoha。

集成电路产业也呈现越来越集中的发展趋势，目前包括高通也已经推出 PA 产品，联发科入资 Airoha，展讯与汉天下紧密合作，同时锐迪科也有 PA 业务。相信在未来的市场上，该领域的竞争也会越来越激烈。

6.2 移动智能终端射频芯片专利整体状况分析

6.2.1 全球专利申请状况分析

经检索，截至 2015 年 6 月 30 日，全球移动智能终端射频芯片相关专利申请共 36985 项。如表 6-1 所示，在电路设计和器件工艺两个一级分支中，针对电路设计做出的专利申请有 32983 项，明显多于器件工艺的 4002 项。这也与目前行业内设计公司百花齐放、代工厂寥寥数家的现状吻合。

表 6-1 移动智能终端射频芯片全球专利申请各技术分支分布　　单位：项

一级分支	二级分支	三级分支
移动智能终端射频芯片（36985）	电路设计（32983）	收发信机（6907）	—
		射频前端（26842）	开关（5522）
			双工器（3545）
			滤波器（6753）
			功率放大器（9850）
			低噪放大器（2454）
	器件工艺（4002）	—	

6.2.1.1 申请趋势分析

如图 6-1 所示，自 1962 年出现首次申请以来，在随后的 10 年里，年申请量均保持在 10 项左右，1972 年申请量开始出现明显增加，到 1981 年，年申请量已经超过 200 项。1981 年左右，各技术分支均已出现申请，射频芯片整个专利申请量开始稳步增长。射频芯片相关专利申请自 1982 年开始出现明显的上升趋势，年申请量在 10 年内上升到 300 项以上。2011 年，全球年射频芯片相关专利申请量已经超过 2000 项。可以预见，针对射频芯片技术的研发和专利申请不会在短期内出现停滞，专利申请量还将继续维持目前的增长态势。

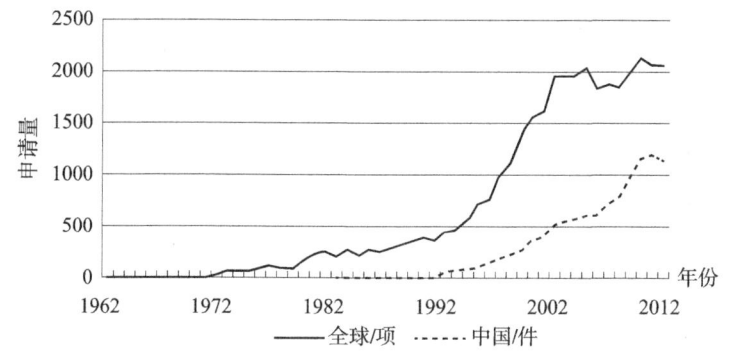

图 6-1　全球射频芯片年专利申请量变化趋势

6.2.1.2 技术主题分析

滤波器、功率放大器、开关技术，均在 1960 年左右出现专利申请，低噪放大器和双工器则在 1970 年左右出现首次申请。这是由于滤波器、功率放大器在其他集成电路中也有广泛应用，双工器和低噪放大器并不具备像开关和滤波器那样广泛的应用（见图 6-2~图 6-6）。

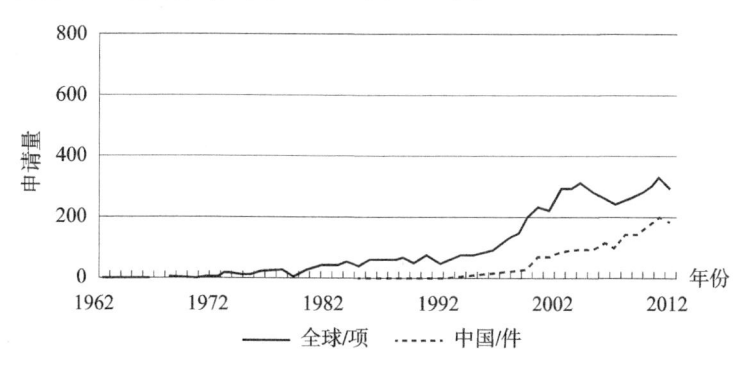

图 6-2　全球开关技术年专利申请量变化趋势

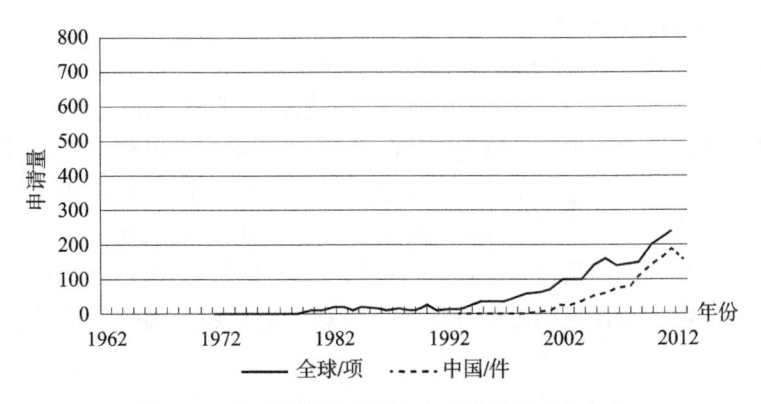

图 6-3 全球低噪放大器年专利申请量变化趋势

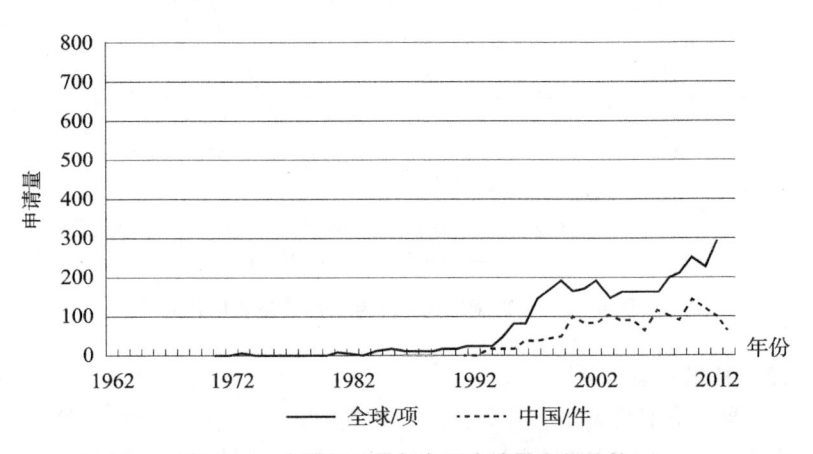

图 6-4 全球双工器年专利申请量变化趋势

图 6-5 全球功率放大器年专利申请量变化趋势

图 6-6 全球滤波器年专利申请量变化趋势

功率放大器和滤波器自从 1990 年左右开始进入快速增长。功率放大器的性能直接决定了移动智能终端所发射信号的质量，这使得功率放大器成为射频前端中核心部件之一。滤波器的结构决定了该器件的研发具有周期性，这也是滤波器在经历 2004 年的申请高峰后申请量有所下滑的原因之一。

6.2.1.3 区域分布分析

选择进入美国的专利申请最多，达到了 16209 项，进入日本的专利申请为 16043 项。美国和日本拥有为数众多的芯片设计和制造企业，积累了数量可观的专利技术。中国正逐渐成为赶超美国和日本的最大电子产品市场，大量专利申请进入中国。

要了解技术的来源，则需要统计申请人的国别分布，如图 6-7 所示。由日本申请人提出的专利申请明显多于美国申请人。中国申请人在全球范围内已经处于第二集团的位置。在中国国内，中国申请人提出的专利申请已经占到总数的一半以上。

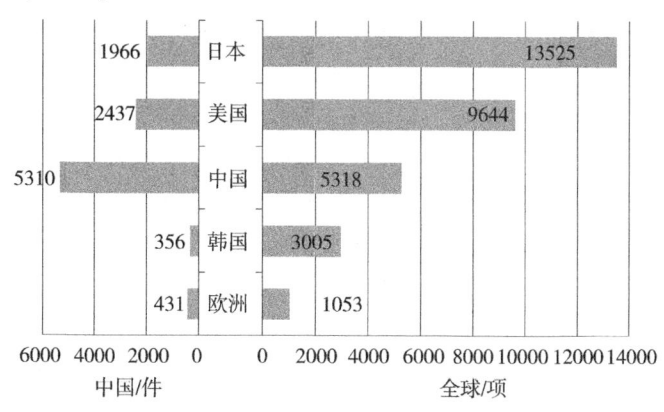

图 6-7 移动智能终端射频芯片全球和中国申请人专利申请分布

注：中国申请量单位为件，全球申请量单位为项。

6.2.1.4 申请人分析

1. 不同时期申请人排名

如表6-2所示，排名前两位的村田和松下均来自日本，日本企业在前10位中占据了七个席位，排第三位的三星和排第八位的LG来自韩国，前10位中只有博通（Broadcom）来自美国。

移动智能终端射频芯片专利申请跨越50余年的时间。分别针对近10年和近5年的专利申请的申请人进行排名，以分析最近一段时间申请人的动向，如表6-3和表6-4所示。

表6-2 移动智能终端射频芯片全球申请量前10位申请人排名

排名	公司	申请量/项
1	村田	1508
2	松下	1404
3	三星	1265
4	NEC	861
5	博通	672
6	东芝	660
7	富士通	653
8	LG	601
9	京瓷	590
10	三菱	572

表6-3 移动智能终端射频芯片全球近10年前10位申请人的专利申请排名

排名	公司	近10年申请量/项
1	三星	582
2	村田	496
3	博通	412
4	松下	374
5	高通	353
6	华为	297
7	RFMD	257
8	富士通	252
9	瑞萨	225
10	太阳诱电	219

表6-4 移动智能终端射频芯片全球近5年前10位申请人的专利申请排名

排名	公司	近5年申请量/项
1	村田+瑞萨	269
2	三星	194
3	Avago+博通	163
4	华为	155
5	高通	137
6	Qorvo（RMFD+TriQuint）	129
7	爱立信	108
8	太阳诱电	98
9	中国电子科技集团	94
10	京信通信	92

近10年和近5年的申请人排名与总申请人排名相比有较大不同。总的来说，移动智能终端射频芯片领域的申请人可以分为三类：① 排位稳定：村田、三星、博通；② 快速上升：华为、太阳诱电、RFMD；③ 逐渐退出：NEC、东芝、京瓷、三菱、LG。

2. 申请人区域分布分析

综合总申请人排名和近10年、近5年申请量排名，确定出主要的申请人，进一步分析各申请人在全球五大专利局的申请量并进行对比，可以反映出主要申请人的布局策略，如图6-8所示。

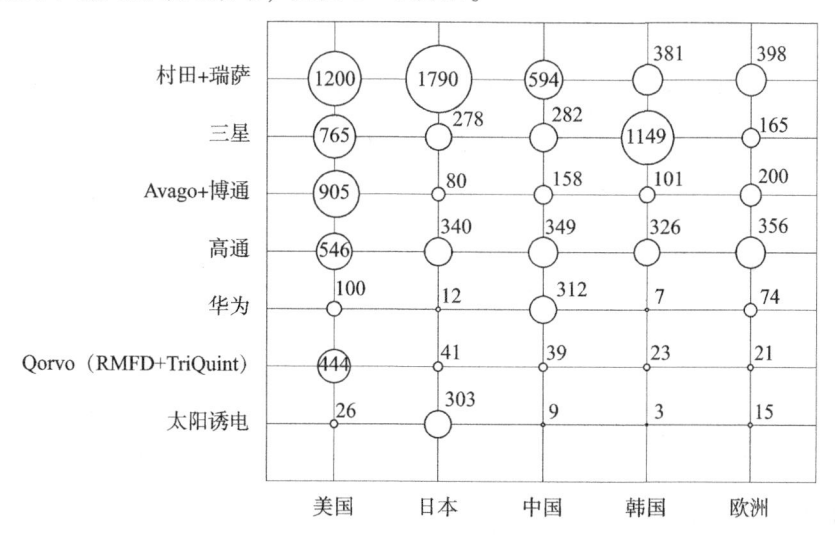

图6-8 移动智能终端射频芯片主要申请人专利申请布局分布

注：图中数字代表申请量，单位为项。

村田、三星和华为都比较注重在美国的专利布局；太阳诱电和 Qorvo 则更倾向于仅在本国进行大规模专利布局；Avago 的专利大部分来自刚刚收购的美国博通，因此，该公司实际上也采取了与太阳诱电和 Qorvo 相同的布局策略。高通是全球布局最均衡的，如表 6-5 所示，高通 PCT 申请比例达到了 88.1%，解释了高通是如何广泛地在全球进行布局的。村田的 PCT 申请量也比较多，但 PCT 申请比例只有 20.2%，低于华为的 49.1%。

表 6-5 移动智能终端射频芯片重要申请人 PCT 申请量占比

申请人	总申请量/项	PCT 申请量/项	PCT 申请比例
村田 + 瑞萨	2057	415	20.2%
三星	1265	64	5.1%
Avago + 博通	917	66	7.2%
高通	563	496	88.1%
华为	342	168	49.1%
Qorvo（RMFD + TriQuint）	448	63	14.1%
太阳诱电	303	11	3.6%

6.2.2 中国专利申请状况分析

截至 2015 年 6 月 30 日，国内移动智能终端射频芯片相关专利申请共 11820 项。如表 6-6 所示，与全球专利布局情况类似，在国内申请中电路设计的申请量远多于器件工艺，功率放大器是最受关注的射频前端器件。

表 6-6 移动智能终端射频芯片技术分支国内专利申请量分布　　单位：件

	一级分支	二级分支	三级分支
移动智能终端射频芯片（11820）	电路设计（10758）	收发信机（2750）	—
		射频前端（8396）	开关（1864）
			双工器（1431）
			滤波器（1526）
			功率放大器（3026）
			低噪放大器（1129）
	器件工艺（1062）	—	—

6.2.2.1 申请趋势分析

国内申请占全球总申请量的不到三分之一，首次申请出现在 1983 年，相比于全球滞后了 20 年。1992 年后，国内申请量开始激增，到 2011 年年度申请量已经超过了1000件。国内的申请态势没有经历积累直接进入快速增长阶段，一方面反映了射频芯片技术在国内发展迅猛，另一方面也顺应了国内近10年专利申请量飞速增长的大趋势（见图6-9）。

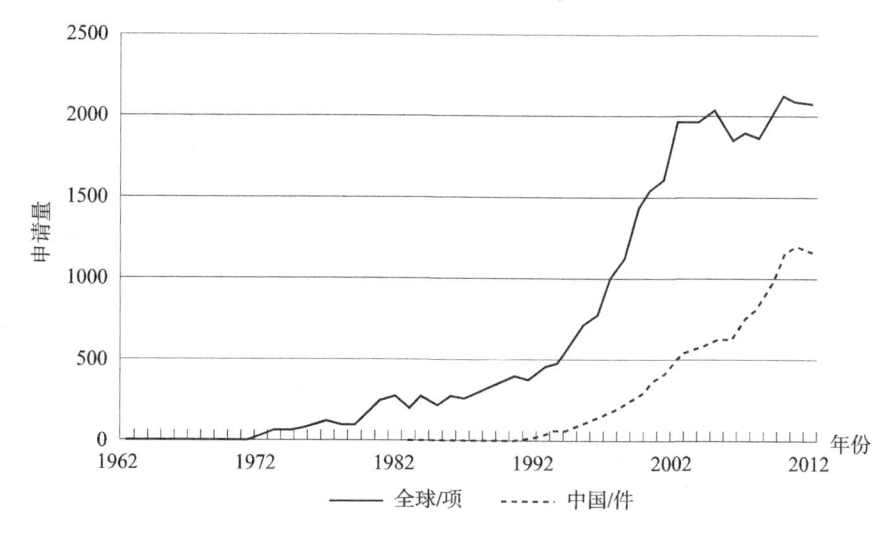

图6-9　射频芯片技术分支全球和中国历年专利申请量趋势

6.2.2.2　技术主题分析

与全球趋势类似，功率放大器和滤波器的相关专利申请量同样高于开关、双工器和低噪放大器。低噪放大器则是申请量最少的一项分支技术（见图6-10~图6-14）。

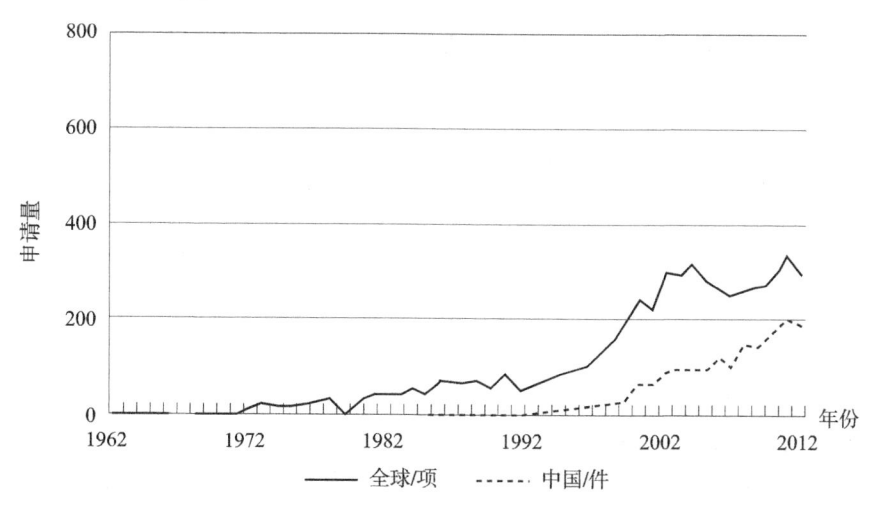

图6-10　开关技术分支全球和中国历年专利申请量趋势

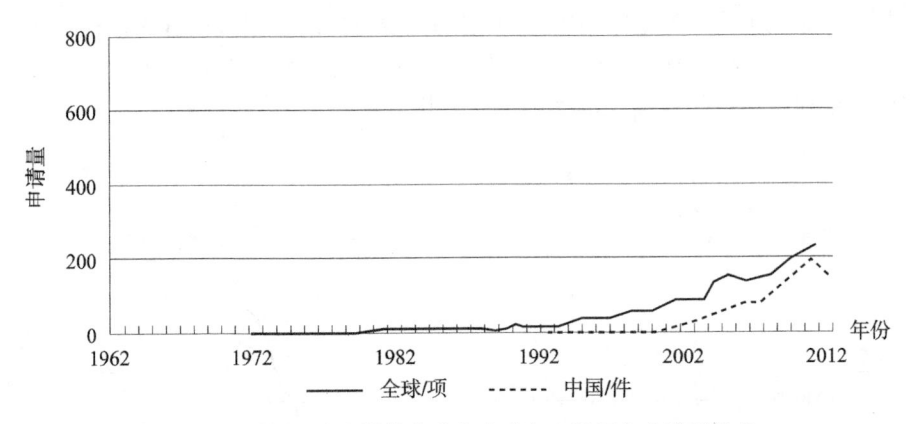

图6-11 低噪放大器技术分支全球和中国历年申请量趋势

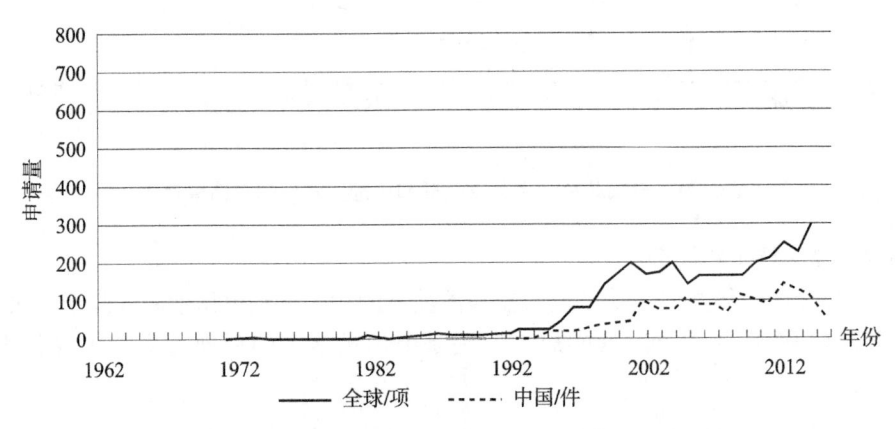

图6-12 双工器技术分支全球和中国历年申请量趋势

图6-13 功率放大器技术分支全球和中国历年申请量趋势

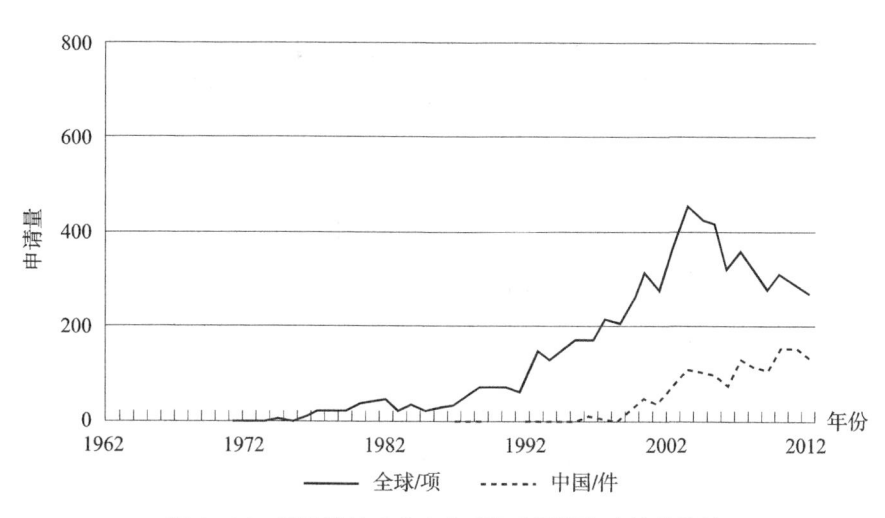

图 6-14 滤波器技术分支全球和中国历年申请量趋势

6.2.2.3 申请人分析

如表 6-7 所示，全球排名前 10 位的申请人中，村田、富士通、松下、三星榜上有名，但在排名先后上有所变化。对于村田、松下和三星等企业，中国并非这些企业进行专利布局的重点区域。在我国企业中，华为以 303 件申请列第六位。中兴以 217 件申请列第十位。

表 6-7 技术分支全球和中国国内前 10 位申请人专利申请排名

排名	公司	申请量/件
1	村田	491
2	富士通	428
3	高通	346
4	松下	322
5	三星	308
6	华为	303
7	爱立信	281
8	瑞萨	259
9	太阳诱电	228
10	中兴	217

为了反映近年来国内活跃申请人的变化情况，同样分别对国内各申请人近 10 年和近 5 年的专利申请进行排名，如表 6-8 和表 6-9 所示。在两个排名中华为均位列第一，一些其他国内企业和研究机构也纷纷上榜。

表6-8 国内近10年申请量前10位申请人排名

排 名	公 司	近10年申请量/件
1	华为	245
2	高通	211
3	中兴	197
4	村田	191
5	太阳诱电	184
6	富士通	176
7	松下	155
8	三星	132
9	京信通信	123
10	瑞萨	113

表6-9 国内近5年申请量前10位申请人排名

排 名	公 司	近5年申请量/件
1	华为	116
2	京信通信	90
3	村田+瑞萨	87
4	中兴	84
5	太阳诱电	77
6	英特尔	66
7	中国电子科技集团	53
8	三星	52
9	高通	49
10	东南大学	47

6.3 FBAR滤波器及双工器关键技术专利分析

6.3.1 FBAR的整体概况

6.3.1.1 FBAR的概念

FBAR（film bulk acoustic resonator，中文译名有：薄膜声波谐振器、薄膜声腔谐振器、薄膜腔声谐振器、薄膜体声共振器、薄膜体声学共振器等）是一种新兴谐振器，它是BAW谐振器（bulk acoustic wave，体声波谐振器）的一种，是采用先进微机电系统（micro electro - mechanical system，MEMS）工艺制造的一种声学器件。FBAR滤波器由多个FBAR谐振器通过特定的拓扑级联构成。由多个FBAR滤波器通过特定的电路设计可以构成双工器（duplexer）。双工器是移动终端射频前端（FFM）的三大核心器件之一。

6.3.1.2 FBAR 的重要性

在图 6-15 示出的滤波器技术概要中可以看到，滤波器主要分为电学滤波器和声学滤波器两种类型。电学滤波器以电磁波为滤波载体，体积较大，不能适应移动终端小型化的要求；而声学滤波器以声波为滤波载体，由于声波波长相对于电磁波波长具有优势，声学滤波器具有体积较小的优势，所以移动终端设备中主要采用声学滤波器。

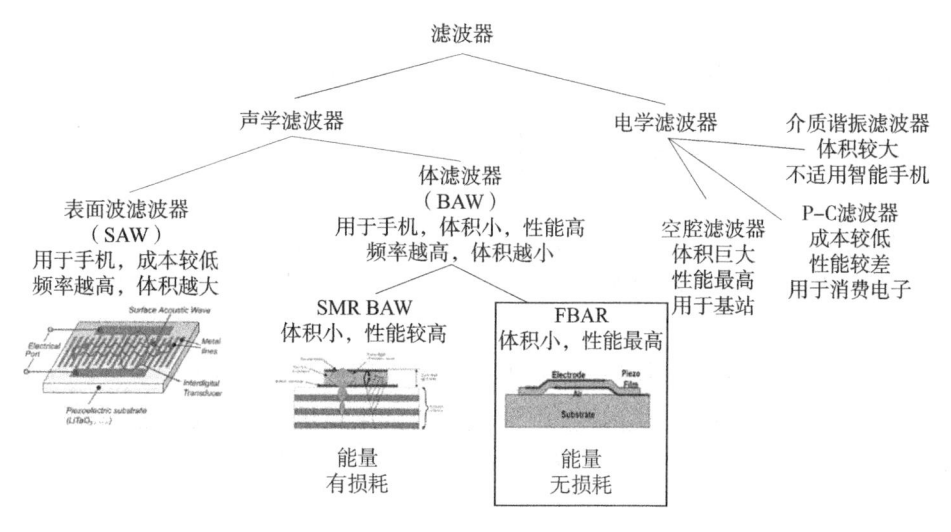

图 6-15 滤波器技术概要

6.3.1.3 FBAR 的发展历程

FBAR 器件源于 20 世纪 60 年代已经提出的 BAW 器件，由于当时微细加工工艺的制约，以及薄膜制备技术不够成熟，BAW 器件只能在实验室制造，不能产业化应用，所以这一想法并未得到足够的重视。安捷伦（Agilent）的 Ruby 和 Wang 等人经过长达 10 年的研究攻关，于 1999 年成功研发出了应用于美国 PCS-1900MHz 频段的薄膜体声波双工器，同时正式提出了 FBAR 的称谓，并于 2001 年将其大规模生产。2005 年，Agilent 因战略调整，将半导体事业部出售给了 Avago，安捷伦的 FBAR 产品也都归于 Avago 名下，当年 Avago 宣布其 FBAR 滤波器的出货量突破 2 亿支。之后若干大型半导体企业以及发达国家的一些大学和科研机构都对 FBAR 技术展开了研究，并取得了一定的成果。

另一方面，从 BAW 技术的两大分支（FBAR/SMR-BAW）来看，TriQuint（已经并入 Qorvo）在 2004 年收购 TFR Technologies 后在 SMR-BAW 占有领先地位，并且与英飞凌（Infeneon）、飞利浦（Philips）、村田（muRata）、TDK（宜普，TDK-EPOCOS）和太阳诱电（Taiyo Yuden）等多家企业

共同瓜分 SMR-BAW 市场；Avago 则在 FBAR 领域一家独大。

6.3.1.4 FBAR 技术介绍

FBAR 谐振器主要的结构是由体谐振腔和夹在上下电极之间的压电材料层组成，其原理是利用压电材料的逆压电效应，通过转化电能为机械能将电信号转换成声波信号。FBAR 谐振器主要分为两种基本结构，空气隙型和硅背面刻蚀型。

（1）FBAR 谐振器基于体型材料制作，可以提供良好的功率处理能力，无需使用如 SAW 谐振器所必须采用的并行结构，尺寸更小；同时，FBAR 谐振器的尺寸随着频率的提高而缩小，在 GHz 频段，FBAR 谐振器可以通过芯片级的封装满足绝大多数的移动终端的应用。

（2）FBAR 滤波器具有非常陡峭的滤波曲线，这意味着它具有卓越的带外抑制能力，使得 FBAR 滤波器非常适于收发频率间隙很窄的应用环境，这一特性对于 4G/LTE 应用尤为重要，因为 4G/LTE 的收发频率间隙更窄，并且还必须紧邻 2G/3G 和 WiFi 等频段。

（3）FBAR 具有相对于 SAW 和 SMR-BAW 更低的插入损耗，在接收侧这一特性使得手机可以检测较弱的信号，这等于变相地扩大了移动通信的覆盖范围；在发射侧，这一特性使得在使用相同功率天线的情况下，降低了功率放大器（PA）所需的输出功率，这等于变相地提高了电池的续航能力。

6.3.2 全球专利申请状况分析

6.3.2.1 全球年度申请趋势

图 6-16 示出了 FBAR 全球申请量年度趋势，有关 FBAR 滤波器和双工器的专利申请在 2000 年以前共有 15 件申请，其后经历了一个快速发展的过程，在 2008 年之后趋于平缓。随着 5G 时代的到来，可以预见，FBAR 滤波器和双工器的相关专利申请有可能迎来一个新的发展。

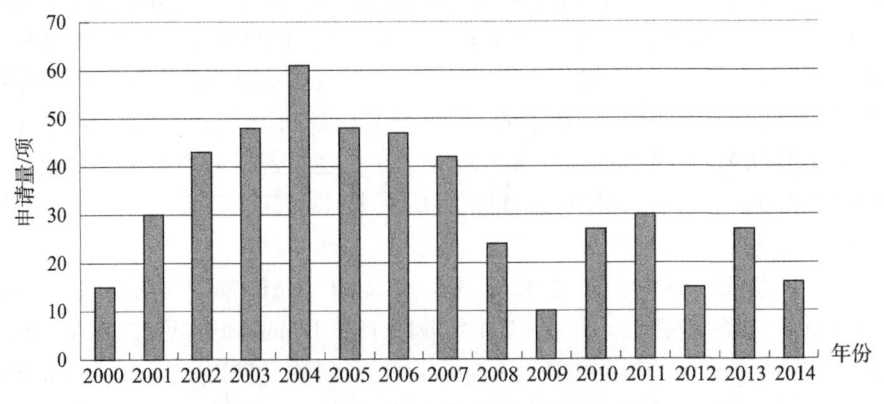

图 6-16 FBAR 全球专利申请量年度趋势

6.3.2.2 主要技术主题分布

图 6-17 示出了 FBAR 各技术分支专利申请占比，可以看到有关 FBAR 谐振器结构的申请占比最高，其次是由谐振器级联成滤波器的拓扑结构，这两者正是 FBAR 器件最核心的技术。

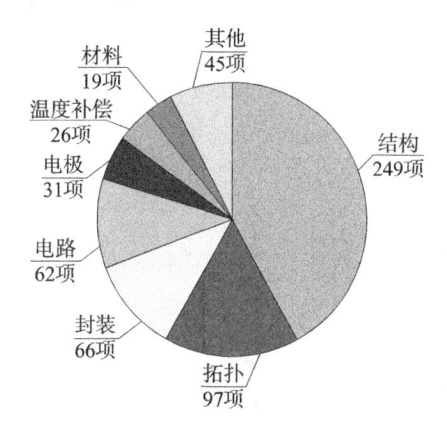

图 6-17　FBAR 技术分支专利申请占比

6.3.2.3 主要申请人的技术分布

图 6-18 示出了全球主要申请人的技术分布，可以看出，Avago 的总申请量是最多的；而且在 FBAR 谐振器结构以及滤波器拓扑结构这两个核心技术上，Avago 的申请量也是最多的。对于可以显著提高 FBAR 性能的温度补偿技术，Avago 也处于领先的地位。

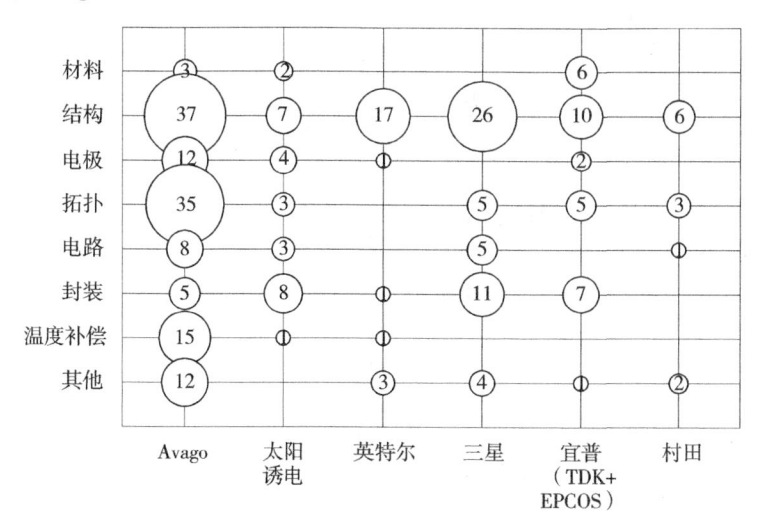

图 6-18　FBAR 全球主要申请人技术分支申请分布

注：图中数字表示申请量，单位为项。

6.3.3 中国专利申请状况分析

6.3.3.1 中国年度申请趋势

从图6-19可以看出，国外申请人在中国的专利布局在2007年已经基本完成，2008年以后申请量趋于平稳。而国内申请人在2008年以前几乎没有提交专利申请，2008年后中国申请人的申请量在缓步增长，最近几年已经超过了国外申请人。但是这些申请主要来自高校和科研机构，来自企业的申请不足1/4。

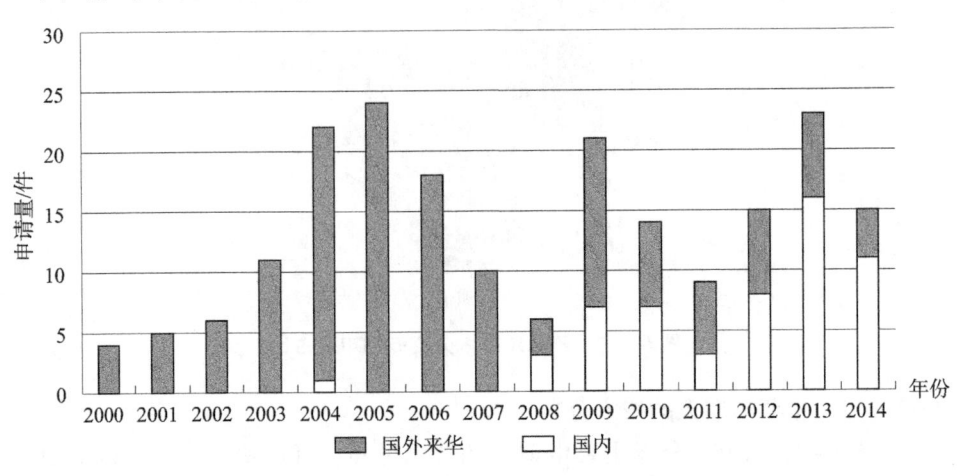

图6-19 FBAR中国国内和来华申请量年度趋势

6.3.3.2 主要技术主题分布

图6-20示出了FBAR中国申请各技术分支专利申请占比，国内申请的技术分布与全球申请基本一致，有关FBAR谐振器结构的申请占比最高，其次是由谐振器级联成滤波器的拓扑结构，这两者是FBAR器件最核心的技术。

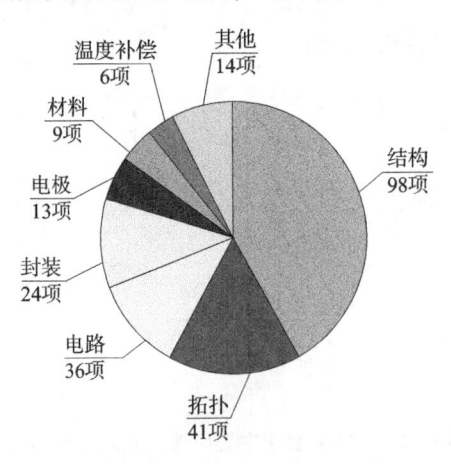

图6-20 FBAR技术分支专利申请占比

6.3.3.3 主要申请人的技术分布

从图 6-21 可以看出，中国申请中仍然是 Avago 的总申请量最多；而且 Avago 在结构和拓扑这两个核心技术上也处于领先的地位。

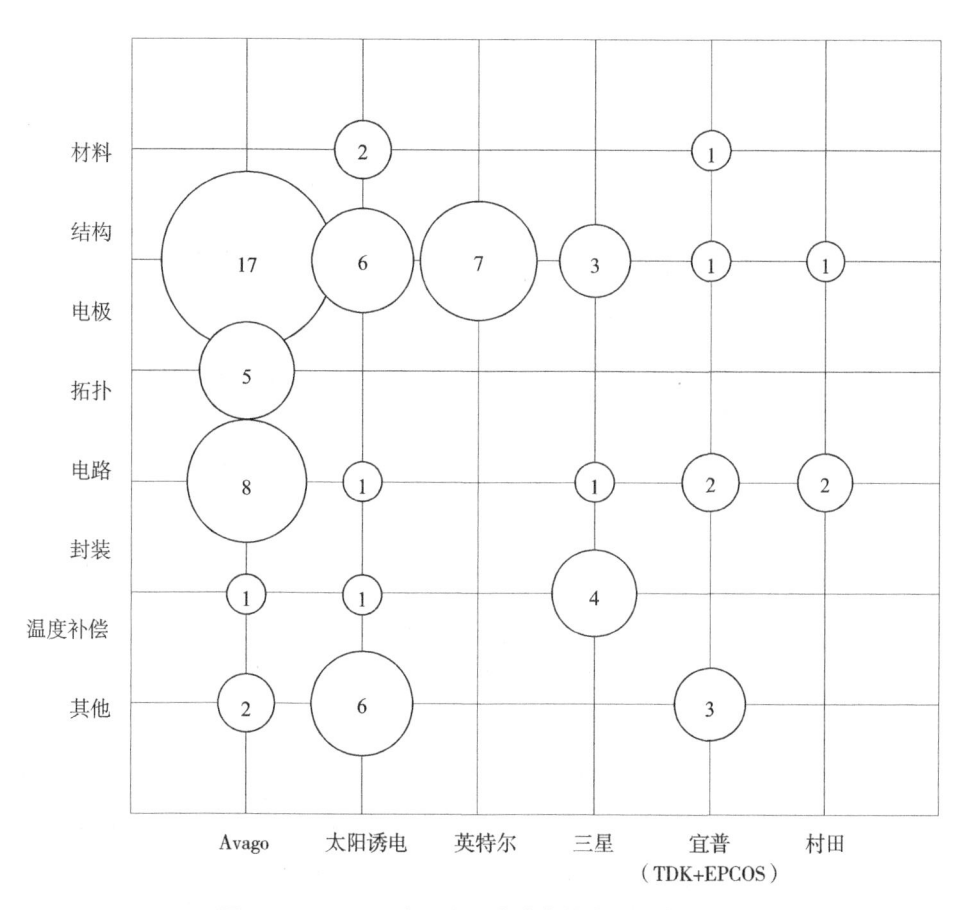

图 6-21　FBAR 中国主要申请人技术分支申请分布

注：图中数字表示申请量，单位为件。

6.3.4　重要申请人分析

Avago 作为 FBAR 技术的原创者，在这一领域一直处于世界领先的地位，这一节将主要对 Avago 的专利进行分析。

Avago 从事多种元件的设计、研发，并向全球客户广泛提供各种模拟半导体设备，主要有以下 4 个目标市场，即无线通信、有线基础设施、工业和汽车电子产品以及消费品与计算机外围设备。其无线通信部门主要生产以 FBAR 技术为核心技术的 FBAR 滤波器、FEM（射频前端模块）等产品。

Avago 在中国共有涉及 FBAR 的专利申请 29 件，如表 6-10 所示。

表 6-10 Avago 关于 FBAR 的在华专利申请汇总

序号	申请号	发明名称	技术要点
1	01142499.0	制造薄膜体声谐振器的改进方法和以该法实现的薄膜体声谐振器结构	空气隙结构，基础专利
2	01122139.9	声波谐振器	基于空气隙结构，温度补偿基础专利
3	03825078.0	无晶体振荡器的收发器	基于 FBAR 振荡器的 RF 收发器，基础专利
4	200480029947.X	具有可控制通带宽的解耦层叠体声谐振器带通滤波器	叠层 FBAR，叠层间形成声解耦器，DSBAR 基础专利
5	200480029992.5	稳固安装的层叠声谐振器	Bragg 反射器，DSBAR
6	200480030889.2	具有增强的共模抑制的薄膜声耦合变压器	声耦合变压器
7	200480030893.9	薄膜声耦合变压器	声耦合变压器
8	200480030924.0	一种薄膜声耦合变压器	声耦合变压器
9	200480032450.3	具有简单封装的薄膜体声波谐振器（FBAR）器件	密封
10	200480032452.2	去耦叠层体声谐振器器件	叠层 FBAR，叠层间形成声解耦器，DSBAR 基础专利
11	200480039134.9	有温度补偿的薄膜体声谐振器	叠层 FBAR，温度补偿
12	200410060389.5	薄膜体声波共振器阶梯滤波器及其接地方法与双工器	串联耦合 FBAR 和并联耦合 FBAR 之间藕节补偿电感耦合的电容器
13	200510117326.3	微机电系统和有源电路的集成	MEMS 封装技术
14	200510117764.X	微机电系统到有源电路的晶片接合	MEMS 接合技术
15	200510124296.9	一种声谐振器和用于制作声谐振器的方法	五边形电极，选择性刻蚀部分电极呈凹槽并填充，以提高声共振性能
16	200510117370.4	用选择性金属蚀刻提高声共振器的性能	五边形电极，选择性刻蚀围绕电极的凹槽并填充，以提高声共振性能
17	200510079662.3	具有一质量负荷周边的薄膜体声波谐振器	位于奇边电极上的环，提高 Q 值
18	200610140070.2	结合了串联的解耦堆叠体声波谐振器的声电隔离器	基于 FBAR 的声电隔离器
19	200610140071.7	声电隔离器及对信息信号进行电隔离的方法	基于 FBAR 的声电隔离器
20	200610140072.1	结合了薄膜声耦合变换器的声电隔离器	基于 FBAR 的声电隔离器
21	200610106469.9	用于制造悬浮装置的方法	空气隙结构的制造方法

续表

序号	申请号	发明名称	技术要点
22	200610152109.2	具有双振荡器的振荡电路	基于FBAR的震荡电路,混频电路
23	200710092312.X	制造用于压电谐振器的声反射镜和制造压电谐振器的方法	制造生反射镜的方法,以用于Bragg结构
24	201010215406.3	包括桥部的声学谐振器结构	具有桥部的空气隙型FBAR结构
25	201210195961.3	包括桥部的薄膜体声波谐振器	具有桥部的空气隙型FBAR结构
26	201210348954.2	具有多个横向特征的声谐振器	具有台阶结构的电极
27	201310471508.5	体声波谐振器结构、薄膜体声波谐振器结构以及固体装配型谐振器结构	掺杂稀土元素的AlN作为压电材料
28	201310472514.2	具有低微调敏感度的温度补偿谐振器装置及制造所述装置的方法	空气隙,温度补偿,声镜对
29	201310446558.8	具有带集成横向特征的复合电极的声共振器	复合电极

从图6-22可以看出,Avago在2004~2006年在中国集中布局,之后申请量有一个明显的下降,最近几年申请量又有小幅上升。在这29件专利申请中有5件待审,其余24件全部授权,没有一件申请被驳回,有2件申请在2015年因费用终止,22件申请仍在保护期内。这29件申请全部享有美国优先权。可以看出,Avago的这些专利申请质量非常高,进入中国的申请几乎每一件都是重点专利。

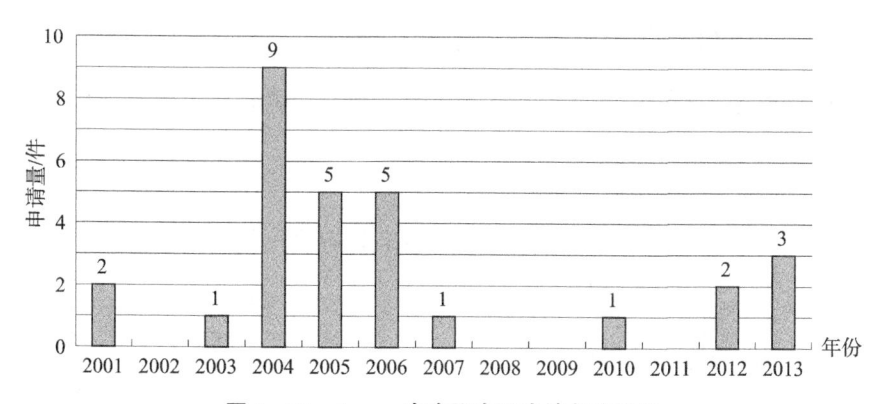

图6-22 Avago在中国专利申请年度趋势

以下是Avago的中国专利中最为基础的几件,需要重点关注。
01142499.0:涉及空气隙结构FBAR的基础专利;
01122139.9:涉及温度补偿技术(TC);

03825078.0：涉及基于FBAR振荡器的RF收发器；
200480029947.X：涉及DSBAR基础专利；
200480029992.5：涉及布拉格反射器；
200410060389.2：涉及梯形滤波双工器；
200510117326.3：涉及MEMS封装技术；
200510117764.X：涉及MEMS接合技术；
200510124296.9、200510117370.4：涉及电极技术。

6.3.5　5G时代的展望

业界普遍认为未来几年的技术发展是LTE–A（即4.5G）技术，预料在2020年，我们将迎来5G技术的时代（见图6–23），移动通信频带将达到6～60GHz，在如此高频、如此宽带的频带上，现有的技术中最有可能被采用的滤波器件就是FBAR器件，现有实验室中制造的FBAR已经可以提供20GHz以上的频带实现高性能的滤波，预计在未来的几年内，将有大量的人力物力投入相关的研究和产品开发工作中去，也一定会再一次掀起FBAR的热潮，同时鉴于第一代FBAR技术的重点专利届时将邻近或超过20年的保护期限，这也是国内企业发展的新契机。

图6–23　移动终端的演进

6.4　收发信机多模多频关键技术专利分析

收发信机是基带与射频间的连接纽带。当下多模多频是收发信机的发展热点。

6.4.1　全球专利申请状况分析

本节从申请趋势和技术分布两个方面来分析收发信机多模多频技术的全球专利状况（见图6–24）。

（1）起步期。

图6–24显示了收发信机多模多频技术全球申请量趋势。起步期开始于1994年，结束于1996年。

（2）快速发展期。

快速发展期开始于1997年，结束于2004年，这个时期申请量迅速增长。第三代移动通信标准开始于20世纪90年代末，在2003年投入使用。在第三代移动通信标准研发初期，收发信机方面的多模多频技术得到空前大发展。

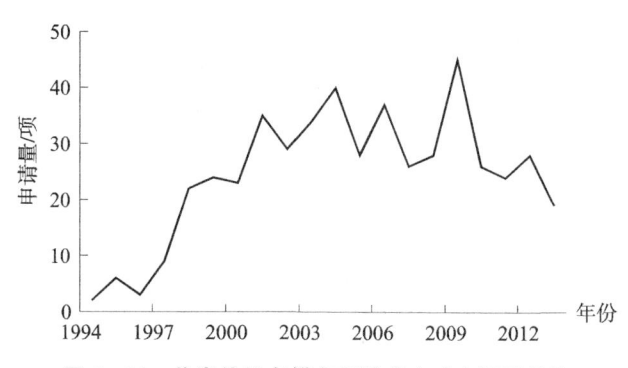

图 6-24 收发信机多模多频技术全球申请量趋势

此外，第四代移动通信标准研发开始于 2001 左右，并于 2010 年开始正式运营，这也为多模多频技术的研发创造了新的研究空间。

通过对检索获得的收发信机多模多频技术的专利进行统计，得到各技术分支下的申请量如表 6-11 所示。

表 6-11 收发信机多模多频技术各分支的申请量　　单位：项

一级	二级	三级	申请量
带宽扩展	变频（68）	零中频	41
		低中频	17
		超外差	3
		混合方式	7
	器件改进		67
	收发隔离		9
传输改进	可调谐参数（194）	振荡器	53
		滤波器	26
		混频器	16
		变压器	4
		其他	95
	宽带器件		29
	开关切换		39
	独立通道		45

从表 6-11 看出，可调谐参数是收发信机多模多频技术的热点，此外，变频、器件改进、独立通道和开关切换的申请量也比较大，而宽带器件和收发隔离技术的申请量较低。

6.4.2 中国专利申请状况分析

下面从申请量、技术分布、申请人排名、技术功效、技术发展预测等多方面、多角度研究中国专利申请现状。

如图 6-25 所示，1999 年出现申请小高峰。中国收发信机多模多频技术在快速发展期的起点上相对滞后，其开始于 2000 年，晚于全球的 1997 年。且最近几年中国申请人对收发信机多模多频的研发热度下降较快。

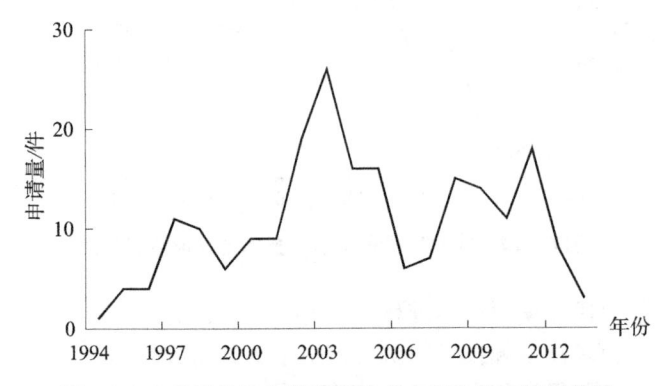

图 6-25　收发信机多模多频技术中国专利申请量趋势

如图 6-26 所示，国内申请人在独立通道、器件改进和变频方面的专利量相对于全球的水平更高，而在宽带器件等比较新的技术分支方面申请量相对较低。

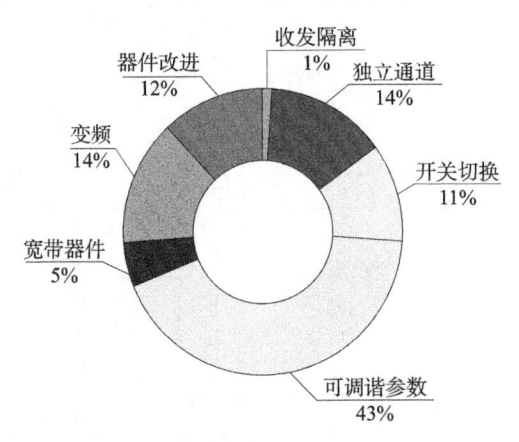

图 6-26　收发信机多模多频技术中国各技术分支申请量比例

6.4.3　重要申请人分析

全球专利申请量排名第一位的是博通，高通、华为、诺基亚、爱立信申请量相当，为该领域的第二军团。在排名前 5 位的公司中，美国、欧洲占有 4 家，居优势地位。国内通信领头羊华为作为探花跻身前三甲，中兴作为国内重要通信企业紧随其后。

6.4.4 专利功效分析

如图 6-27 所示，收发信机多模多频技术的研发热点在于可调谐参数；技术效果方面，研发人员更热衷于降低收发信机实现多模多频技术时所花费的成本。

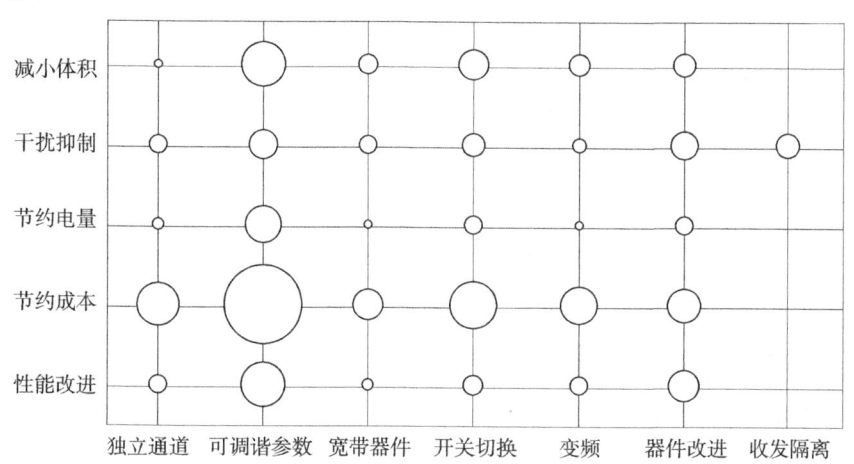

图 6-27 收发信机多模多频技术功交叉分布

注：图中圆圈表示申请量多少。

6.4.5 宽带化技术发展趋势分析

图 6-28 显示了收发信机多模多频宽带化技术中各个分支的申请趋势，可以看出，可调谐参数技术的申请量一直保持最高，其是多模多频实现宽带化的主流技术。

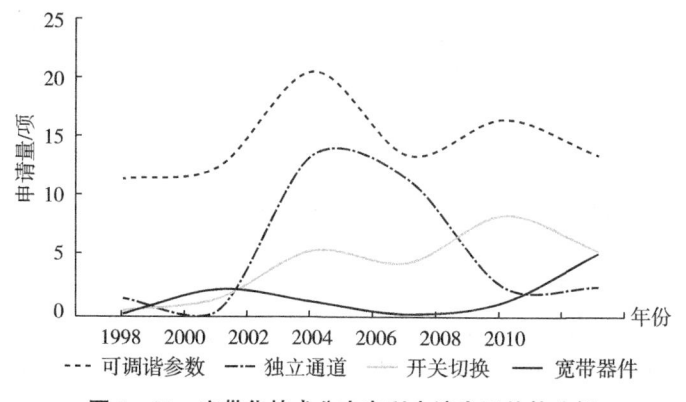

图 6-28 宽带化技术分支专利申请发展趋势分析

独立通道技术为每个模式设置独立的通信通道，其申请量在 2005 年之后出现骤降，因此该技术可能不是未来技术发展的方向。

开关切换技术，其通过在射频电路设置不同模式的多个器件，根据当前模式进行模式切换，该技术近年来申请量保持增长，技术得到了稳步发展。

从申请量来看，宽带器件虽然申请总量不高，但近年来呈现迅速提高的态势，因此，其很可能是收发信机多模多频技术未来实现宽带化的一种重要技术。

从目前情况来看，国内企业在作为收发信机多模多频技术基础的器件研发方面有所欠缺，因此，国内企业在代表未来技术发展方向的可调谐参数技术和宽带器件技术方面较落后。

6.4.6 企业专利质量分析

如图6-29所示，首先建立专利质量评估模型，以权利要求数为横轴，技术特征数为纵轴。以所有专利的权利要求数、技术特征数均值作为坐标轴中心点。第4象限的专利权利要求数多，技术特征数少，代表优质专利。第2象限的权利要求数少，技术特征数多，代表普通专利。第3象限的专利技术特征数少，保护范围大，代表次优专利。第1象限的权利要求数多保护力度强，保护范围小，代表改进专利。

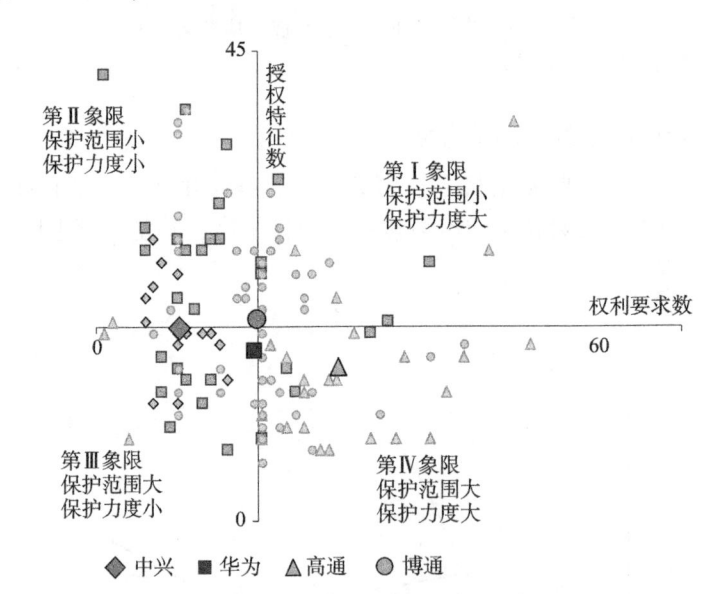

图6-29 技术特征数、权利要求数象限分析模型

注：第Ⅰ象限代表改进专利，第Ⅱ象限代表普通专利，第Ⅲ象限代表次优专利，第Ⅳ象限代表优质专利。

如图6-30所示，收发信机领域涉诉专利、许可专利基本上位于第Ⅳ象限，进一步佐证了上述分析模型的准确性。

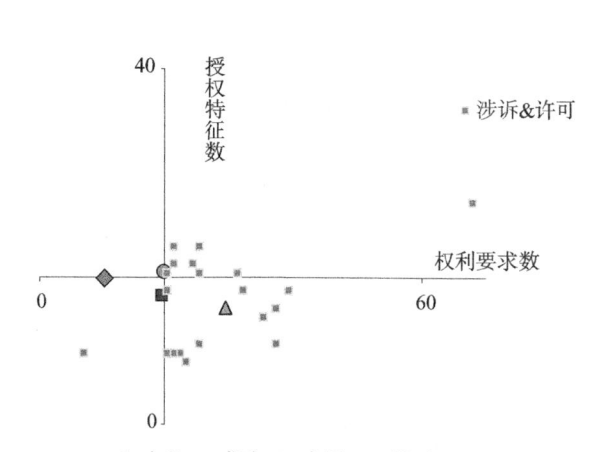

6 移动智能终端射频芯片关键技术

图 6-30 涉诉、许可专利的权利要求、技术特征象限对比

从图 6-31 看出中兴的权利要求数、技术特征数均值为（10.2，16.4）。中兴的专利部分位于第Ⅲ象限，部分位于第Ⅱ象限，也就是说，中兴总体来说权利要求数较少，对专利的保护力度不强。

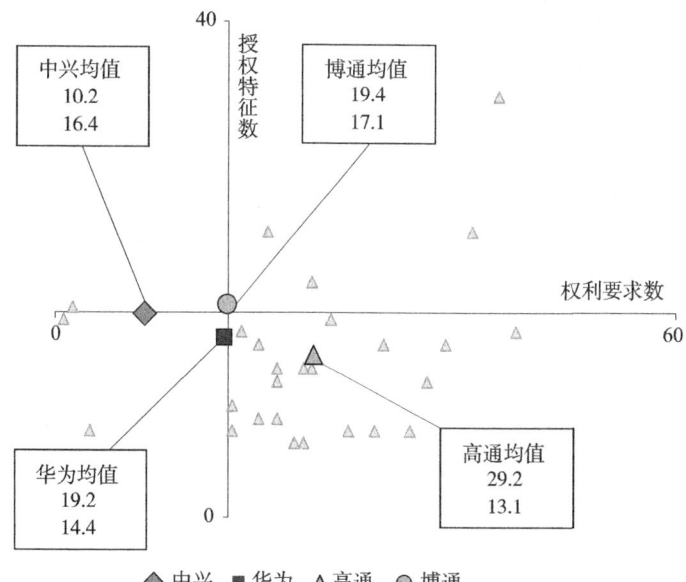

图 6-31 中兴、华为、博通、高通的权利要求和技术特征分布

华为的权利要求数、技术特征数均值为（19.2，14.4）。华为相对于中兴授权专利的权利要求数从 16.4 增多为 19.2，技术特征数从 16.4 减少为 14.4。华为的专利质量总体有一定提升。华为部分专利位于第Ⅳ象限，具有

153

一定数量的优质专利。

博通的权利要求数、技术特征数均值为（19.4，17.1）。博通一部分专利位于第Ⅰ象限，其权利要求数多，技术特征数多，属于申请人布局的改进型专利。博通还有一部分专利位于第Ⅱ象限，这些专利的质量不高。

高通的权利要求数、技术特征数均值为（29.2，13.1）。高通的平均权利要求数最多，保护力度最大，技术特征数最少，保护范围最大，位于第Ⅳ象限的优质专利最多，整体来说专利质量最高。

由上面的分析看出，国内申请人在收发信机多模多频领域的高质量专利较少，与国外申请人在专利质量上存在不小差距。

6.5 功率放大器关键技术专利分析

功率放大器（Power Amplifier，PA）是移动智能终端的重要组成部分，其性能影响着移动智能终端的通信质量、尺寸、电池续航能力等重要指标。随着3G/4G网络的全球商用，在未来很长一段时间内，2G/3G/LTE等蜂窝网络将呈现长期共存的状态，这对PA的性能提出了更高的要求。

6.5.1 功率放大器专利申请总体态势

6.5.1.1 发展历程

移动通信系统和移动终端的不断更新和升级是PA发展的原始驱动力。在全球，PA的发展过程始终与移动通信系统和移动终端的发展保持齐头并进。中国市场的起步晚于全球25年，然而经过积累和发展，近年发展趋势与全球保持一致。中国申请人起步更晚，2005年以前年申请量都在30件以下（见图6-32）。

图6-32 PA全球和中国专利申请量发展趋势

6.5.1.2 市场布局

受移动终端市场规模的影响，PA 的重要市场为美国、日本、中国、欧洲、韩国和德国。相比于全球申请人的市场布局策略，中国申请人的目光还聚焦在国内，专利布局尚未打开海外大门（见图 6-33）。

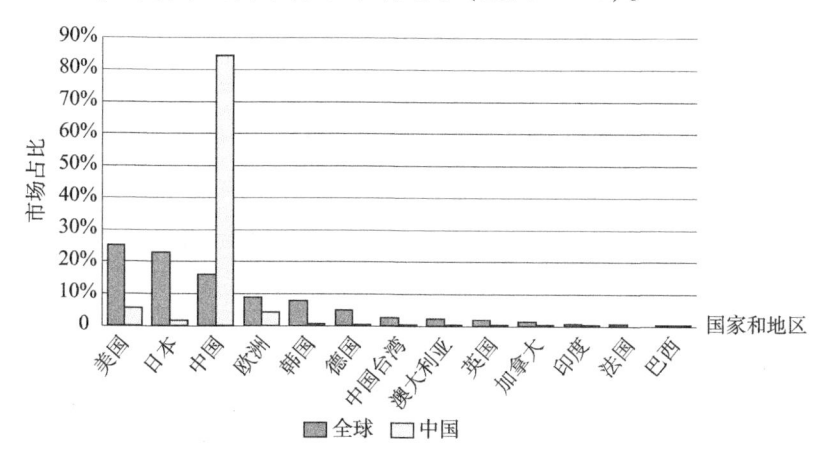

图 6-33 全球各国家和地区在 PA 领域的市场布局对比

6.5.1.3 原创实力

日本和美国在 PA 领域的技术储备最为雄厚，这两个国家的技术原创占到全球总量的 64%，这主要得益于这两个国家拥有实力雄厚的芯片设计厂商，占据 PA 市场 70%~80% 的份额的 Skyworks、Avago、Qorvo、muRata 均来自于美国和日本。

中国市场的 PA 技术主要来自中国本土以及美国、日本、欧洲、韩国。美国、日本是主要的技术输入国（见图 6-34）。

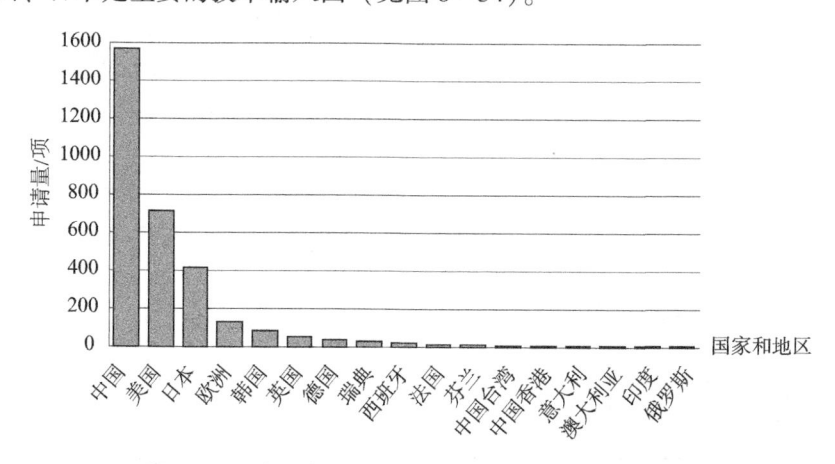

图 6-34 中国市场 PA 原创技术输入国家和地区情况

6.5.1.4 重要申请人

如表6-12所示在PA领域，与全球原创技术分布排名相一致，重要专利申请人也主要来自日本、美国，这些国家的企业在专利申请数量上占据了领先地位。我国原创的专利申请占到全球申请量的16%，但研发力量碎片化现象比较严重，在全球排名前30位的企业中，我国的企业仅占2席，且排名靠后，列第17位和第18位。

表6-12 PA领域全球重要申请人排名

排名	申请人	申请量/项	国别
1	松下	541	日本
2	瑞萨	439	日本
3	NEC	428	日本
4	三菱	303	日本
5	富士通	285	日本
6	东芝	270	日本
7	三星	264	韩国
8	RFMD	233	美国
9	摩托罗拉	229	美国
10	爱立信	202	瑞典

如表6-13所示，在中国市场，中兴、华为排名靠前，但相对于国外企业而言，其申请量并未占据绝对优势。可见，尽管我国PA的整体实力和市场份额在逐步提升，总体而言，还缺乏本土PA优势企业。此外，国外申请人在中国布局了大量的专利，这将掣肘中国申请人在PA领域的发展。

表6-13 PA领域中国申请人排名

排名	申请人	申请量/项	国别
1	中兴	110	中国
2	华为	106	中国
3	松下	102	日本
4	爱立信	91	瑞典
5	瑞萨	70	日本
6	NXP	69	荷兰
7	菲利浦	64	荷兰
8	京信	62	中国
9	富士通	62	日本
10	高通	62	美国

中国市场中，中国申请人虽然在专利申请量和有效专利总量上领先国外申请人，但在各自的申请量中，中国申请人的实用新型申请占比较高。此外，国外申请人在有效发明专利数量上也占有优势，在国内布置了较多的专利壁垒（见表6-14）。

表6-14 PA领域国内外申请人法律状态对比

申请人类型	发明类型	法律状态	申请量/件	总申请量/件
中国申请人	发明	有效	364	1017
		未决	443	
		无权	210	
	实用新型	有效	463	565
		无权	102	
国外申请人	发明	有效	592	1448
		未决	373	
		无权	483	
	实用新型	有效	5	5
		无权	0	

6.5.1.5 技术分布

近年来，待机时间逐渐成为用户选择终端时最为关注的指标之一。受上述需求的推动，效率成为PA领域最受关注的分支。PA领域的线性度直接影响着移动智能终端的通信质量，因此，也颇受关注（见图6-35）。

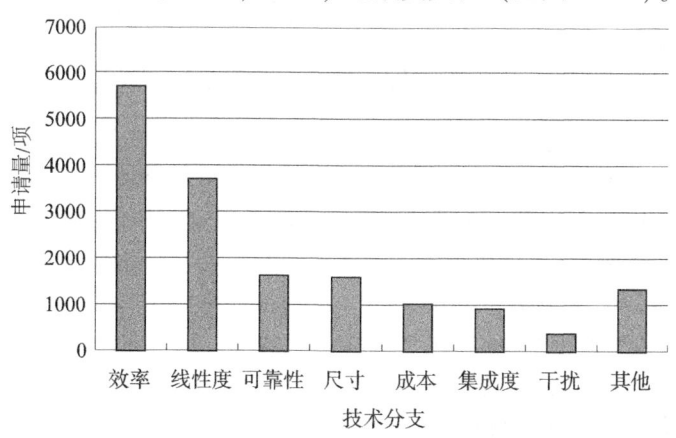

图6-35 PA领域全球技术分支专利申请分布

几乎在PA领域的各个技术分支上，中国申请人的申请量占比均与全球保持高度一致。可见，中国申请人已经准确把握PA领域的研发重点（见图6-36）。

(a) 包络跟踪　　(b) PA并联　　(c) CMOS改进
(d) 信号预处理　　(e) PA级联　　(f) 单独PA

■ 博通　　□ Avago

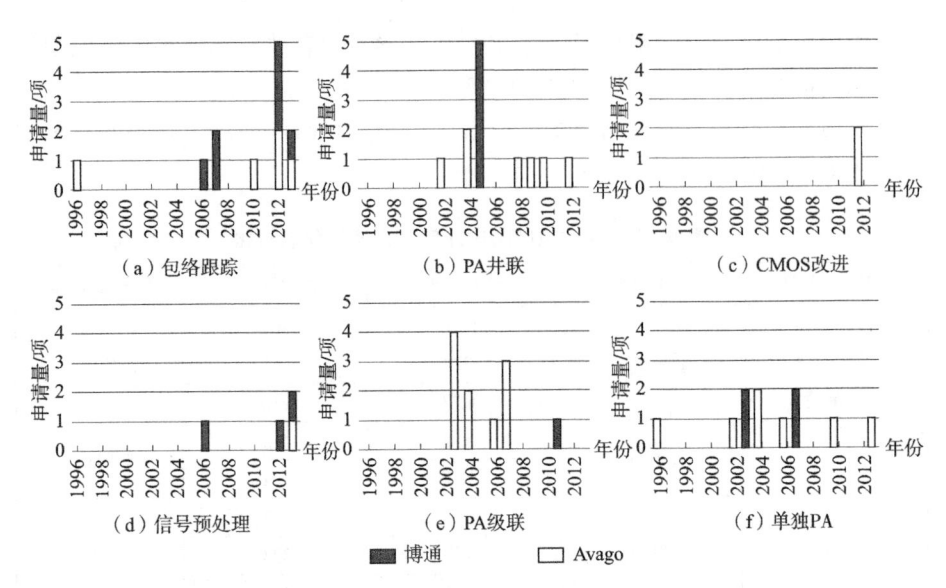

图6-36　Avago、博通功率放大器效率技术分支专利申请分布

6.5.2 功率放大器的效率技术分支

本节从重点申请人入手，对其在PA效率技术分支的技术分布、技术路线以及研发团队进行深入分析，以期给中国申请人以启示。

6.5.2.1 Avago功率放大器效率专利分析

Avago前身是惠普的电子元件部，总部分别设在美国加利福尼亚州圣何塞和新加坡，其拥有的多项专利技术和丰富的产品使其成为智能终端产业巨头——苹果公司的长期供货商。

纵观Avago的发展历程，可以看出，其不断进行了合并、拆分、收购等，尤其2015年5月，Avago又宣布收购博通，上演了一出"蛇吞象"的并购大戏，借助此次的企业联合，使得Avago有望提供将射频器件、PA以及其他非基带通信产品集成于单一封装内的整合型产品组合，从而在日益激烈的市场竞争中获得更高的市场占有率。

1. 并购强化重点技术分布

通过并购博通，Avago在包络跟踪、PA并联、信号预处理、PA级联以及单独PA这五个技术分支的技术实力均得到增强，其中尤以包络跟踪为甚。

2. 并购完善技术路线演进

通过并购博通，使得Avago在各个技术分支上的演进趋于完整，达到"扬长""避短"的效果。

Avago本身的技术实力就相当雄厚，收购博通则更多地发挥了扬长的作用。具体而言，对于PA并联和PA级联，如何控制功率放大级的关闭或开启是研究的重点，Avago 主要利用开关、供电调制、负载调制这三种手段。博通则主要在利用开关和调整偏置电压这两个方向上给予了补充；对于单独 PA，Avago 主要有负载调制、供电调制和结构改进这三个方向，博通则主要在供电调制方向上给予了补充（见图 6-37）。

在包络跟踪和信号预处理这两个分支上，Avago 早期的研究几乎处于空白，收购博通对于 Avago 起到了"避短"的作用。对于包络跟踪这个分支而言，Avago 在 1997~2009 年处于技术空白，博通不仅填补了 Avago 在这一阶段的空白，也增强了 Avago 后期对于结构改进的技术实力。对于信号预处理，Avago 仅有一件相关申请，且在 2013 年才提出。而博通早在 2006 年就对其进行了研究，且涉及在包络跟踪前对信号进行预失真的技术。

3. 并购获取核心研发团队

通过收购/并购，增强研发实力、加快产业整合、拓展业务领域，是芯片这类技术高度密集产业的发展模式之一。在 PA 效率这一领域，Avago 通过并购博通，壮大了其在 PA 效率方面的发明人团队，尤其对于增强包络跟踪这一分支上的研发实力具有重要意义。

6.5.2.2 muRata 功率放大器的效率专利分析

在功率放大器四大行业巨头中，株式会社村田制作所（muRata）是唯一来自亚洲的企业。

1. 打入 PA 市场

muRata 成立于 1944 年，致力于提供智能手机 RF 电路相关部件，产品覆盖范围广，但早期产品线不包括 PA 业务，在 PA 领域的市场基础薄弱。为获得 RF 电路的主导权，muRata 决定以并购瑞萨电子株式会社（RENESAS）PA 业务的方式快速进入 PA 市场。2012 年 3 月 1 日，muRata 完成了对瑞萨电子株式会社 PA 业务部门的收购。经过此次收购，muRata 成功打入 PA 市场。muRata 目前能够提供的移动智能终端产品线如图 6-38 所示。

2. 弥补技术空白

通过对瑞萨电子株式会社 PA 业务的并购，弥补了 muRata 的技术空白，使得 muRata 在瑞萨电子株式会社的技术基础上形成了自己的关于 PA 效率的技术布局和发展脉络。

（1）包络跟踪。

muRata 早在 2001 年就提出可以采用包络跟踪技术提升 PA 效率，但之后并未对该技术予以持续关注，而是间隔 10 年才再次提出相关申请。2011 年开始，muRata 将提升 PA 效率的研发重点投入该技术方向中，并持续进行研发。在经历了 4 年的发展后，muRata 在该技术方向的专利布局占 PA 效率技术相关专利总量的 14%。

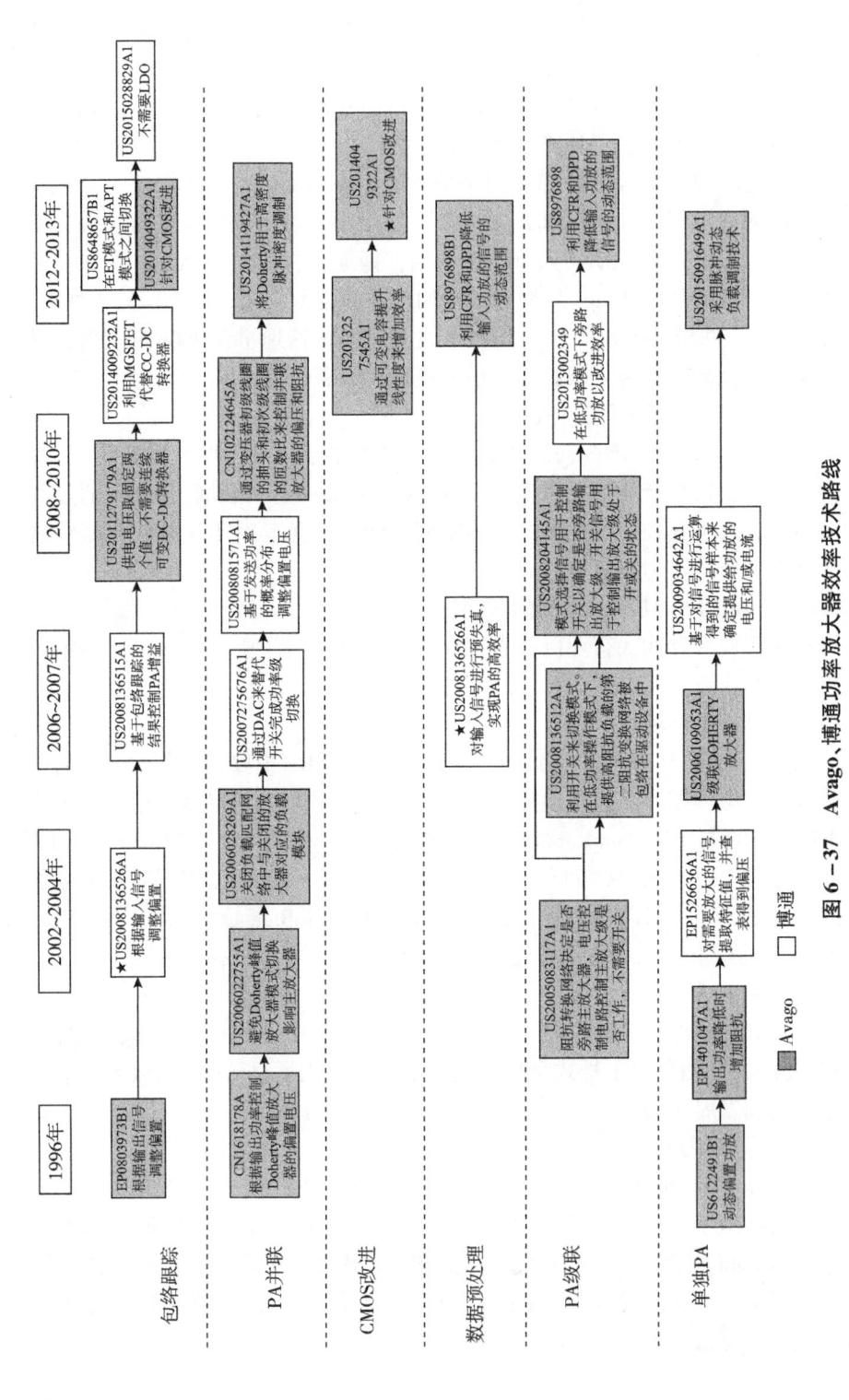

图 6-37 Avago、博通功率放大器效率技术路线

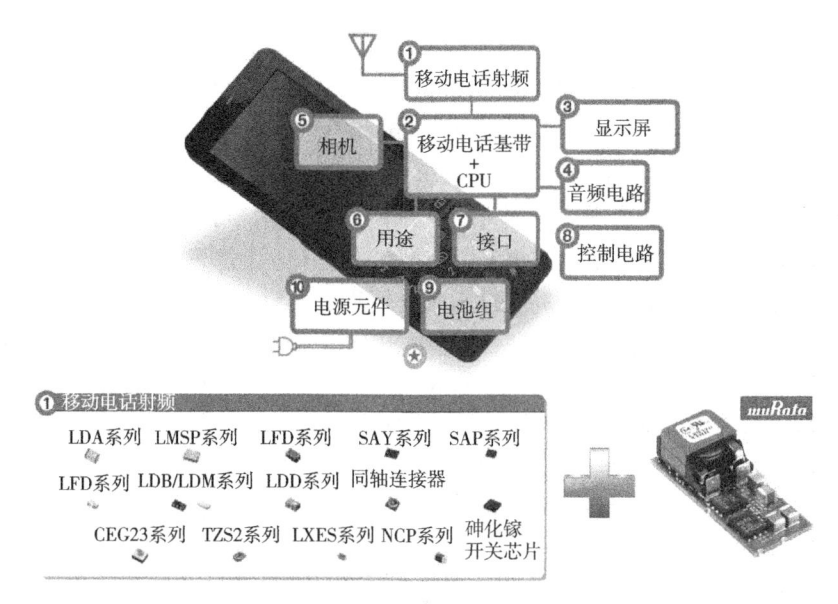

图 6-38　并购 RESEAS 后 muRata 的移动智能终端产品线

muRata 主要通过供电调制、负载调制和结构改进三种方式来实现包络跟踪，且在一项专利中可能同时采用多种方式，因而涉及三种方式的专利占比分别为 33%、11% 和 67%，其中，通过改进电路结构实现包络跟踪是最主要的技术。

从 muRata 包络跟踪技术及其实现方式的发展历程可以看出，包络跟踪技术是 muRata 在提升 PA 效率方面的发展方向，该方向的研发重点逐渐向适应多模多频需求而发展（见图 6-39）。

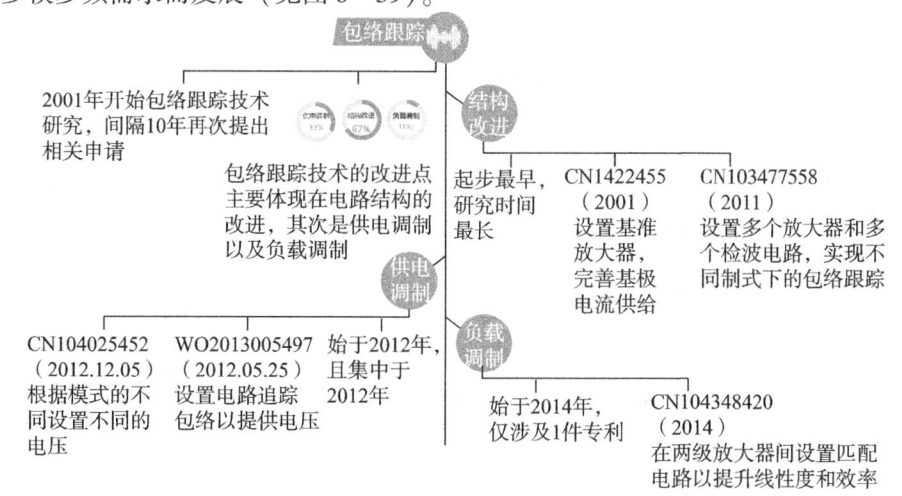

图 6-39　muRata 包络跟踪技术演进

(2) 单独 PA 改进。

muRata 于 2002 年提出了针对单独 PA 做出改进以提升 PA 效率的专利，这早于 muRata 通过对级联 PA 结构和并联 PA 结构做改进以提升效率的申请。关于该项技术，muRata 一直投入研发，并于近年加大了研发力度，从而使得在所有的 PA 效率申请中，针对单独 PA 做出改进的申请占比高达 33%。可见，针对单独 PA 做出改进以提升 PA 效率的技术方案已逐渐成为研究热点。

在针对单独 PA 进行改进的过程中（见图 6-40），muRata 主要采用的手段包括负载调制、供电调制和对结构做出改进，其所占的比例分别为 29%、14% 和 57%。其中，结构改进是 muRata 的主要技术，该技术的早期申请主要致力于提高 PA 效率，但在之后的研究中，已趋向于兼顾 PA 效率、线性度等性能。muRata 通过负载调制改进单独 PA 效率的技术出现较晚，主要集中在 2009 年之后，该方向的研究也在向适应多模多频方向发展。

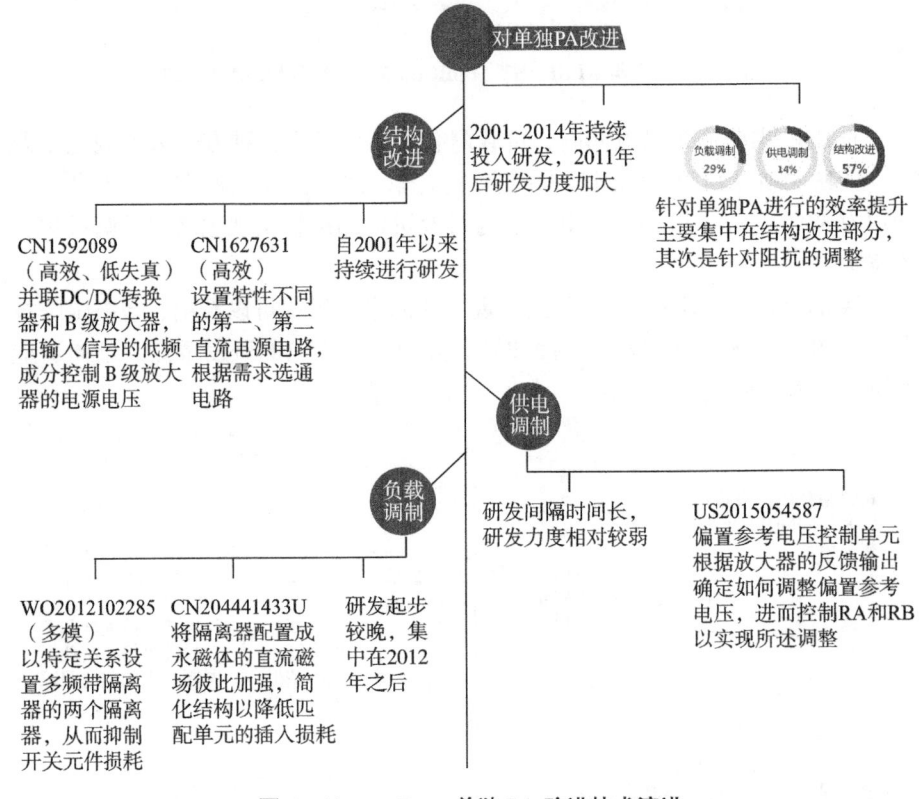

图 6-40 muRata 单独 PA 改进技术演进

(3) 级联 PA。

muRata 采用级联 PA 提升 PA 效率的研究起步较早，虽然一直持续申请，但近年的研发力度明显放缓。尽管如此，经过十余年的积累，与级联 PA 结构相关的提升 PA 效率的申请还是占据了 muRata 关于 PA 效率总申请的 31%。

在与级联 PA 效率提升相关的各种技术中，负载调制占比 5%，供电调制占比 75%，结构改进占比 25%，可见，供电调制是实现级联 PA 效率提升的主要技术。总体而言，muRata 采用级联 PA 结构提升 PA 效率的申请，其研究方向逐渐侧重于多模多频方向（见图 6-41）。

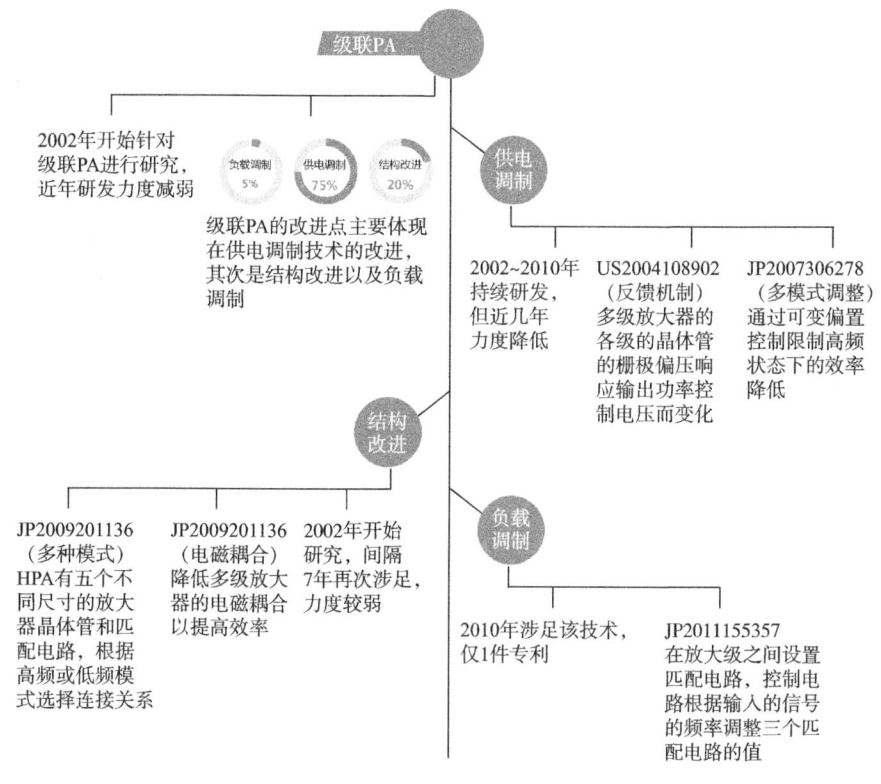

图 6-41 muRata 级联 PA 技术演进

（4）并联 PA。

muRata 针对并联 PA 效率提升所做的研究起步较早，该方向一度是申请的热点，但近几年申请热度已衰减，申请量明显减少。muRata 采用了较多的方式来实现并联 PA 效率的提升，如 Doherty 技术、设置开关、负载调制、供电调制、结构改进等，上述技术分支的占比分别为 19%、13%、36%、19% 和 13%，其专利申请总量也达到了 muRata 提升 PA 效率的相关申请总量的 25%。数据表明，负载调制目前仍是提升并联 PA 结构效率的主要技术手段（见图 6-42）。

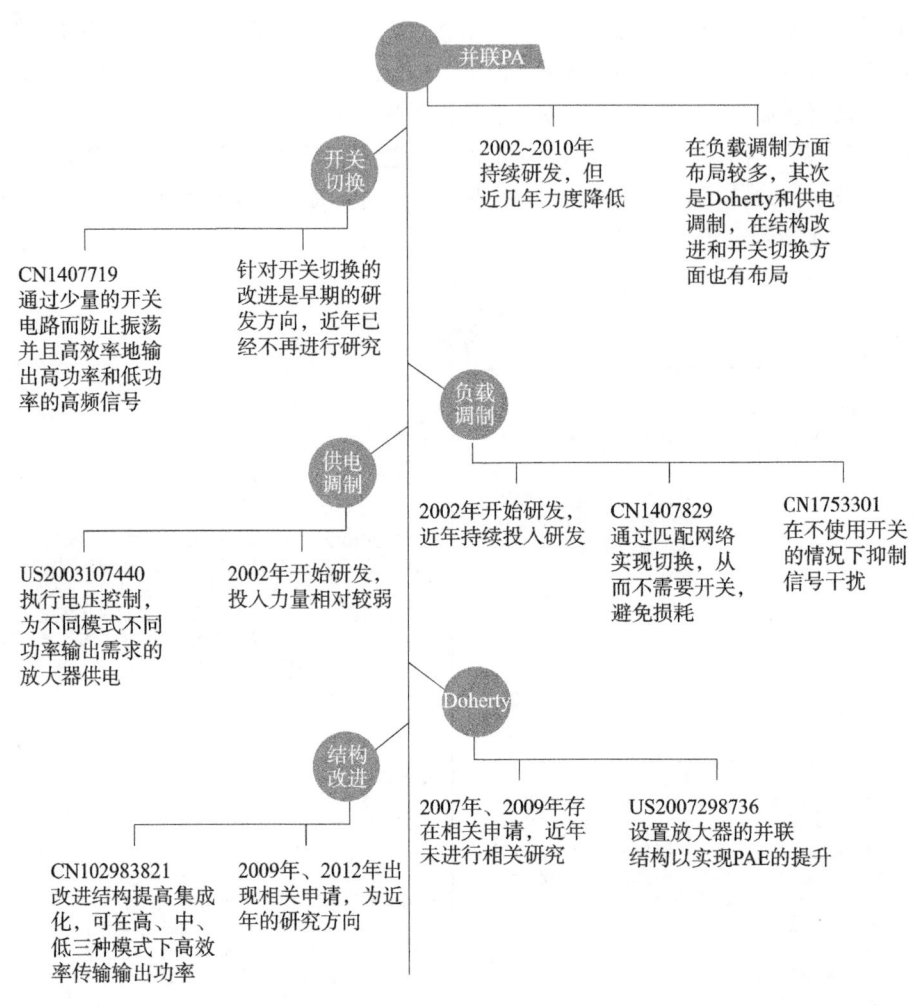

图 6-42 muRata 并联 PA 技术演进

3. 收获研发团队

在并购瑞萨电子株式会社的 PA 业务之前，muRata 并不从事 PA 相关的研发，其不具备该领域的研发团队，与之相反，瑞萨电子株式会社在该领域有多年的研发积累，颇具实力。因而，对瑞萨电子株式会社 PA 业务的收购，于 muRata 而言，不仅是市场的拓展和专利的占有，其还收获了多个研发团队，如田中聪团队、松平信洋团队和斋藤贤志团队，这 3 个研发团队已成为 muRata 的中坚研发力量。

6.5.2.3 技术对比

1. 技术分支

muRata 和 Avago 的技术分布各有侧重，muRata 在 PA 并联、PA 级联以及

6 移动智能终端射频芯片关键技术

单独 PA 这 3 个技术分支上实力较强，而 Avago 则在包络跟踪、CMOS 改进和信号预处理这 3 个分支上抢占了先机（见图 6-43）。

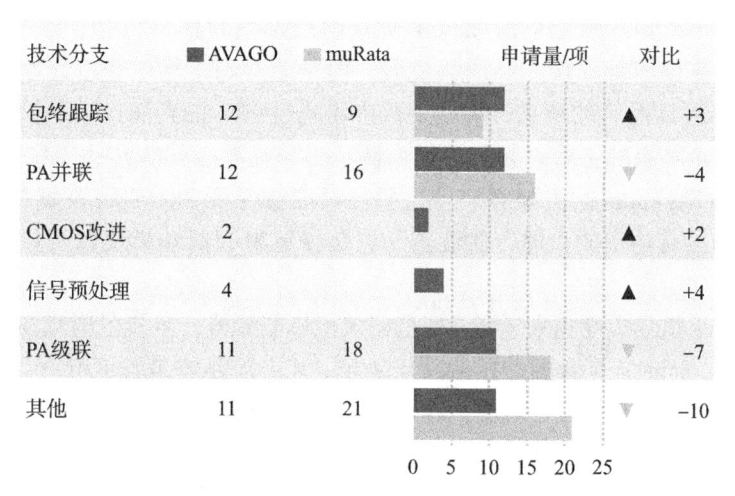

技术分支	AVAGO	muRata	申请量/项	对比
包络跟踪	12	9		▲ +3
PA并联	12	16		▼ -4
CMOS改进	2			▲ +2
信号预处理	4			▲ +4
PA级联	11	18		▼ -7
其他	11	21		▼ -10

图 6-43　Avago、muRata 技术分支专利申请占比对比

2. 目标市场

Avago 的专利布局具有鲜明的地域差异，主要集中在美国和韩国，在中国、日本和欧洲仅有少量申请（见图 6-44），这与 Avago 是苹果和三星的供货商有一定关系。

对于 muRata 而言，其日本本土的市场近年来增速放缓，需要积极打入美国、中国智能手机品牌供应链，因此，布局则要更广，除其本土外，其布局重点在美国和中国。

Avago
| 92% | 27% | 13% | 12% | 10% | 8% |

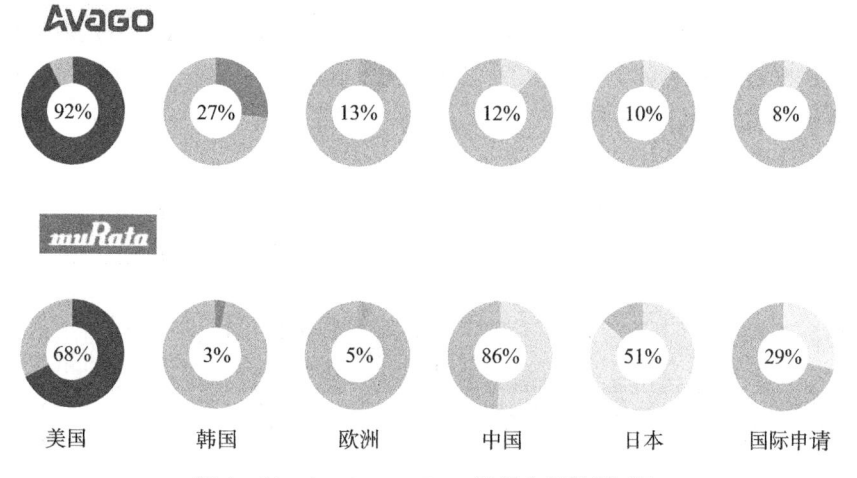

muRata
| 68% | 3% | 5% | 86% | 51% | 29% |
| 美国 | 韩国 | 欧洲 | 中国 | 日本 | 国际申请 |

图 6-44　Avago、muRata 目标市场份额对比

6.6 行业领先——Skyworks 专利布局分析

Skyworks 是一家从事射频技术研发和模拟半导体的公司，于 2010 年成立。近年来随着移动智能终端的发展，射频芯片的市场收益也开始增长，根据《华尔街日报》的消息，智能手机市场超过 90% 的利润都被苹果拿走。而 Skyworks 是苹果的主要射频芯片提供商，另外还有三星、华为、LG、中兴等厂商也是 Skyworks 的主要客户，这些公司能够保证 Skyworks 市场维持稳定。其主要产品有功率放大器、滤波器、振荡器等射频前端模块以及集成的射频前端。

随着手机集成度越来越高，通信需求也不断攀升，手机的射频前端的要求越来越高，同时，射频前端技术以及制造工艺上需要较多的累积，许多企业很难短时间进入这个领域，因此，在近几年占据射频芯片主要市场的 Skyworks 目前仍然保持在该领域的优势，也会是射频芯片市场中最大的受益者。因此，对该公司进行分析，不仅能了解目前存在的风险，而且能够了解市场走向。

6.6.1 Skyworks 专利申请状况分析

下面从目前 Skyworks 全球的专利申请状况进行分析，了解该公司在全球的专利情况，例如：专利申请趋势、区域分布、技术分布、重要技术申请趋势、发明人情况以及专利运营情况，从而能够较深入地掌握其专利的情况。

6.6.1.1 全球申请趋势分析

Skyworks 是由 Alpha 和 Conexant 两家公司的无线通信部门合并而成，因此，在 2010 年前，其专利数量主要是受这两家公司当初的专利申请影响。从图 6-45 中可以看出，Skyworks 公司与射频芯片相关的申请整体的发展分为三个阶段：在 1998 年之前，基本属于技术的积累，数量比较少，是对该领域的初步探索；从 1998 年开始，手机的市场不断扩大，因此，与射频芯片相关的申请量也开始脉冲式突增，之后经历了一段平稳时期；2010 年后，智能手

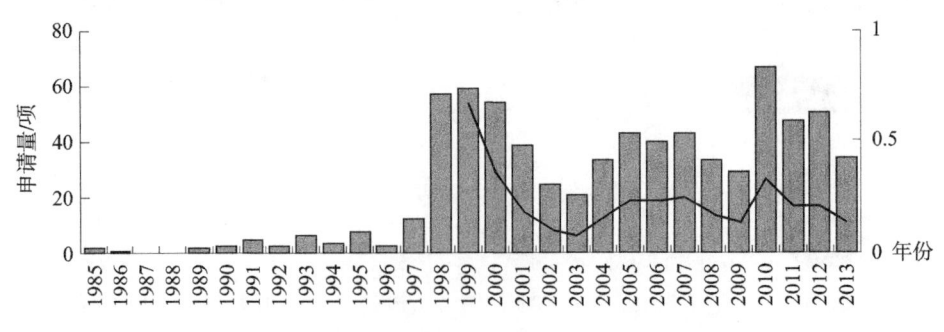

图 6-45 Skyworks 全球申请趋势以及技术增长趋势

机的发展再次促进了射频芯片的发展，与射频芯片相关的申请量开始再次增长，同时该阶段也是新一轮的通信革命时期，该公司抓住此次时机奋力抢占了射频芯片市场。

6.6.1.2 区域分布分析

图6-46是对Skyworks的市场分布的分析，Skyworks的专利随着产品的销售方向而跟进，手机用户多的地方即为该公司专利布局的方向，因此除了美国本土市场外，主要的海外目标市场为欧洲、中国这些手机用户多的地方，韩国、中国台湾和日本也有一些投入，可见该公司的目标市场比较集中、投入方向明确。中国的智能手机市场非常巨大，Skyworks的主要营收来源于中国，因此，作为除本土外最大的目标市场，该公司必然对中国进行了明确的专利布局，下面我们分析在我国的专利布局情况。

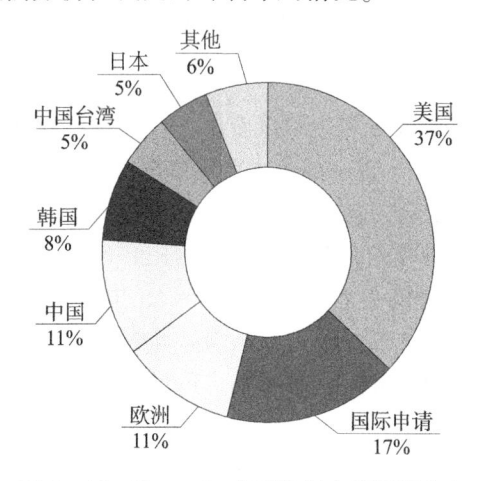

图6-46 Skyworks全球专利申请区域分布

6.6.1.3 技术分布分析

Skywroks作为一家全产业链的芯片设计与制造公司，其专利申请在射频芯片领域的各个环节均有分布（见图6-47），无论是电路设计方面还是工艺方面都有较多申请量；在电路设计方面，主要以射频前端为主，尤其以功率放大器为重点，其次是开关和滤波器，这3个都是射频前端的重要部件；在工艺方面，由于材料和半导体工艺的改进比较困难，主要集中在制造工艺方面。电路设计是基本，工艺是实现方式，Skywroks的全产业链运营方式能够保证电路设计与工艺制造相互配合，且能深度融合，这种设计与生产融合的方式使得该公司能够及时、准确地把握生产线，以最快的速度生产产品，同时在质量上也有一定的保证，这种方式是该公司能够在射频芯片市场上持续增长的原因之一。

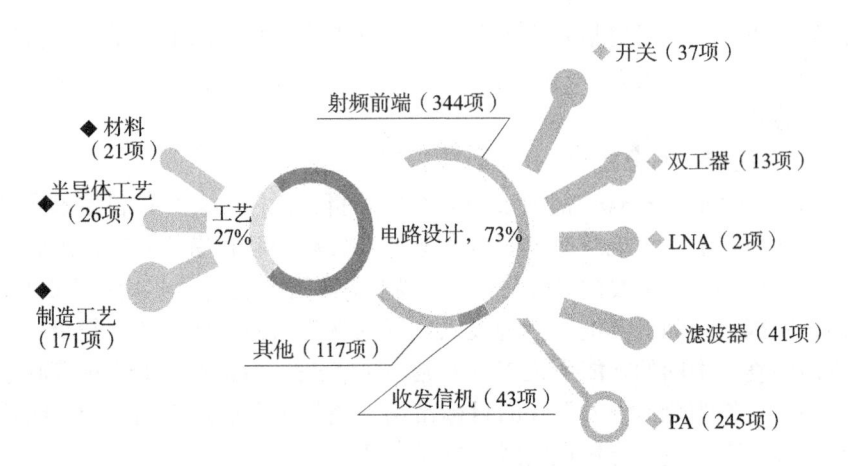

图 6-47 Skyworks 全球技术专利申请分布

6.6.1.4 发明人分析

从 Skyworks 的发明人排名中可以看出,存在一些比较活跃的发明人,在排名前 10 位的发明人中,有一部分主要从事电路设计,有一部分重点研发工艺,两者互补,相互配合,在射频芯片各环节都有技术保障。进一步分析在电路设计中的研究方向可知,功率放大器为主要研究对象。可见,功率放大器集中了该公司研究的核心力量。从表 6-15 中可知,申请量最多的有 52 项,可见,Skyworks 是集中力量从事该领域研究的申请人,许多重点专利也是这些发明人所申请的,关注这些申请人的动向即可较大程度掌握该公司在该领域的动向。

表 6-15 Skyworks 发明人专利申请排名

发明人	申请量/项	重点方向
David S. Ripley	52	电路
William J. Domino	50	电路
Dmitriy Rozenblit	42	电路
Alyosha C. Molnar	34	电路
Morten Damgaard	30	电路
Peter J. Zampardi	27	工艺
Rahul Magoon	26	电路
Paul R. Andrys	24	电路
Tirdad Sowlati	22	电路
Hassan S. Hashemi	21	工艺

Skyworks 之所以能产出这么多专利,也归因于其优秀的团队,以 William

J. Domino 和 Dmitriy Rozenblit 为主要领导者的团队共产出了 66 件专利，占据了 Skyworks 在该领域约 10% 的专利，这是相当可观的比例。该团队主要致力于电路设计研究，尤其是功率放大器的研究，另外还有一部分是电路中用到的二极管、隔离器等其他器件。

6.6.2 重点专利分析

Skyworks 产品销量领先，但是却未遇上诉讼事件，其中一部分原因是其专利质量较高，重点专利较多，为该公司的市场保驾护航。通过同族规模、引用频次、特征数量等参数综合考虑，再通过选取其中保护范围较大，对产业意义较大的专利进行分析。

Skyworks 的重点专利从整体来看，覆盖了电路设计到工艺制作的整个过程，覆盖范围大：其中，电路设计主要涉及性能提升、成本降低、体积减小等方面；工艺主要涉及对成本的控制以及对电路性能的保障。尤其是工艺方面，Skyworks 的重点专利比较多（见图 6-48）。

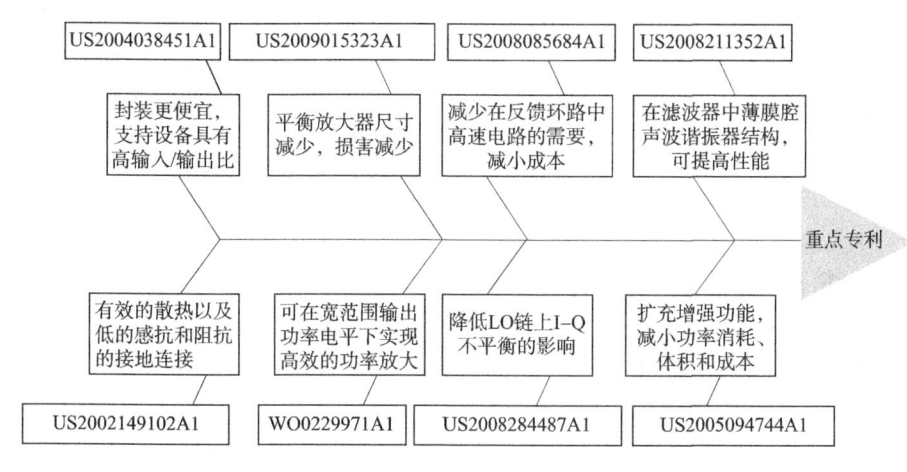

图 6-48　Skyworks 重点技术专利演变路线

从重点专利的筛选过程中，也可窥探出该公司技术发展的过程。

1. 功率放大器

功率放大器主要用于将收发信机输出的射频信号放大，但是其一直以来最大的问题就是效率、线性度、可靠性和尺寸等，尤其以前两项为主（从 1996 年的专利 CN1360753A 到 2002 年的专利 CN1706103A，再到 2011 年的专利 CN104011998A，均是提高效率或线性度）。Skyworks 的主要重点也是提高 PA 效率和线性度。另外，在通过工艺来改进 PA 性能也是其常用的手段。因此，在 PA 方面，线性度、效率和工艺是其发展方向，根据 Skyworks 在该技术分支的专利情况可见，Skyworks 最近的专利集中在通过工艺制作提高放大器性能；设置辅助控制电路来控制放大器功耗、线性度等。

2. 滤波器

实际上，滤波器的发展一直都是为了提高其性能，Skyworks 的重点是减小干扰，防止滤波器恶化。在该方面，2000 年以后就一直在该方面努力，实际上，技术的效果都是为了减小干扰，只是采用的手段不同，之前通过一些电路控制或者采用 BAW 滤波器（US2008007369A1、US7095801B1），但是这样的方式已经不能满足需求，因此，只有通过其他替换方式来进行。阅读该公司的专利可以发现，近年申请提出了取代 BAW 的方案，即该公司滤波器的发展方向是：通过在工艺制作中对滤波器的设置方式或者对滤波器中器件的改进来使滤波器具有高 Q 值和消除一些不必要的干扰，阻止滤波器恶化。

3. 开关

开关的目的就是切换，因此，开关的效果就是为了及时准确完成切换，从 2006 年的提高开关的阻抗性能（US2008079513A1），到 2008 年的减小互调失真（CN101743663A），再到 2011 年保持线性并改善干扰和功率损耗（CN103026635A），对开关的准确以及对功率的承受是其重点。结合目前该公司的申请可知，开关的发展方向是：利用更高的 FET 堆栈高度来允许 RF 开关在不匹配时承受高功率。

6.6.3 中国市场专利分析

Skyworks 市场占有率较高，而且其目标市场已经指向中国，因此，对目前该公司在中国的专利布局进行分析势在必行，以下就对该公司的申请趋势、技术分布、专利状态以及重点专利几个方面展开分析。

6.6.3.1 申请趋势分析

图 6-49 中显示了 Skyworks 在中国的专利布局，可以看出，Skyworks 在中国的专利申请主要分为 3 个阶段，1999 年之前为第一阶段，该阶段专利申请基本处于空白；1999~2001 年为第二阶段，即专利储备；从 2003 年开始，专利的增长一直比较平稳。可见该公司很重视中国市场。

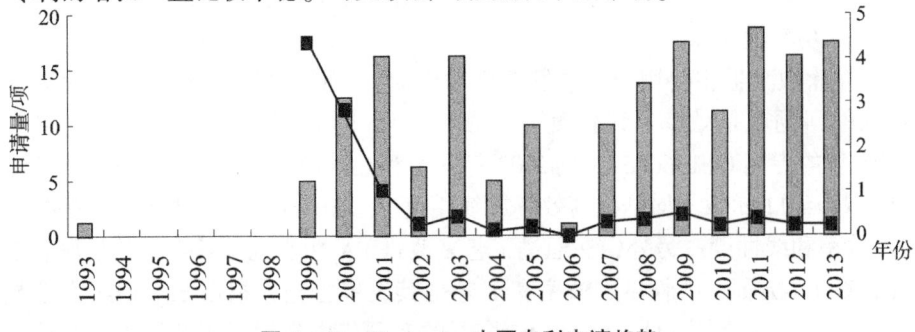

图 6-49　Skyworks 中国专利申请趋势

6.6.3.2 技术分布分析

Skyworks 在中国的专利申请布局情况与全球基本一致，都是以功率放大器、射频开关和双工器为主要突破口，通过制造工艺进一步深化在该领域的优势。全面覆盖中国市场可以对其在中国销售的产品提供有力的保障（见图 6-50）。

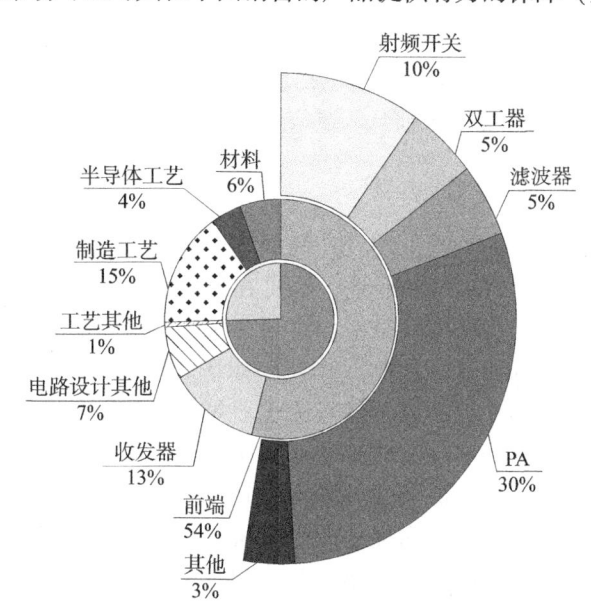

图 6-50 Skyworks 在中国的技术专利申请分布

6.6.3.3 专利状态分析

具体分析进入中国的这些专利可以看出，Skyworks 在中国的专利申请均为发明专利申请，且授权数量占了 50%，40% 以上的专利申请仍处于在审状态，这说明很多的专利申请进入中国的日期较晚，但是这些专利一般都有较早的优先权，因此，Skyworks 在中国的专利申请存在许多潜在的壁垒（见表 6-16）。

表 6-16 Skyworks 在中国专利申请状态

申请类型	申请状态		申请量/件
发明 （142 件）	授权		71
	在审		57
	失效	视撤	7
		驳回	4
		届满	1
		费用终止	2

6.7 小结与建议

移动智能终端射频芯片领域技术发展迅速，市场前景巨大，竞争格局多变。回顾前述对移动智能终端射频芯片总体发展态势、FBAR 滤波器及双工器关键技术、收发信机多模多频关键技术、功率放大器关键技术以及重点申请人的分析，可以针对移动智能终端射频芯片领域的发展给出如下主要结论。另外，本研究还尝试性地对基于二维象限图的多维指标专利分析方法进行了研究。

（1）整体状况。

总体来说射频芯片行业呈现设计和制造分离的行业形态，从事电路设计的企业远多于进行制造生产的企业，因此在电路设计方面的专利申请远多于器件工艺。从电路结构的角度分析，射频芯片电路设计又可以分为收发信机的设计和射频前端的设计，其中，射频前端所包含的部件众多，例如：开关、双工器、滤波器、功率放大器、低噪放大器等。射频芯片各技术分支中，无论在全球还是国内，功率放大器都是专利布局的热门领域，适合作为国内中小规模的创新型企业进入该领域市场的首个目标。

美国和日本是全球专利布局最多的区域，中国紧随之后，越来越多地被各国申请人所注重。我国企业想要在美国和日本进行专利布局较为困难，应当首先做好国内布局。如果要拓展海外市场，可以考虑从专利布局较少的欧洲和韩国开始入手。日本的村田公司实力雄厚，近年又收购了同行业的瑞萨电力株式会社后，我国企业一定要做好对该公司的持续关注，做好专利预警工作。另外一个值得关注的企业是 Avago，该公司收购了全球拥有广泛专利布局的博通，其专利主要布局在美国，在国内的专利申请数量适中，对该公司的研究可以学习借鉴为主。

华为和中兴作为我国本行业的领军企业，表现出良好的专利布局意识。总体上，虽然我国企业起步晚、落后于全球先进技术水平，但经过多年来的不懈努力，已经开始有企业逐渐向行业的领先者靠近。

（2）FBAR 滤波器及双工器。

从最早的陶瓷滤波器，到 3G 时代的 SAW 滤波器，再到在 4G 频段不可或缺的 BAW 滤波器，移动终端滤波器的发展与移动终端本身的发展直接相关。FBAR 滤波器作为性能最好的 BAW 滤波器，具有能量损失小、工作频段高、带外抑制能力优异、插入损耗低等多方面的优势，其市场份额在 4G 频段是领先的。

业界普遍认为，未来几年的发展以 LTE－A（即 4.5G）技术为主，预计在 2020 年，我们将迎来 5G 技术的时代，移动通信频带将达到 6GHz～

60GHz，在如此高频、如此宽带的频带上，现有的技术中最有可能被采用的滤波器件就是 FBAR 器件。

Avago 在 FBAR 滤波器及双工器领域的申请量一直都是一枝独秀的，国内申请人的申请从 2008 年以来持续稳定的增长，呈现了一个很好的态势。鉴于第一代 FBAR 技术的重点专利均已邻近或超过 20 年的保护期限，这使得国内企业迎来了一个很好的发展契机，Avago 在 FBAR 滤波器及双工器方面一家独大的形势也有望被打破。

（3）收发信机多模多频。

在全球范围内，收发信机多模多频技术开始于 20 世纪 90 年代初。2004 年之前，收发信机多模多频技术处于起步和高速发展期，在 2005 年之后申请量出现较大起伏，这属于该技术的振荡发展期。2007 年申请量降到一个低谷，之后在 2010 年达到高峰之后又处于下降的态势。2007～2010 年是第四代移动通信标准的主要研发阶段，申请量迅速提高。2010 年之后随着第四代移动通信标准的逐步完善和投入运营使用，申请量也处于下降趋势。

中国收发信机多模多频申请量的趋势与全球趋势大致相同。1999 年出现过一个申请小高峰，这一年的中国申请全部来自国外的申请人，主要由包括高通、摩托罗拉、诺基亚、东芝、爱立信等国外企业申请。中国收发信机多模多频技术在快速发展期的起点上相对滞后，其开始于 2000 年，晚于全球的 1997 年。

从申请人排名来看，全球专利申请量排名第一位的是博通，高通、华为、诺基亚、爱立信申请量相当，属于该领域的第二军团。在排名前 5 位的公司中，美国、欧洲占有 4 家，占有优势地位。国内通信领头羊华为作为探花跻身前三甲，表现不俗。中兴作为国内重要通信企业紧随其后。日本的松下实力有待进一步增强。

从技术布局来看，调谐参数技术的申请量一直保持最高，其是多模多频实现宽带化的主流技术，并且其申请量一直保持高位，技术得到稳步发展。预计将来该技术还将保持比较好的发展态势。独立通道技术申请量大幅萎缩，将不是未来技术发展的方向。开关切换技术已经获得了长足的发展，宽带化技术将是未来的发展方向。

收发信机市场属于技术高密集产业，也是智能终端的重要器件，国内申请人可以借鉴高通的技术布局，结合自身的特点发展多模多频技术的重点方向。结合重点专利的现状，进行有效的专利布局。

（4）功率放大器。

在移动智能终端功率放大器领域，全球市场于 20 世纪 60 年代开始发展，中国市场的起步则要晚于全球 25 年，经过积累和发展，中国市场的近年发展趋势已与全球保持一致。国内申请人起步则更晚，2005年以前，年申请量都在30件以下，但近年来，在政府利好政策的推动下，锐迪科、展讯、中科汉天下、中普微等多家功率放大器芯片厂商凭借熟悉国内市场的天然优势迅速起步，目前已经占领了绝大多数2G市场和部分3G市场，在它们的积极带动下，国内申请人申请量开始快速增长。

从地域布局来看，美国、日本、中国、欧洲、韩国和德国为功率放大器的重要市场，其中，以美国和日本为目标市场的专利申请占到总量的48%，将中国作为目标市场的申请量排在第三位，占比为16%。相比于其他国家，中国的专利布局尚未打开海外大门，尤其在欧洲的专利布局明显缺失。中国企业应当合理调整市场布局策略，在现有布局区域巩固加强布局力度的同时，进一步关注欧洲市场。

从技术布局来看，国内申请人已经准确把握功率放大器的研发重点，然而，整体来说，国内申请人的研发实力还较弱，因此，应当集中优势研发力量，重点针对功率放大器近年来的重点研究分支——效率进行突破。

芯片市场属于技术高度密集产业，国内申请人可以结合专利信息和产业信息，通过收购、合作等方式来提升研发实力。在企业发展过程中，国内申请人可以借鉴Avago、muRata在功率放大器效率这一重点领域的技术分布、技术路线演进、研发团队形成模式，继续攻坚，积极布局，在跟随中谋求发展。

（5）重要申请人。

在移动智能终端射频芯片领域，发展较早的一批国外公司，比如Skyworks、Avago等已经完成了在中国的专利布局，拥有大批已经授权和即将授权的重点专利，在电路设计和工艺等方面都形成了坚固的专利壁垒，对国内企业造成了很大的困难，国内申请人一方面应提高研发能力，加大研发力度，力争技术上的进步，另一方面应该了解专利现状，努力寻求专利规避或解决办法，抢占部分市场。另外，对于部分优先权期限尚未届满的外国在先专利申请，国内相关人员也应该密切关注。

7

高铁信号控制关键技术*

7.1 全球和中国高铁信号控制产业概况

列车信号控制系统是保证行车安全，提高运输效率和运营管理水平的重要设备，也是铁路实现集中统一指挥的重要手段，承担着列车的调度指挥、行车控制、设备监测和信息管理等多个功能。现代信号技术已成为实现列车有效控制，提高铁路通过能力向运输人员提供实时信息的必备手段，是列车提速的关键支撑技术。铁路信号控制技术的发展和国家铁路的发展密切相关，是铁路现代化的一个重要标志。"量变带来质变"，高速运行的高铁对信号控制也提出了更高的要求（见图7-1）。

从高铁产业链来看，高铁信号控制产业位居产业的中游，是除轨道、机车车辆之外高铁最为关键的三大核心产业之一。该产业具有安全要求性高、进入壁垒极高（技术、资本、政策），寡头垄断特征显著、少数企业主导行业发展等主要特点（见图7-2）。

---

* 本章节选自2015年度国家知识产权局专利分析和预警项目《高铁信号控制关键技术专利分析和预警研究报告》。

（1）项目课题组负责人：崔伯雄、陈燕。
（2）项目课题组组长：谢岗、孙全亮。
（3）项目课题组副组长：马克、孙玮。
（4）项目课题组成员：彭齐治、宋艳杰、吕卓凡、李涵、陈小康、李岩、李瑞丰。
（5）政策研究指导：李昶。
（6）研究组织与质量控制：崔伯雄、陈燕、谢岗、孙全亮。
（7）项目研究报告主要撰稿人：孙玮、彭齐治、宋艳杰、吕卓凡、李涵、陈小康、李岩、李瑞丰。
（8）主要统稿人：谢岗、李涵、宋艳杰。
（9）审稿人：崔伯雄、陈燕。
（10）课题秘书：孙玮。
（11）本章执笔人：谢岗、孙玮。

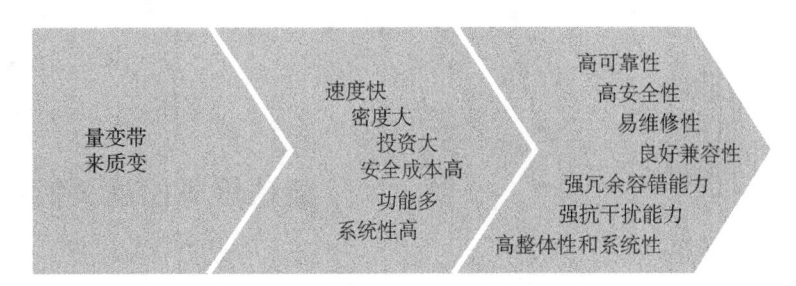

图 7–1　高铁信号控制系统的新要求

图 7–2　高铁及其信号控制产业的产业链分布

高铁信号控制系统是高铁安全、正点运行的基本保证，是高铁的"大脑和神经系统"，其技术重要性不言而喻。从技术上看，高铁信号控制系统主要由列车运行控制系统、调度集中系统、计算机联锁系统和监测系统四部分组成。其中，列车运行控制系统由地面设备、车载设备和通信系统组成，主要用于自动控制列车运行，保证行车安全，并以最佳运行速度驾驶列车。集中调度系统主要由中心设备和车站设备组成，负责为调度人员提供实时、丰富、可靠的信息，先进的调度指挥和处理手段。计算机联锁系统主要由控制台子系统、逻辑部、输入输出子系统和基础设备组成，主要用来控制和监督车站的道岔、进路和信号，并实现它们之间的联锁关系。监测主要是对运行设备、信号传输等技术进行检测并记录相应的运行状态，是保证行车安全的重要一环。当前，主要采用铁路信号集中监测的方式进行监测（见图 7–3）。

7.1.1　日本和欧洲起步早，技术领先且标准完善

出于安全、高效的考虑，无论哪个国家建设高速铁路，都特别注意自有标准体系下的高铁信号控制系统的研究和建设。其中，日本和欧洲是其中的佼佼者，起步较早，技术先进。

最早的高铁信号控制系统是 1964 年日本的 ATC 系统，被应用在时速 210 公里的新干线，开启了世界的高铁时代。通过消化、吸收、改进、集成美国动力分散技术、匈牙利的交流供电技术、德国的无缝钢轨、无砟技术和交流电传动，美国 CTC 技术等技术，日本完成了其在高铁领域的基本技术储备，

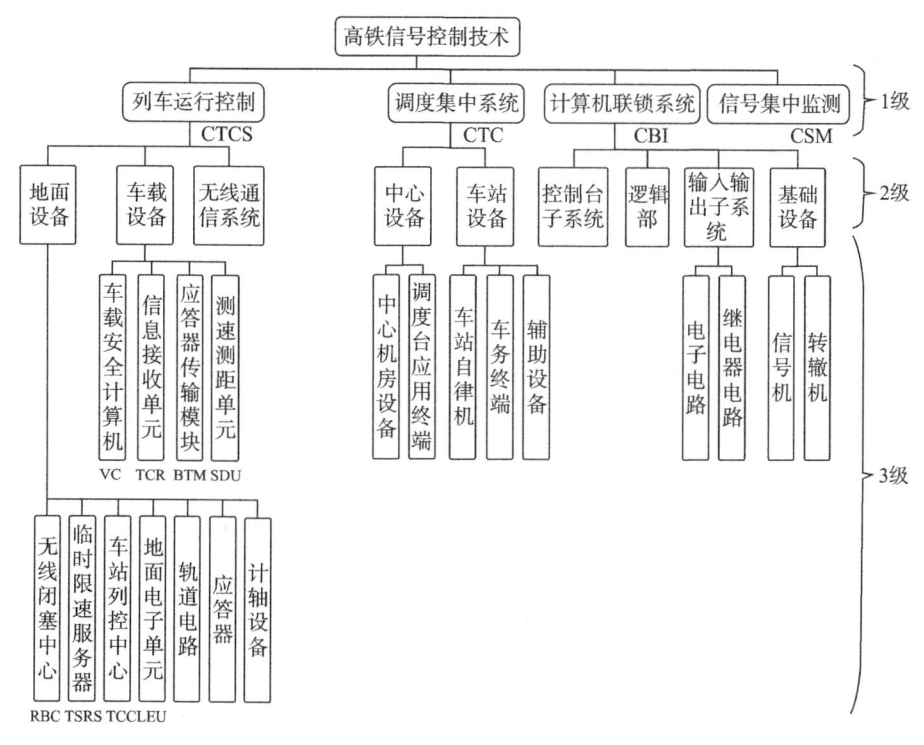

图 7-3 高铁信号系统的技术组成及技术分解

并形成了自成一体的高铁标准体系。其中，信号控制领域采用了与法国 TVM300 相似的 ATC 系统，均采用阶梯方式分段制动。

20 世纪七八十年代，法国和德国相继结合本国国情发展自己的高速铁路，分别研发出适应其国情的 U/T 系统和 LZB 系统，奠定了高铁在现代交通工具极具竞争力的地位。

此后，20 世纪 90 年代为实现高铁在欧洲境内的互通运营，欧盟制定出强制的公开性的规范标准，并推出使用这一标准的高铁信号控制系统——ETES 系统。ETCS 首先是一系列具有可操作性的技术文件、标准、规范和概念，同时也涉及一系列信号安全系统。该系统是基于移动通信的连续式 ATP。ETCS 分为 0 级、1 级、2 级和 3 级，其中，ETCS-0 级是既有模式，ETCS-1 级和 ETCS-2 级系统均已投入商业运用。ETCS 列控系统代表着欧洲铁路列控系统的发展方向。

7.1.2 中国起步较晚但发展极快已实现弯道超车

在高铁领域，中国算是后来者，起步较晚，但是发展极快，用短短 10 年的时间走过了先进国家 50 年的发展之路，已成为运营里程最长，时速最高，在建规模最大，技术最全面的国家。截至 2015 年 7 月，中国高铁运营里程突破 1.7 万公里，成为全球运营里程最长的国家，占全球高铁运营里程的 60%（见图 7-4）。

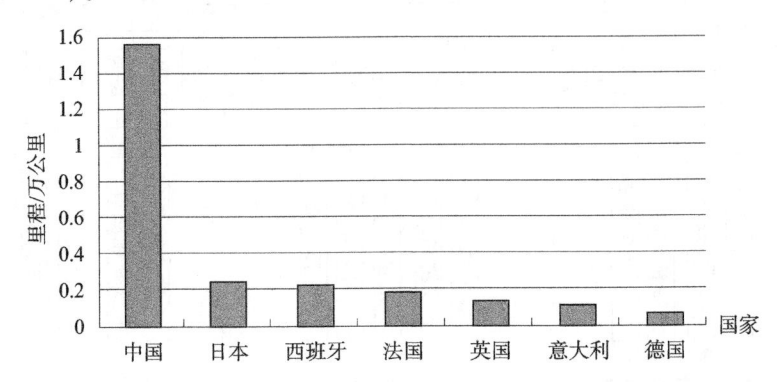

图 7-4　全球高铁运营里程排名前 7 位的国家及其高铁运营里程

依托中国铁路集中管理、巨大市场的优势，中国铁路集中力量以较小的代价引进先进技术，在引进消化吸收再创新、自主创新和集成创新的发展道路上，形成适应中国国情、路情的技术装备标准和制造体系，闯出了一条中国铁路跨越式发展的成功模式。中国从 2004 年就开始研发自己的高铁信号控制系统，通过吸收引进、合作开发、自主创新的三步发展模式，集合各个厂家和科研院所集体攻关，目前已经成功研发出 CTCS-2 和 CTCS-3 两大控制系统，实行无线、有线"双保险"监控，代表了世界先进水平。

7.1.3　全球高铁市场前景看好，北美、欧洲和亚洲尤为突出

全球高铁市场近年利好频频，尤其是伴随着中国"一带一路"战略的不断推进，其沿线国家对于交通改善的需求不断被挖掘。欧洲铁路联盟预测，今后几年，以高铁为中心的轨道交通市场将出现飞跃增长，为具备高铁等轨道交通建设能力的国家和企业带来巨大商机。

国际铁路联盟数据显示，当前全球在建和计划高铁的国家主要集中在亚洲、北美和欧洲地区。其中亚洲地区包括印度、越南、泰国、新加坡、印度尼西亚等南亚、东南亚国家均已公布其未来 5~10 年的高铁建设计划，而中东的卡塔尔、科威特、阿联酋等也公布了其投资计划。此外，欧洲的保加利亚、西班牙、瑞士、希腊、葡萄牙、英国等国家和墨西哥、美国等北美国家的高铁建设也十分积极，具有建设高铁的需求。

7.1.4　中国高铁发力，引发全球高铁市场格局重构

伴随着中国高铁市场的快速发展，形成了以铁路总公司为核心，相关企业为联盟的集团海外发展，参与国际投标，对这些传统优势企业形成了挑战，

也正在改变全球高铁产业和市场的竞争格局。

近年来，欧洲、日本、北美的高铁信号控制企业也通过不断并购整合调整其资源的配置，增加其在高铁产业的话语权，提升竞标实力。西屋合并了英维思，然后又被西门子收入囊中；阿尔卡特也被泰雷兹并购，2015年日立并购了安萨尔多，逐渐形成了西门子、庞巴迪、日立、阿尔斯通四大企业对中国市场外的主要市场的霸主地位。

7.2 我国高铁信号控制产业面临的专利形势

截至2015年7月底，全球范围内共检索到与高铁信号控制技术领域相关专利申请8089件，合并同族后为3478项，其中，国家知识产权局受理相关专利申请1204件，位居全球第一。

通过对高铁信号控制技术领域专利申请的趋势、申请人、技术来源国、专利布局的市场、技术主题等维度进行专利分析，研究表明：

全球和中国高铁信号控制技术均已进入快速发展的成长期。如图7－5和7－6所示，全球和中国高铁信号控制技术专利申请活跃，特别是2011年后专利申请量较之前增长显著，来自中国的专利申请是增长的主要原因。

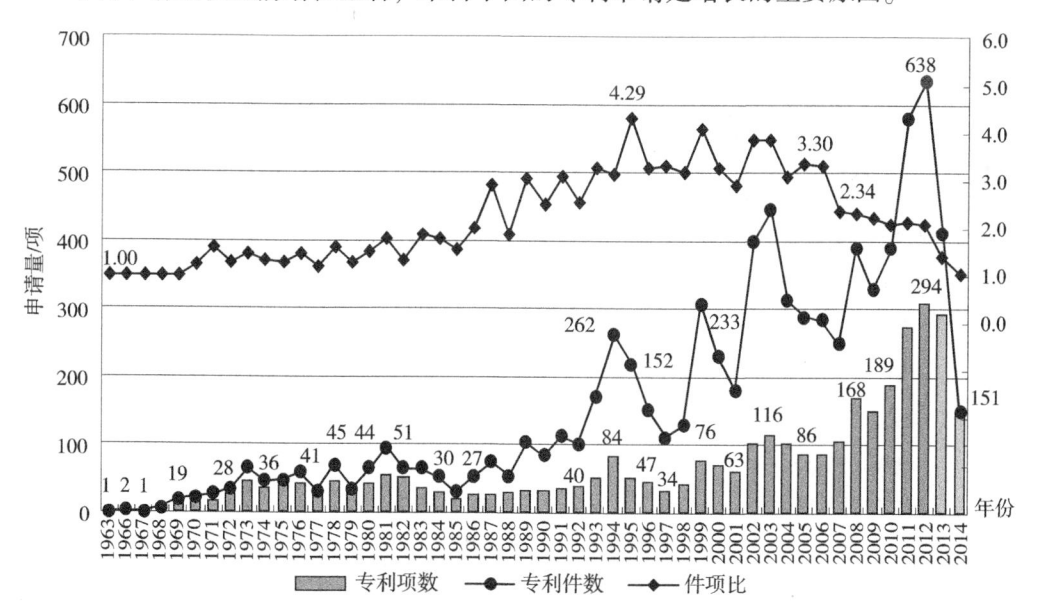

图7－5　全球高铁信号控制领域专利申请量变化趋势

全球范围欧洲和日本企业占据优势，西门子、阿尔斯通和日立依然为该领域的重点专利申请人。如图7－7所示，欧洲和日本企业在高铁信号控制领域具有明显优势，在排名前10位的企业中占据八席，其中西门子（736项）

以绝对的数量优势远超其他申请人，阿尔斯通（125项）和日立（118项）分列第二、第三位。

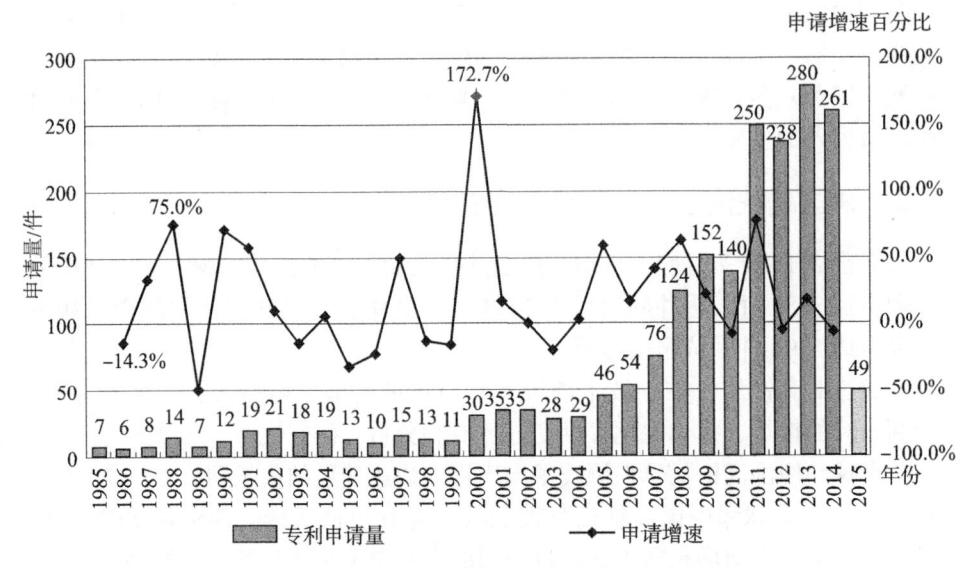

图7-6 中国铁路控制信号技术领域专利历年申请

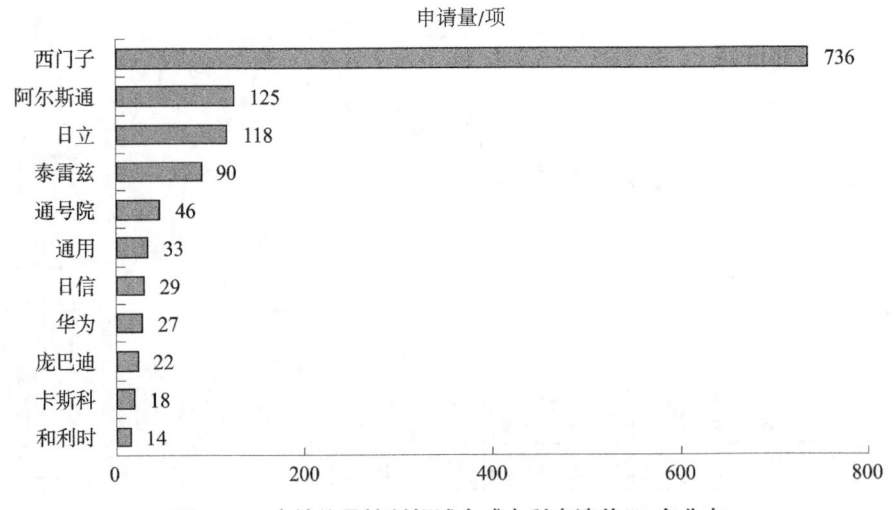

图7-7 高铁信号控制领域全球专利申请前11名分布

德国、日本、法国及中国为高铁信号控制专利技术的来源国，中国、德国、美国和日本为专利的重点布局市场。如图7-8和图7-9所示，全球高铁信号控制技术领域专利的重点布局区是中国、德国、美国和日本，其中，中国、德国、日本这三个国家受理的专利申请量比较大，美国所受理的本国专利申请量仅为外国在美专利布局量的一半，可见，美国也是一个被其他国家申请人看好的、潜在的高铁市场。

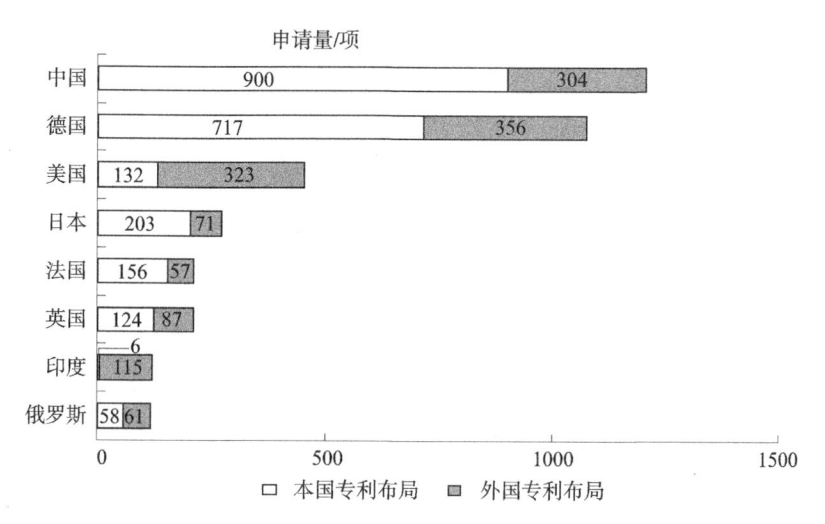

图 7-8 全球高铁信号控制专利申请区域分布

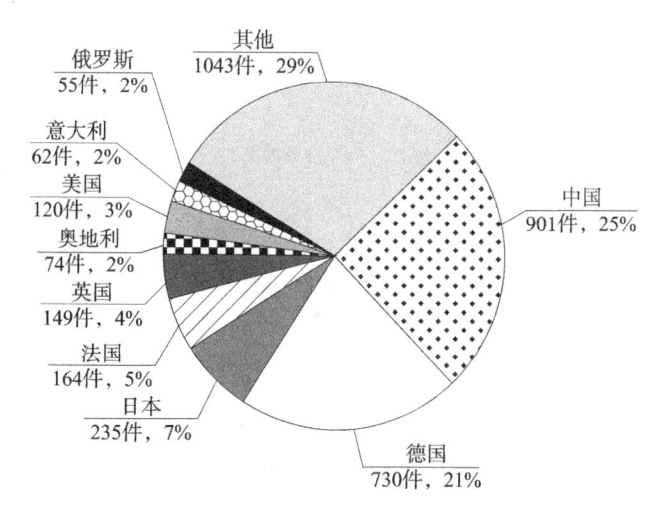

国家	本国专利布局	外国专利布局
中国	900	304
德国	717	356
美国	132	323
日本	203	71
法国	156	57
英国	124	87
印度	115	6
俄罗斯	58	61

图 7-9 高铁信号控制专利来源地分布及占比

- 其他 1043件，29%
- 中国 901件，25%
- 德国 730件，21%
- 日本 235件，7%
- 法国 164件，5%
- 英国 149件，4%
- 奥地利 74件，2%
- 美国 120件，3%
- 意大利 62件，2%
- 俄罗斯 55件，2%

列车运行控制在全球和中国均是高铁信号控制技术的研究重点和热点。全球范围内涉及列车运行控制的专利申请占高铁信号控制专利申请总数的 56%，超过其他三大技术分支的总和（见图 7-10）。中国范围内，计算机联锁系统虽然比列车运行控制领域的专利数量更多（见图 7-11）。然而进一步分析发现，国内在计算机联锁技术领域申请了大量与基础设备相关的实用新型。如果仅考虑发明，列车运行控制领域的专利申请量仍然居第一位。从趋势上看，全球和中国的列车运行控制技术自2007年开始相关专利申请量增幅明显加大。

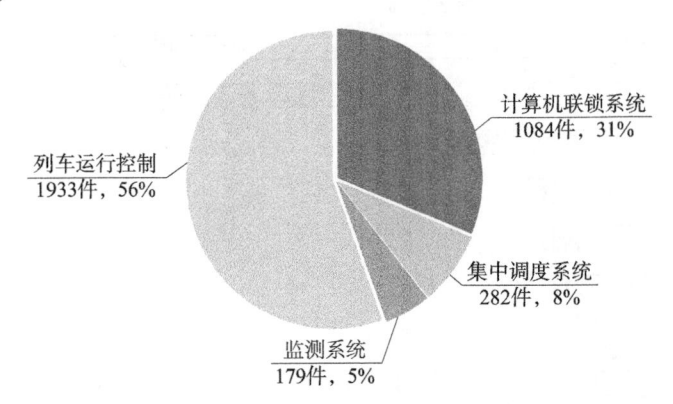

图7-10 高铁控制信号领域全球发明专利申请技术主题分布

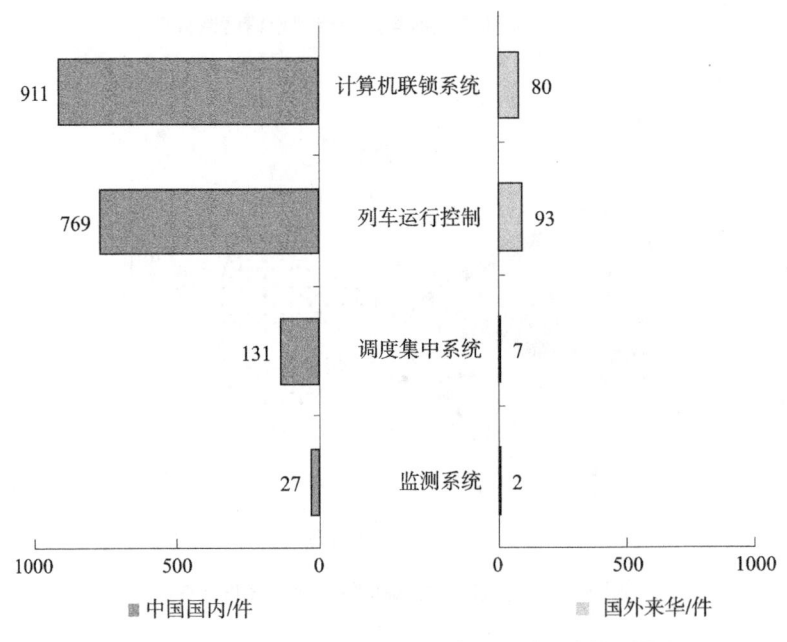

- 计算机联锁系统 1084件，31%
- 列车运行控制 1933件，56%
- 集中调度系统 282件，8%
- 监测系统 179件，5%

图7-11 高铁控制信号领域中国专利申请技术主题排名

技术主题	中国国内/件	国外来华/件
计算机联锁系统	911	80
列车运行控制	769	93
调度集中系统	131	7
监测系统	27	2

此外，我国申请人向本国提交的申请较多而向国外提交的申请数量很少，专利质量有待提高。国外企业来华专利申请布局规模不小，且专利质量较高。我国申请人向本国提交的申请为1838件，向国外提交的申请仅为16件。我国申请人在本国提交的专利申请中，发明专利申请占比仅为41.4%，且发明

专利授权率低于国外来华专利授权率。申请量较大的有北京交通大学（109件）、北京公路通信信号研究设计院（以下简称"通号院"）（71件）、中国铁路总公司（66件）和中国铁道科学研究院（53件）。国外来华专利申请占比为9%，其中，西门子、日立和阿尔斯通3家企业在中国却有不少专利布局，例如仅西门子一家在华的专利申请就达到70件，这几乎与国内信号龙头企业通号院的申请量相当。

7.3 我国高铁列车运行控制领域的专利竞争格局

从技术上看，列车运行控制系统被用来实现列车的超速防护功能，从而保证行车的安全，是高铁信号控制系统最为重要的核心设备。对专利态势的研究进一步支持了上述结论，列车运行控制是高铁信号控制技术专利布局最为密集，研发最为活跃的技术点，因此，有必要进一步厘清列车运行控制技术的专利竞争格局。

7.3.1 列车运行控制相关专利整体竞争格局

截至2015年7月底，全球范围内共检索到与列车运行控制领域相关专利申请1933项，其中，国家知识产权局受理相关专利申请862件，居全球第一位。

通过对全球列车运行控制技术领域专利申请的趋势、申请人、技术来源国、专利布局的市场及其方式、技术主题等纬度进行专利分析研究表明：

德国西门子在专利数量上占据绝对优势，中国市场专利申请主要来自通号院、和利时和华为，与德国相比，中国申请人中高校占比更大。全球范围内，德国西门子全球的列车运行控制专利申请量为453项，远高于排第二位的日立（72项）。中国主要的铁路控制信号供应商通号院、和利时和华为拥有的列车运行控制技术专利合计50项，中国申请人列车运行控制技术的绝大部分专利是由大学、科研院所以及各铁路局申请，而德国列车运行控制技术专利主要由西门子申请。可见，中国企业还尚未成为列车运行控制技术的创新主体，中国在列车运行控制专利技术的产业化方面与德国差距显著。

中国和德国为列车运行控制技术领域专利的主要来源国，也是专利布局的重点区域。中国和德国在全球的列车运行控制专利申请量分别491件、431件，远高于排第三位的日本（143项）。全球在中国和德国的专利申请量分别687件、613件，美国、日本分别以27件和157件位居其后。中国和德国的申请量比较大，其原因与这两个国家本国申请人在自己国内申请了大量列车运行控制技术的专利有关。

列车运行控制领域的国外申请人在海外的专利布局比中国申请人的布局要多得多。中国列车运行控制技术专利申请在海外布局的比例仅为 5.7%，而国外列车运行控制技术专利申请在海外布局的比例高达 47.65%。可见，列车运行控制领域的国外申请人在海外进行专利布局的意愿比中国申请人要强烈得多。全球列车运行控制技术专利中针对某一专利技术在"三局❶"申请布局的比例仅为 8%，表明市场布局的宽度范围受市场的技术壁垒和地缘因素的影响较大。

市场布局的宽度范围受市场的技术壁垒和地缘因素的影响较大。在列车运行控制技术专利申请中，地面设备专利占比近 50%；地面设备专利技术主要包括轨道电路、计轴设备、应答器等技术主题；车载设备专利技术主要包括车载安全计算机、测速测距单元、无线通信模块等技术主题。

地面设备是国内外专利布局最为密切的技术领域，但在具体技术点上，国内外仍存在一定差别。专利数据分析显示，全球和中国范围内，一半专利申请集中在地面设备这一技术领域，从技术关注点看，国内外较为一致，都十分关注轨道电路、无线闭塞中心（RBC）以及应答器三个技术方向。在其他技术主题，国内外仍存在一定差别。如在车载设备领域，国内更为关注安全计算机的控车，应答器数据接收技术，国外更关注安全计算机和信息接收单元等领域；在无线通信系统领域，国内专利更为关注数据通信的安全性，国外来华则主要涉及轨道电路和安全计算机这两大关键技术，近年则聚焦车载安全计算和无线通信系统这两个技术方向。

7.3.2 列车运行控制领域专利技术的发展路线

通过对全球列车运行控制技术专利的分析，厘清了全球列车运行控制专利技术的发展路线，同时对未来技术的发展方向进行了初步的研判❷。

研究表明，车—地信息传输专利技术的发展大体上经历了 4 个阶段，由最初的单频模拟轨道电路发展到双频模拟轨道电路，再进一步发展到数字轨道电路，现在发展到无线通信技术。下面对各阶段从技术、专利以及相应的列车运行控制系统产品三个维度予以阐述（见图 7-12）。

第一阶段：单频模拟轨道电路（1955~1971 年）：法国的联合铁路公司具有技术的主导地位，且具有较多的专利技术，重点专利例如 FR1172040 等。德国西门子的技术主要是对联合铁路公司技术的改进，也具有较多的专

---

❶ 此处的三局是指在美国、欧洲、中国、日本、韩国五大专利局中任意三局中的专利布局。

❷ 需要指出的是，由于列车运行控制中最核心的技术因素为车—地信息传输模式，车—地信息传输方式往往决定了列控系统的设备构成、功能和技术水平。因此，车—地信息传输模式的技术演变实质上代表了列车运行控制的技术发展历程。

利，其重点专利例如 DE1908423 等。使用单频模拟轨道电路列控系统的是 1964 年日本 ATC 列控系统。

第二阶段：双频模拟轨道电路（1972~1980 年）：美国的西屋电气公司和法国的诺威尔技术公司具有技术的主导地位，且具有较多的专利技术，重点专利例如 US3808075 和 FR2207051 等，实现了使用多个不同的频率来传输信息，提高了轨道电路的信息传输容量和工作可靠性。西门子拥有较多的双频模拟轨道电路改进专利。使用双频模拟轨道电路列控系统是 1975 年改进的日本 ATC 列控系统、法国 UM71 - TVM300 列控系统。

第三阶段：数字轨道电路（1981~2001 年）：德国西门子、法国阿尔斯通、日本日立具有技术的主导地位，且具有较多的专利技术，重点专利例如 DE3115863、EP0771711、JPS613302 等。将传输信息由模拟信号转换为数字信号，提高信息容量和抗干扰性能。

西门子和日立提交的申请主要涉及提高检测的分辨率和设置比较器对输出结果进行比较分析。使用数字轨道电路后，信息传输容量大幅提高，可实现目标距离模式，相较于分级速度模式，目标距离模式能实现一次制动，不仅提高了安全性，列车速度和乘客舒适度也得到提高。使用数字轨道电路列控系统的有德国 LZB、日本数字 ATC，另外，法国 UM2000 - TVM430 列控系统采用精细化的分级速度控制模式，趋近于目标距离模式。

数字轨道电路传输的信息量较模拟轨道电路有较大的提高，但还是不能满足新业务和轨道电路维护便捷性的需求。

第四阶段：无线通信模式（2002 年至今）：德国西门子、法国阿尔斯通等具有技术的主导地位，日立、通号院、华为等也开始无线通信专利技术的布局。以此领域已储备较多的专利技术，重点专利例如 DE10225547、CH698679、WO2012155835A、WO2012155837A，其中，DE10225547 专利涉及基础的车地无线通信的方法，CH698679 专利涉及移动通信的控车方法，WO2012155835A、WO2012155837A 分别涉及 CTCS - 3 级列控系统基本结构和 RBC 基本结构和功能。采用无线通信的列控系统有 ETCS - 2 级列控系统以及 CTCS - 3 级列控系统。

基于上述技术发展脉络的梳理，可预测出未来列控技术的发展趋势，即基于无线通信的控车模式是列车运行控制系统技术的主要发展趋势，其中，如何从信息传输及各种控车数据的综合运用等方面提高控车的安全性，以及如何提升设备的适用性和综合性以减少系统中设备的数量和降低成本则是未来研究的热点。

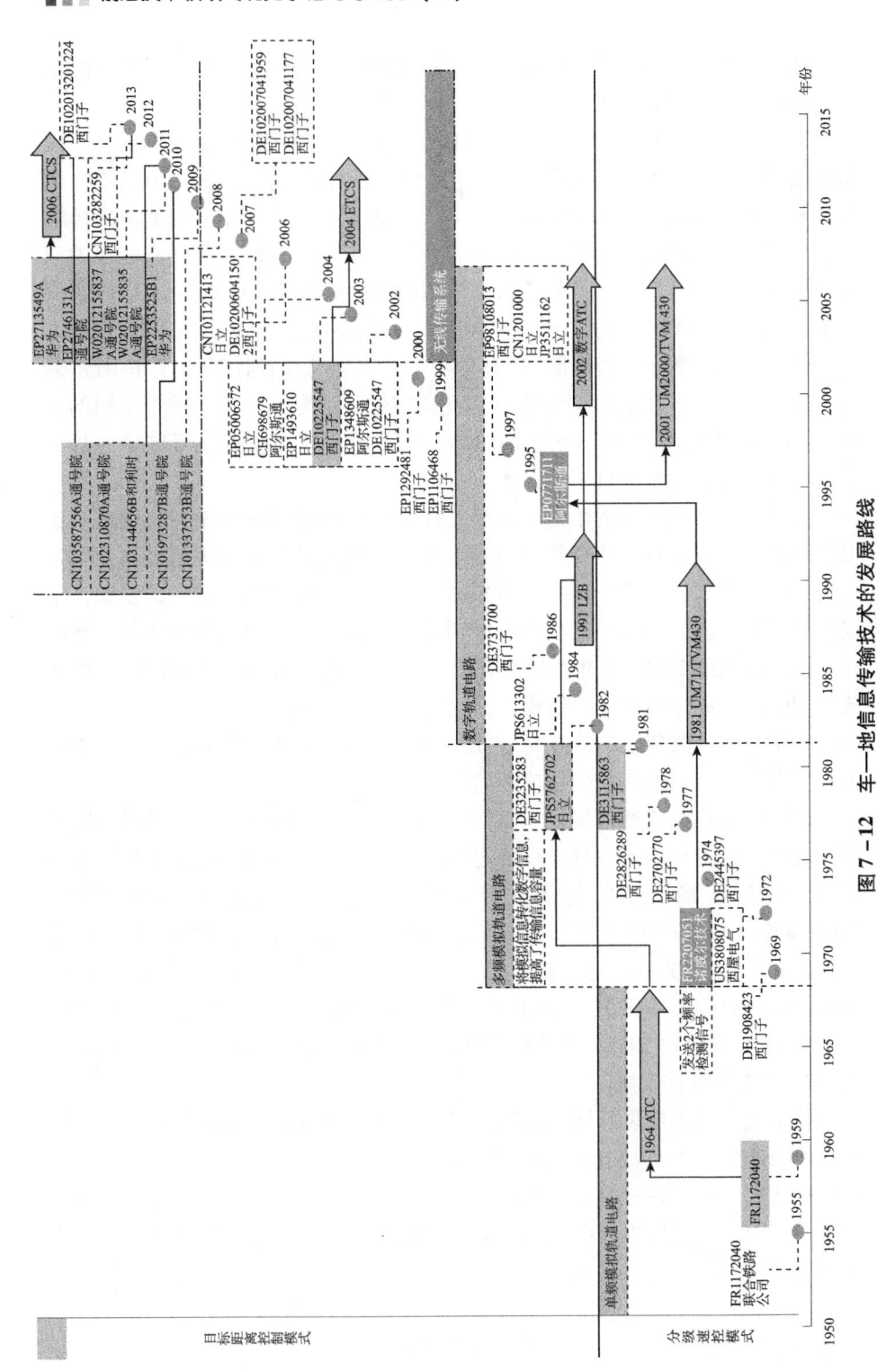

图 7-12 车—地信息传输技术的发展路线

7.4 龙头企业的专利布局主要策略

专利分析表明，西门子、阿尔斯通、日立等企业在高铁信号领域专利优势明显，与此同时，国内龙头企业也在中国市场的高铁信号领域具有明显的垄断优势。基于此，本节以西门子等国内外龙头企业为分析对象，以专利布局策略为切入点进行对比分析，为我国企业有策略地开展全球高铁信号领域的专利布局提供参考和借鉴。

7.4.1 西门子专利布局策略

专利技术全面，专利申请数量优势明显。西门子在高铁信号控制技术领域以 736 项专利申请，遥遥领先于其他申请人，并且其布局的技术主题较为均衡（见图 7-7）。

采用核心加外围的糖衣式专利布局模式，围绕 ETCS 系统下的多个组成部件和相关功能单元申请了相当数量的核心专利。通过对西门子全球专利申请进行分析，以专利技术高度、同族数量、专利撰写质量等指标筛选出 72 项核心专利，围绕核心专利西门子布局了大量外围专利，构成了核心加外围的糖衣式专利布局模式，形成了较强的专利壁垒。应用糖衣式专利布局策略，西门子对欧洲列控系统的车载设备、无线闭塞中心、地面设备等多个组成部分和功能单元布局了相当数量的核心专利（见图 7-13）。

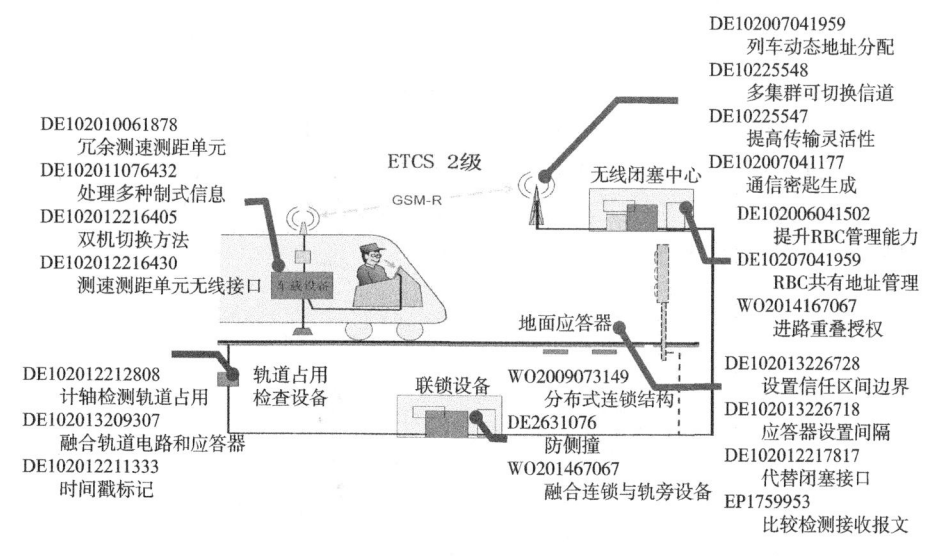

图 7-13 西门子核心专利技术布局

近年，专利布局重心转移至无线闭塞中心和车载安全计算机，针对应答器数据传输的准确性和安全性问题进行了持续改进，从解决实际工程应用问题出发,将各种优化实施方案转化为专利布局。面对在实际使用中遇到的传输误码率问题,西门子开始通过对应答器物理设置的改变来提高抗干扰能力,于 2004 年布局了采用多应答器冗余的方式来抗干扰的核心专利,并对冗余应答器的设置方式等多个方面进行了持续的技术改进。随后,西门子通过在应答器上测试误码率来识别干扰是否发生,从而识别受到干扰的数据,提高信号系统的鲁棒性,于 2005 年针对应答器误码率的测试方式布局了外围专利,并进行了持续的技术改进。2006 年,西门子又提出了通过附加数据进行数据校验的方式来提高抗干扰能力的技术方案,布局了核心专利,并对附加数据的类型和来源等方面进行了持续技术改进并布局外围改进型专利。2010 年,西门子改变应答器物理设置抗干扰的基础上提出了另一种解决思路,通过改变应答器传输天线的位置来提高数据传输的准确性,并布局了核心专利,并为应答器的设置位置等技术细节进行了持续改进。

善于使用通行的国际规则来实施全球专利布局,重要专利申请多采用 PCT 或 EPC 途径进行布局。西门子善于使用通行的国际规则来实施全球专利布局,例如对于增强 BTM 天线抗干扰能力的专利申请即通过 PCT 申请的方式进行布局,进入了中国、俄罗斯、印度、美国、欧盟等多个国家和地区,该专利申请在中国已于今年 2 月获得授权。

7.4.2 阿尔斯通专利布局策略

技术较为全面均衡,以较少的专利申请量实现了与西门子的抗衡。阿尔斯通的全球专利申请总量仅有 65 项,不足西门子的 1/10。在技术方面,在列车运行控制领域上,阿尔斯通在各个技术点上都有专利申请,可见其技术分布较为均衡。在各项技术中,涉及安全计算机、车载天线、轨道电路的专利申请相对较多。阿尔斯通在车载设备方面提交较多的专利申请涉及安全计算机技术以及车载天线技术(见图 7-14)。

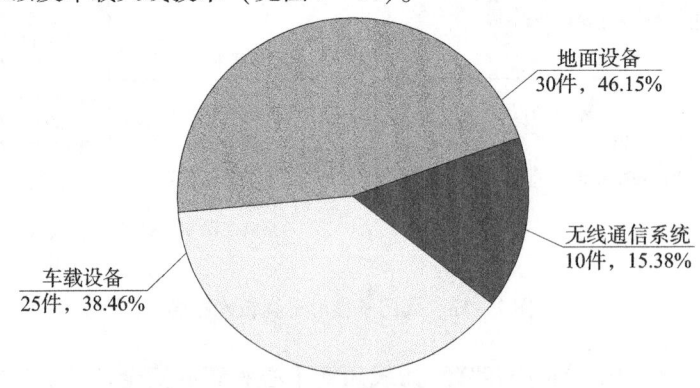

图 7-14 阿尔斯通列车运行控制主要专利技术构成

7 高铁信号控制关键技术

采用路障式专利布局模式,特点突出表现为布局的专利多为核心专利,申请与维护成本较低,更为经济。阿尔斯通主要选择在其他国家布局其核心专利,更为经济高效。如图 7-15 所示,在安全计算机控车方面,选择其核心技术,即采用无线通信技术的列控系统,在多个国家获得专利;在车载天线方面,选择其核心技术,即采用二级线圈的车载天线,在多个国家获得专利;在轨道电路方面,选择其核心技术,即 S 型联结音频轨道电路,在多个国家获得专利。虽然在这些核心专利下也有一些外围专利布局,但是数量较少。

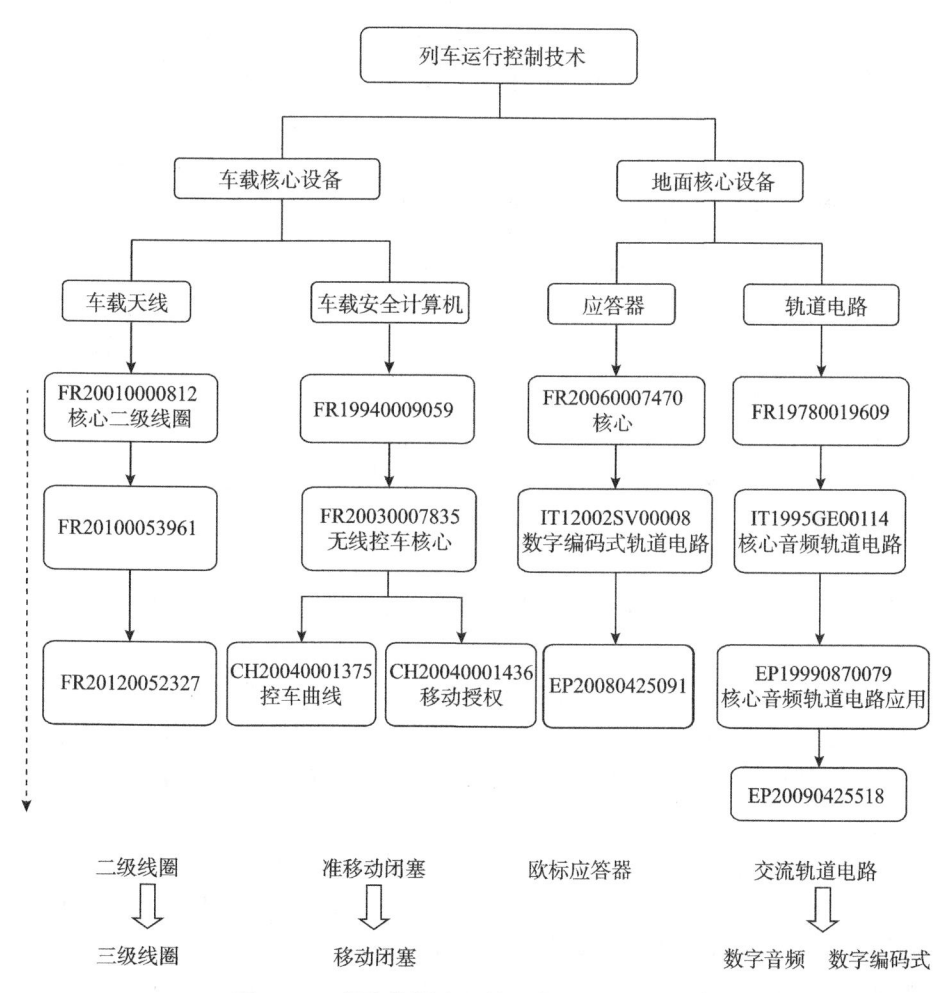

```
                          列车运行控制技术
                         ┌────────┴────────┐
                      车载核心设备        地面核心设备
                      ┌────┴────┐        ┌────┴────┐
                   车载天线  车载安全计算机  应答器    轨道电路
                      │          │           │         │
               FR20010000812  FR19940009059  FR20060007470  FR19780019609
               核心二级线圈                   核心
                      │          │           │         │
               FR20100053961  FR20030007835  IT12002SV00008  IT1995GE00114
                             无线控车核心    数字编码式轨道电路  核心音频轨道电路
                      │       ┌───┴───┐       │         │
               FR20120052327 CH20040001375 CH20040001436 EP20080425091 EP19990870079
                              控车曲线   移动授权                    核心音频轨道电路应用
                                                                    │
                                                              EP20090425518

                   二级线圈    准移动闭塞    欧标应答器    交流轨道电路
                     ⇓           ⇓            ⇓            ⇓
                   三级线圈    移动闭塞                 数字音频  数字编码式
```

图 7-15 阿尔斯通主要核心专利及其技术分布

近年专利布局主要集中在地面设备,尤其是轨道电路检查设备和通信安全。阿尔斯通的专利布局重点仍是其专利申请量较大的轨道电路技术。轨道电路从最开始的模拟轨道电路技术发展到数字轨道技术,数字轨道电路有 S 音频轨道电路和数字编码式轨道电路。此外,从近两年公开的专利申请来看,没有新的轨道电路技术出现,主要涉及对轨道电路进行检查的设备。另外,近些年的技术研发也较为关注通信安全,即数据传输安全。

重点专利申请同时进入多个国家,市场关注范围极广。以涉及列控系统的申请 FR2856645A1 为例,其形成了专利申请 EP1498338A1、US2004267415A1、CN1576132A、DE602004000115EE、ES2250956TT3(西班牙)、TW200508071A、AT305868T(奥地利)、DK1498338T(丹麦)以及 KR20050001325A。可见,阿尔斯通重视在多国布局。对于先进的高铁列控系统的核心专利申请,其进入的国家除了欧洲外,只进入了发达国家,如美国、韩国,以及对高铁技术及运营等需求较大的中国,这是因为在当时的情况下,不是每个国家都需要如此复杂的高铁列控系统。对于车载天线技术,由于其不仅可以用于高铁,同时也可用于城铁,适用面非常广,因此其涉及的国家非常多。

7.4.3 日立专利布局策略

不以专利数量取胜,更多资源聚焦于在列车控制和调度方法改进方向的专利布局。日立在高铁信号控制领域共申请 123 项专利,其中,数量最多的是列车运行控制的专利,有 69 项,占比 69%,比全球列车运行控制专利申请所占比例 58.38% 要高出十个百分点,这说明日立非常重视列车运行控制技术,也重视这方面技术的专利申请和保护。与全球铁路信号专利申请占比第二多的技术主题是计算机联锁系统不同,日立占比第二多的技术主题是调度集中系统,这可能与日本国内铁路负载大、列车间隔时间短的特点有关,因此,日立对调度集中技术的重视程度仅次于列车运行控制技术。

借助商业并购弥补技术短板,增强技术实力的同时降低市场进入难度。2014 年,日立并购了意大利的安萨尔多公司,获得了 23 项专利。不仅加强了日立在列车运行控制系统的技术强项,同时也弥补了其在计算机联锁方面的短板。

近年更为关注通信系统安全、可靠、保密和通用型的专利技术研发布局。2005 年以后,日立加大了对无线通信系统相关的专利布局力度,继续侧重于通信系统安全性和可靠性的改进,其次提高通信系统的保密性和通用性;在地面设备方面,日立开始致力于精简地面设备、降低维护难度,并实现其智能化;在车载设备方面,日立开始注重列车控制系统在面对故障或者意外情况的应对能力。在技术构成上,日立未来在列车运行控制的专利布局方面估计会继续加大无线通信系统的比重,其技术重点将继续侧重于通信系统安全性和可靠性的改进，其次将注重通信系统的保密性和通用性。

7.4.4 国内龙头企业专利布局策略

中国企业申请时间较为集中，自 2008 年后呈爆发式增长，在国家出台"高铁走出去战略"的 2011 年达到顶峰。数据显示，国内申请主要集中于国家出台"走出去"战略后的 2011 年。和利时的全部 7 件专利申请的申请日都为 2011 年 5 月 16 日。从 2000 年开始到 2010 年，铁路信号控制的专利申请量进入快速增长期，其表现在每年专利申请的增长量大大超过第一阶段，从 2000 年的 30 件增长到 2010 年的 140 件，增长近三倍；2011 年至今是第三阶段，其中，2011 年发生了甬温线动车事故后，铁路信号控制专利申请量经历了爆发式增长，2011 年的申请量相比 2010 年增长了 78.6%，之后每年申请量稳定在 250 件左右的水平。

中国龙头企业尚不具备专利数量优势，从技术结构来看，基于专利后发优势，多数专利申请为基础专利申请，保护范围过大，影响权利稳定性，同时外围专利申请数量较少，导致专利保护力度受限。与国外巨头相比，中国龙头企业并不具备专利数量优势，专利申请量最多的通号院所申请的专利数量仅为西门子的 1/20，阿尔斯通的 1/3。由于技术后发性，国内龙头企业的专利多针对于中国当前的列车控车系统的系统组成、轨道电路结构、车载安全计算机冗余设计、应答器冗余设计等技术点布局了一定数量的专利。需要注意的是，部分专利申请权利要求范围过大，包含的技术特征大多已公开，授权可能性不大。同时缺乏外围专利导致基础专利作用发挥受限。

国内主要龙头企业专利技术关注点较为集中，其中通号院聚焦于无线闭塞中心和轨道电路，和利时聚焦于车载设备，铁科院聚焦于应答器。专利分析结果显示，通号院的专利技术优势主要体现在无线闭塞中心、轨道电路和无线通信系统；和利时的专利技术优势主要体现在车载设备；铁科院的专利技术优势体现在应答器（见图 7-16）。

国内主要龙头企业专利申请仍囿于国内，除华为外，基本没有进行有效的海外专利布局。目前，在列车运行控制系统领域，国内企业一共提交了 16 件海外申请，其中通号院 8 件，其中的 5 件为和铁路总公司合作申请，华为 8 件，其他单位则未提交海外申请。上述 16 件申请中，只有 5 件申请进入了欧洲，仅 1 件获得授权。目前我国高铁信号控制关键技术在海外的知识产权布局较少，在未来可能的目标市场如"一带一路"国家鲜有布局。为了防患可能产生的知识产权挑战，国内相关单位应提前做好规划。

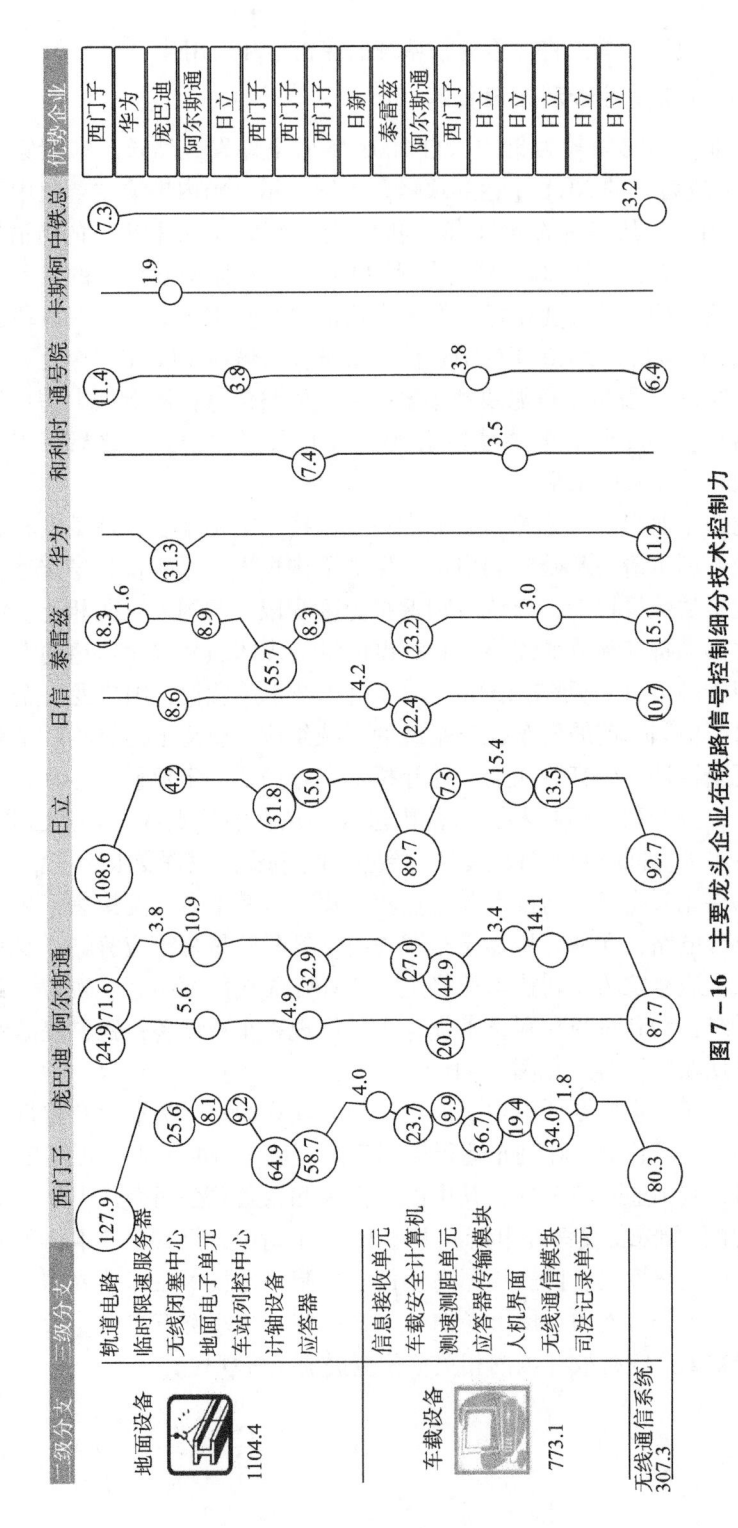

图 7-16 主要龙头企业在铁路信号控制细分技术控制力

注：图中数字表示控制力。

7.5 中国高铁信号控制的海外竞争力分析

7.5.1 中国高铁的"海外输出"之路

1. 中国高铁进入海外输出阶段，知识产权成为关键

高峰期过后，进军国际市场成为中国高铁继续发展的重要出路，知识产权成为构建核心竞争优势的关键一环。在经历了高铁大干快上的阶段后，中国高铁产业已经进入世界先进之列，相比于其他国家，中国高铁技术全面、成熟稳定、成本相对低廉等优势，具备开展海外竞标的实力，但是能否真正参与海外竞标的关键在于是否拥有足够的知识产权支撑。

2. 高铁出海上升至国家战略，自上而下积极推动，已迈出实质性第一步

高铁出海战略意义重大，已上升至国家战略层面。国家领导人亲身开展"高铁外交"，自上而下积极推动。一些业内人士笑言：习近平主席是中国高铁走出去的"铺路工"，李克强总理是中国高铁的"推销员"。截至2015年8月，中国已与20多个国家进行了高铁合作或者洽谈，已与50余个国家进行设备或技术出口的洽谈或合作。迄今为止，中国高铁已经迈出实质性第一步，输出土耳其，铺设长度为150公里。

3. 标准和整体技术出口或成主要模式，完善并国际化中国标准，推广中国高铁品牌迫在眉睫

全球高铁出口主要有单一项目逐个出口和直接出口成体系的技术和标准两种模式。前者商业模式极不灵活，谈判成本极高，更重要的是，利益分配将长期受制于人，被锁定在追随者和被管理者的地位。后者直接输出标准和整体技术，虽然初期存在一定障碍，但一旦成功推广，就可以抢占市场高点，具有较强的自主性和话语权。更重要的是，与欧洲标准、日本标准和美国标准相比，中国现有高铁标准在规范性和详细程度上仍有一定的上升空间。完善中国高铁标准、推动中国标准国际化，成为当前发展的重要方向。

4. 竞争对手聚焦于日本、法国、德国，其中日本高铁企业抱团出海与中国展开贴身竞争

高铁被称为"大国技术"，项目资金量大、影响广泛，当前全球只有法国、日本和德国具备整体出口高铁技术的能力。当前，日本、法国、德国高铁走出去的主要方式是输出高铁技术、承包工程、出口高铁动车组等市场风险最小的方式。它们走出去的基本模式是卖技术、卖装备，但不参与运营。

其中，日本将中国高铁视为主要竞争对手，抱团出海与中国开展贴身的激烈竞争。在实际行动中，日本一方面集中力量，整合高铁优势资源，抱团作战。另一方面，日本形成"官民一致"的态势，积极开展"首脑推销"。

安倍内阁将高铁走向海外列为"经济成长战略"的重要支柱,首相安倍晋三扮演了"首席推销员"的角色,积极向海外推介日本高铁,与此同时,为扶持日本高铁出海,日本政府的金融财团和政府财政也给予了极大支持。

综上所述,中国的基础设施建设和机车车辆这两个方面均已经走出国门,唯独信号控制产业尚未实现突破。中国高铁的是否能够做到全方位整体"出海",从某种程度上来讲取决于信号控制的产业技术是否能够成功"出海"。高铁信号技术是否能够成功出海,在海外特别是我国精心打造的"一路一带"战略区域上是否能够顺利发展,知识产权,特别是专利对其支撑和保护尤为关键和必要。

7.5.2 中国高铁信号与其他主要国家专利实力比较

通过利用专利控制力模型,对全球高铁信号控制产业的主要国家德国、法国、日本以及中国在列车运行控制技术专利整体方面的优劣进行比较。得出如下主要结论:

(1)德国是全球高铁控制信号关键技术领域专利控制力最强的国家,其次是法国和日本,中国在高铁控制信号关键技术领域的专利控制力与三强存在较大差距。

德国在全球高铁控制信号关键技术领域的专利控制力独占鳌头,其次是法国和日本,中国仅相当于德国的16%。由此可见,中国要成为全球高铁控制信号关键技术的专利控制力强国,还有很长的路要走(见图7-17)。

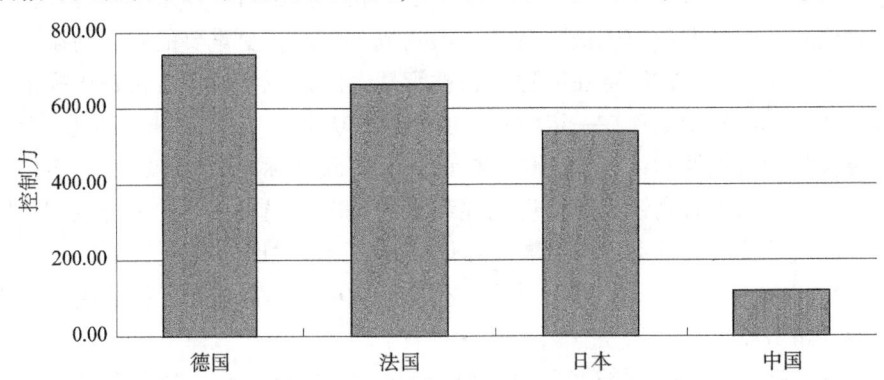

图7-17 德国、法国、日本、中国列车运行控制领域专利控制力比较

(2)德国在高铁控制信号关键技术领域的专利控制力所覆盖的技术点最全,其次是法国和日本,中国的专利控制力覆盖范围有待提高。

德国专利的控制力覆盖了超过九成的高铁控制信号关键技术点,而法国和日本也超过七成,中国仅覆盖了55.6%的关键技术点,这说明中国铁路控制信号专利的技术主题布局仍然需要进一步优化(见图7-18)。

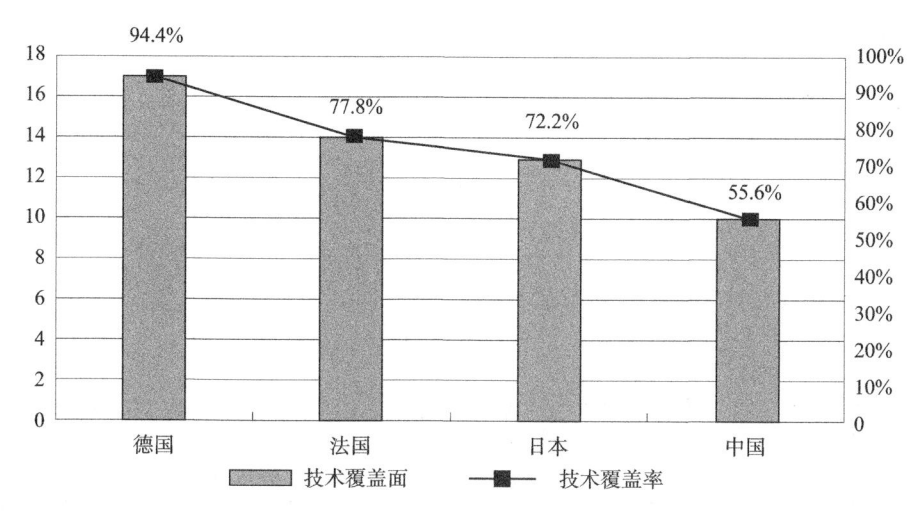

图 7-18　中国、日本、德国、法国全球列车运行控制技术专利控制的覆盖情况

（3）在高铁控制信号关键技术领域，德国、法国和日本除了在本国构筑坚固的专利保护网之外，积极在海外重点区域布局专利实现提高在目标国的专利控制力，并且开始涉足"一带一路"国家，而中国仅在本国实现了较强的专利控制力，海外专利控制力仍然是空白，与三大强国差距巨大。

德国、法国和日本都在本国实现了绝对的专利控制力优势，并且在美国、中国、澳大利亚、韩国等国家积极布局，提高自己在目标国的专利控制力，并且在一些潜在的高铁市场国或"一带一路"国家，例如俄罗斯、印度和新加坡也积极进行专利布局。中国在海外申请专利并建立自己的专利控制能力方面还是空白（见表 7-1）。

表 7-1　中国、日本、德国、法国全球列控系统在主要目标市场的专利控制力

目标市场	德国	法国	日本	中国
美国	129.3	97.5	92.9	0.0
中国	70.3	53.3	80.9	111.3
德国	198.1	98.0	21.3	0.0
澳大利亚	52.2	40.9	4.3	0.0
日本	0.0	1.7	150.4	0.0
加拿大	18.8	37.0	6.0	0.0
韩国	16.7	12.87	61.3	0.0

续表

目标市场	德国	法国	日本	中国
法国	3.5	54.5	0.0	0.0
墨西哥	7.2	3.8	0.0	0.0
英国	5.7	3.7	16.9	0.0
中国台湾	6.4	7.4	9.1	0.0
意大利	0.0	2.9	11.0	0.0
西班牙	12.0	3.2	0.0	0.0
巴西	0.0	3.1	1.2	0.0
瑞士	0.0	2.8	0.0	0.0
挪威	2.8	4.3	0.0	0.0

7.5.3 中国在重要海外目标市场专利布局现状分析

1. 目标市场的选择

对于目标市场的选择，不仅应当考虑我国的国家政策或者战略规划，而且应当考虑所进入的目标市场国家的专利制度完善程度。此外，高铁外交路线也应当成为确定所研究市场的考虑因素之一。因此，该研究所选择的目标市场国家的范围为"一带一路"沿线国家，与中国进行过高铁合作或者洽谈，且专利制度较为完善的国家。由于时间所限，最终本文从中选择俄罗斯、印度、捷克、以色列、匈牙利、波兰、土耳其、新加坡和越南9个国家作为所研究的"一带一路"沿线目标市场国家（见表7-2）。

2. "一带一路"区域专利布局的整体态势

高铁是典型的资本密集型产业，资金量大，影响广泛，具有产业和商品承载功能，其本身就已经超出了交通本身范畴。通过对全球主要国家高铁信号列车运行控制技术目标市场国的专利控制力的分析，可以初步掌握全球高铁及其潜在市场专利壁垒的高低，从而对中国企业未来进军海外市场在专利层面的难易程度、风险点和突破点形成简单判断。

俄罗斯是"一带一路"高铁信号控制专利壁垒最高的国家，专利壁垒指数达53.47；新加坡和印度紧随其后，位居第二和第三，但专利壁垒指数约为34.22和34.2，仅为俄罗斯的6成。此外，以色列、捷克和越南也有一定的专利壁垒，匈牙利、波兰和菲律宾的专利壁垒指数不足5，不到俄罗斯的1/10，属于专利壁垒羸弱的地区。

7 高铁信号控制关键技术

表 7-2 高铁信号控制专利技术来源国

国家	专利量/项	占比
中国	901	25%
德国	730	21%
日本	235	7%
法国	164	5%
英国	149	4%
美国	120	3%
奥地利	74	2%
意大利	62	2%
俄罗斯	55	2%
其他	1043	29%

进一步分析显示，由于铁路基础设施和地理环境的差异，不同目标市场的专利壁垒技术组成存在较大差异（见图 7-19）。其中，俄罗斯在车载设备、地面设备和无线通信设备均存在较高的专利壁垒，在测速测距单元、应答器传输模块、轨道电路和地面电子单元等技术点的专利壁垒较高。相比而言，印度的专利壁垒主要集中在车载和地面设备，尤其是测速测距单元、应答器和计轴设备等技术点。相对而言，新加坡的专利壁垒更为集中，在车载地面设备尤其是车载安全计算机领域布局了较多具有控制力的专利。

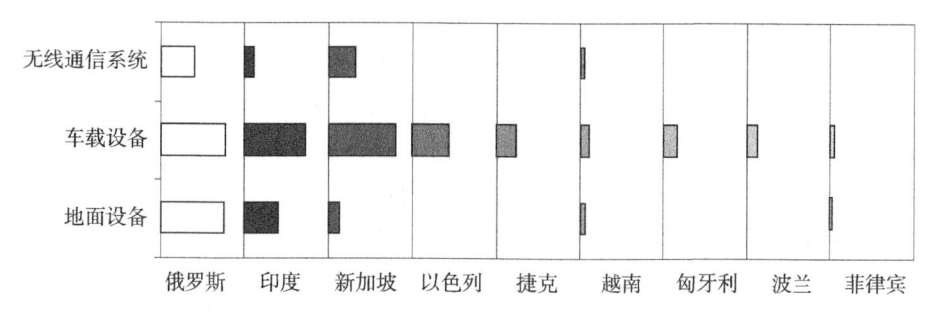

图 7-19 全球高铁信号列车运行控制技术主要目标市场的专利壁垒结构

通过对列车运行控制技术领域专利申请的趋势、申请人、技术来源国、专利布局的市场、技术主题等纬度进行专利分析，研究表明："一带一路"区域在 2000 年以后专利布局数量较多且基本上呈稳定上升状态，俄罗斯、法国、日本、奥地利、德国、美国和意大利 7 个国家为专利来源国，中国未在"一带一路"国家实施任何专利布局，与德国、法国、日本等国存在较大差距。俄罗斯和印度是"一带一路"沿线高铁控制信号专利重点布局的国家，俄罗斯在本国布局专利较多，而日本、法国、德国在印度布局较多专利。列车运行控制技术是主要布局的技术主题，其中地面设备和车载设备是重要技术分支。

其中，"一带一路"区域2000年的专利申请数量为6件，此后持续上升，每年的申请量约为28件。日本虽然在"一带一路"区域专利布局时间较晚，但2007年后，日本恢复并加大在"一带一路"国家的专利布局力度，近年布局的数量排名第一，可见，日本在"一带一路"上进行专利布局的意愿非常强烈。在俄罗斯和印度专利布局的数量分别为106件和98件，其中俄罗斯在本国的布局量为57件；日本、法国、德国分享印度市场，日本在印度的布局数量依然最多。

3. 中国高铁信号在俄罗斯的专利布局分析

其中，俄罗斯受理的专利申请数量起伏变化较大，总体来看，2008年后专利申请量平稳，基本维持在8件以上，2010年最高，达到16件。俄罗斯受理的专利申请的最大来源国为俄罗斯（54%），其次为法国、德国随其后。

从布局趋势来看，俄罗斯自身一直比较重视国内的专利布局，2008年开始增长迅猛且其后一直平稳；奥地利在俄罗斯的专利布局最早，法国和德国布局较早且在2006年后有提速的趋势，表明法国和德国对俄罗斯市场一直较为重视。日本近年才开始重视在俄罗斯进行专利布局。

从技术主题的分布来看，涉及列车运行控制系统和计算机联锁系统的专利申请量相对较多，分别为40%和32%，列车运行控制系统依然是最主要的技术，其中地面设备是主要的主题。

从具体布局及其风险性来看，通过西门子、安萨尔多、日立、阿尔斯通4家外国企业申请以及俄罗斯的RADIO GIGABIT公司本土申请人申请的列车运行控制系统专利布局来看，地面设备中的应答器专利技术的布局形成了一定的专利组合，壁垒较高；轨道电路的专利技术均为周边技术的布局，壁垒不高，除应答器和轨道电路技术分支外的其他地面设备技术主题分支上，专利申请很少或基本没有专利，因此，地面设备的壁垒不高，风险较小。车载设备的测速测距单元、信息接收单元技术分支的专利布局均系周边专利申请，壁垒不高，其他技术分支布局很少。综合来看，车载设备的壁垒不高，风险也较小。无线通信系统上基本没有壁垒，风险很小。

地面设备和车载设备的专利风险较小，无线通信系统技术的专利风险很小。总体来看在俄罗斯这一目标市场上，列车运行控制系统的专利壁垒较低，控制力不高，风险较小。

俄罗斯在2008年后受理的专利申请数量平稳，最大申请来源国为俄罗斯（占54%），法国、德国紧随其后。法国和德国对俄罗斯市场一直较为重视。

日本近年才开始重视在俄罗斯进行专利布局,列车运行控制系统依然是最主要的技术,在俄罗斯这一目标市场上,列车运行控制系统的专利壁垒较低,控制力不高,风险较小。

4. 中国高铁信号在印度的专利布局分析

其中,印度专利申请数量变化趋势如下:2000 年之前数量较少,2000 年后数量较多,但是布局专利申请数量呈波动状态,2010 年后布局专利申请数量基本上呈稳定上升状态。印度专利来源国为日本、法国、德国。

从布局趋势来看,法国和德国最早布局,日本布局最晚但近年布局的专利申请很多,仅 2012 年就达 14 项。日本在印度进行专利布局的意愿非常强烈。意大利、奥地利基本放弃印度的专利布局。

从技术主题的分布来看,涉及列车运行控制系统和计算机联锁系统的专利申请量较大,分别为 57% 和 31%,列车运行控制系统依然是最主要的技术,其中,地面设备和车载设备是主要的主题。

从具体布局及其风险性来看,通过对日本、法国以及德国等外国龙头企业申请的列车运行控制系统专利布局来看,地面设备技术主题相关的专利申请主要涉及车站列控中心、地面电子单元,此类申请较少且非核心专利,因此,壁垒不高,风险较小。车载设备主要涉及测速测距单元和车载计算机单元,在其他技术分支上几乎没有布局,因此车载设备的风险也较小。无线通信系统主题下的专利申请量很少,风险很小。

地面设备和车载设备的专利风险较小,无线通信系统技术的专利风险很小。总体来看,在印度这一目标市场上,列车运行控制系统的专利壁垒较低,控制力不高,风险较小。

印度在 2010 年后受理的专利申请数量基本呈稳定上升状态,印度专利申请来源国主要有日本、法国、德国。法国和德国最早布局,日本布局最晚,但是近年力度显著加大。列车运行控制系统依然是最主要的技术,在印度这一目标市场上,列车运行控制系统的专利壁垒较低,控制力不高,风险较小。

5. 中国高铁信号在越南的专利布局分析

其中,越南受理的专利申请数量变化趋势如下:2012 年之前很少,2012 年起专利申请量出现激增,仅 2012 年专利申请达到了 12 件。越南专利申请来源国为日本(95%)和法国。日本从 2012 年开始在越南进行专利布局,日本在越南进行专利布局的意愿极其强烈。

从技术主题的分布来看,涉及列车运行控制系统的专利申请量较多(82%),列车运行控制系统依然是最主要的技术,其中,地面设备和车载设备和无线通信 3 个主题比较均衡。

从具体布局及其风险性来看,越南市场上除了日本之外基本没有外国企业进入，可以说是日本一家的天下。由日本的 3 家企业申请的列控系统专利主题全方位、均衡覆盖了车载设备、地面设备和无线通信这三个技术分支。车载设备专利技术多为针对车载安全计算机的改进型专利申请，其他技术分支上专利布局很少，车载设备的专利风险较小。地面设备专利技术方面，应答器技术上有一定布局，其他方面布局很少，地面设备的专利风险也较小。无线通信系统技术专利申请均属于周边技术布局，风险很小。总体来看，越南市场上的列车运行控制系统的专利壁垒较低，控制力不高，风险较小。

  2012 年起越南受理的专利申请量出现激增，申请来源国主要是日本，列车运行控制系统依然是最主要的技术。越南市场上的列控系统的专利壁垒较低，控制力不高，风险较小。

8

转基因作物新品种培育关键技术*

20世纪50年代，DNA双螺旋结构的发现开启了转基因技术的研究之路。转基因技术即是利用分子生物学方法将某些生物或人工合成的基因导入其他生物中，使其表达出目的性状，通过人工选择培育，使后者产生定向的、稳定的遗传改变，并形成新的品种，植物转基因技术能够将从动物、植物或微生物中分离得到的决定高产、抗逆、抗病虫、营养等性状的基因导入植物的基因组中，使其种植后表现出优良性状，如抗除草剂、抗虫等性状。转基因技术打破了物种间障碍，实现了基因的跨物种转移。它大大缩短了作物育种的周期，是生命科学领域的一项具有里程碑意义的技术。2015年，中央1号文件强调要加强农业转基因生物技术研究，其中自主知识产权是转基因生物新品种研发和产业化的核心要素。

转基因技术在所应用的作物中普及率很高。截至2013年，转基因大豆的种植面积占全球大豆种植面积的79%，转基因棉花的种植面积占全球种植面积的70%，转基因玉米的种植面积占全球种植面积的32%，转基因油菜籽的

---

* 本章节选自2015年度国家知识产权局专利分析和预警项目《转基因作物新品种培育关键技术专利分析和预警研究报告》。

（1）项目课题组负责人：郭雯、陈燕。
（2）项目课题组组长：朱宁、孙全亮。
（3）项目课题组副组长：刘庆琳、何湘琼。
（4）项目课题组成员：田野、杨艳兰、张宇、赵永江、吴浩、周庆成、寿晶晶、苏聘、范东升、张敏、田文文。
（5）政策研究指导：张小凤。
（6）研究组织与质量控制：郭雯、陈燕、朱宁、孙全亮。
（7）项目研究报告主要撰稿人：田野、杨艳兰、张宇、赵永江、吴浩、周庆成、寿晶晶、苏聘、范东升、张敏、田文文。
（8）主要统稿人：朱宁、何湘琼、田野、范东升。
（9）审稿人：郭雯、陈燕。
（10）项目秘书：杨艳兰。
（11）本章执笔人：杨艳兰、田野、李瑞丰。

种植面积占全球种植面积的24%。在发达国家,转基因技术已经到达一个非常高的应用比例。在美国,90%的玉米、90%的棉花、93%的大豆和98%的甜菜都是转基因作物,澳大利亚99.5%的棉花和阿根廷100%的大豆也都采用转基因技术❶。

发达国家主导当前的转基因技术,美国是最大的转基因技术研发与应用国。自1983年第一例转基因植物诞生以来,美国一直保持着世界上最大的转基因技术研发国和相关产品生产国的地位,也是转基因作物种植面积最大的国家。到2013年,美国仍是全球转基因作物的领先生产者,种植面积达到7020万公顷(占全球种植面积的40%),主要转基因作物的平均采用率约为90%(见图8-1)。

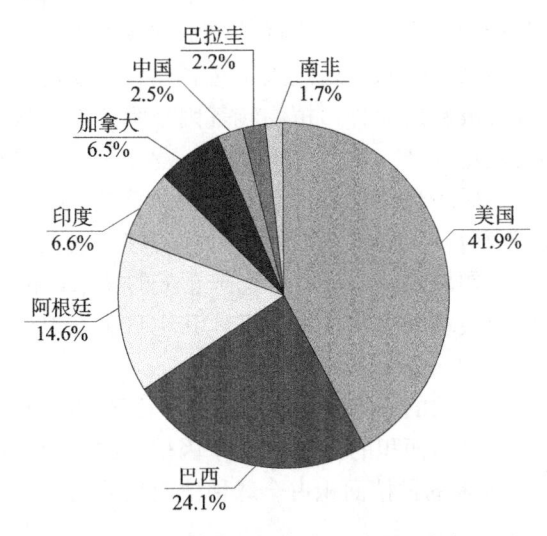

图8-1 转基因作物主要种植国分布

转基因研发方面,跨国种业集团呈现垄断态势。孟山都与杜邦先锋是转基因研发的寡头角色。孟山都和杜邦先锋这两家跨国种子企业拥有世界41%的生物技术专利,控制着世界93%的转基因商品种子市场份额。从获得美国农业部(USDA)动物与作物健康监测服务中心(APHIS)批准的关于转基因品种田间测试许可的数量上看,获得最多批准的机构是孟山都(6782个)和杜邦先锋(1405个),远远多于其他研究主体。美国孟山都和杜邦先锋、瑞士先正达、德国巴斯夫和拜耳等五大跨国公司已控制全球70%的种业市场。技术方面,美国拥有绝对优势,全球超过60%的转基因专利是在美国申请的,其次为欧洲。全球种业市场最著名的5个跨国公司

---

❶ [EB/OL]. http://data.163.com/12/0906/18/8AO56AAO00014MTN.html

同时也是技术领先的前5名。全部集中在美国和欧洲,美国是全球农业育种领域的技术领先者。

8.1 转基因农作物专利进入快速扩张期

8.1.1 全球专利申请逐年走强

截至2015年6月,全球转基因农作物领域专利申请量为30570项专利族,共计81909件专利。

如图8-2所示,专利申请总量呈逐年稳步上升的趋势,部分年份申请量波动较大。1995~2000年为转基因农作物专利申请的第一次快速扩张期,主要由于1995~1996年Bt基因的马铃薯和玉米得到批准,转基因作物开始迅速发展,到1996~2000年,世界转基因作物生产和利用已远远超出科学家最初预期;2000年开始,技术发展进入平稳期,各大公司逐渐划清各自的领地,专利申请量也呈现平稳态势;2009年之后,随着转基因全球产业化进程加速,我国转基因重大专项的实施以及基因编辑等新技术的突破,全球转基因农作物的专利申请再次进入快速扩张期。

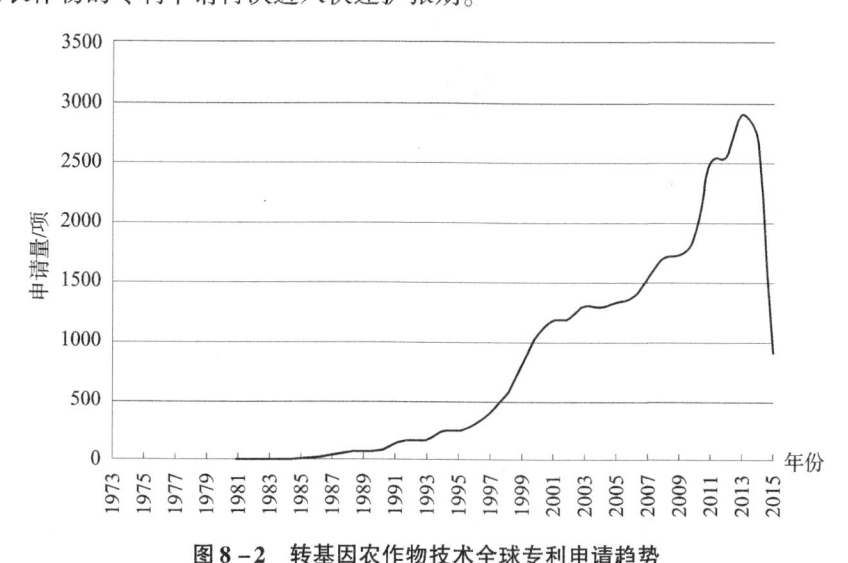

图8-2 转基因农作物技术全球专利申请趋势

8.1.2 美国牢牢掌握创新优势

在全球专利首次申请地分析上,如图8-3所示,首次申请为美国的申请最多(44144项),占全球专利申请总量的一半以上,就技术研发能力而言,美国的技术创新能力具有压倒性的优势。

在全球专利技术目的地分析上,如图8-4所示,在全球专利申请中,进入美国的申请最多，占全球专利申请总量的1/3，这与其国内完备的知识产权保护制度有密切的关系，中国（9063项）、欧洲（8968项）、澳大利亚（8183项）、日本（5620项）等也是领域内重要的目标市场。

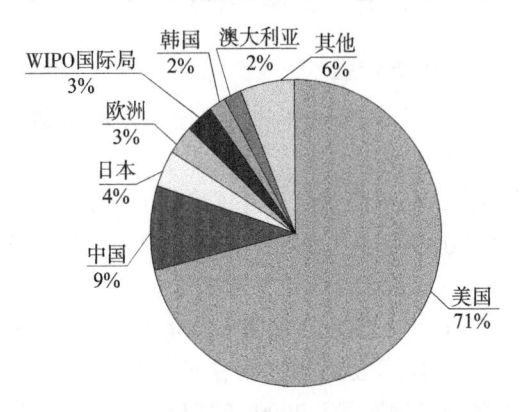

图8-3 转基因农作物技术全球专利申请技术输出地占比

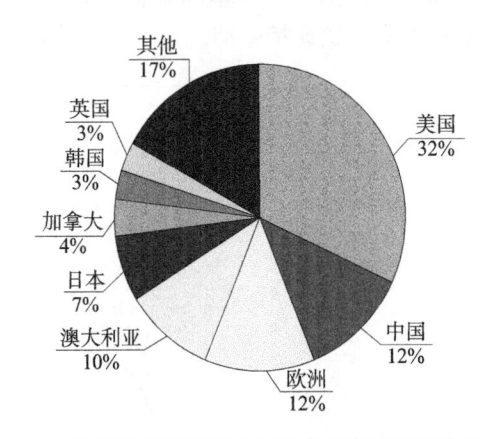

图8-4 转基因农作物技术全球专利申请目标市场占比

8.1.3 寡头公司引领产业发展

全球农业转基因育种专利技术中，大型跨国公司拥有较强的研发力量，美国杜邦先锋、美国孟山都、瑞士先正达、德国巴斯夫、德国拜耳等排名靠前，尤其是美国杜邦先锋和孟山都，分别占有全球转基因农作物育种专利申请10%以上的份额。

在全球排名前30位的申请人中，中国的申请人数量为8个，且主要是高校和科研院所，说明我国对此领域的研发尚处在基础研发阶段，且技术积累已具有一定规模（见图8-5）。

申请量/项

申请人	申请量
杜邦先锋	4432
孟山都	3458
先正达	990
巴斯夫	871
拜尔	690
斯泰	655
农业生物资源所	536
中科院遗传与发育所	385
诺维信	385
中科院植物所	384
农科院作物所	360
陶氏	357
圣尼斯	352
加州大学	332
诺华	306
中国农业大学	292
华中农业大学	249
南京农业大学	231
农业发展厅	230
浙江大学	206
联邦科学与工业研究所	202
William H.Eby	200
AGRIGENETICS公司	197
阿斯特拉 捷利康	187
CALGENE公司	187
农科院生物技术所	181
复旦大学	176
美国农业部	173
Ceres INC	161
MERTEC	158

图 8-5　转基因育种技术全球申请人排名前 30 位申请人申请量分布

8.1.4　基因编辑和基因沉默备受关注

从转化方法、调控方法和性状表现三个技术分支来看，这三种技术贯穿整个转基因农作物育种技术的发展史，大多在进入 20 世纪 90 年代之后逐渐升温，因为这一时期转基因农作物技术进入民用领域，在经历 2000 年、2010 年两次高峰之后，近年来逐渐趋于平稳；就转化方法而言，除了基因编辑技术以外，其他技术分支都趋于稳定，申请量稳步回落；而调控方法中，除了基因沉默技术明显走强，受到更多关注，其他方法都呈现下降趋势。

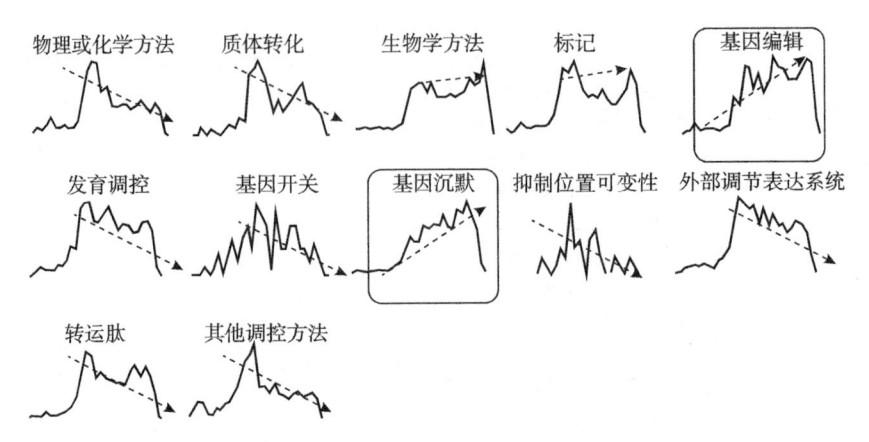

图 8-6 转基因农作物育种技术转化方法及调控方法申请量趋势

注：图中虚线箭头表示趋势，实线表示各技术实际申请变化。

8.2 解密美国孟山都专利控制市场策略

孟山都以经营种子、转基因技术和植物保护等产品为主，其生产的旗舰产品 Roundup（农达）是全球知名的草甘膦除草剂，且玉米、大豆种子和转基因技术是孟山都最具盈利能力的产品。

孟山都在转基因农业领域具有傲人的成绩，其专利申请量居全球第二，销售额居全球第一，涉诉并且胜诉案例最多，从获得 APHIS 批准的关于转基因品种田间测试许可的数量上看，获得最多批准的机构是孟山都（6782 个），远多于其他申请人。

从 2002 年开始，孟山都的研究已经集中于转基因农作物领域。近十年，孟山都转基因农业领域专利申请呈高位稳步推进趋势，同时，孟山都近年股价走势总体呈上行趋势，预计孟山都仍将维持对转基因农业领域的高度关注。

8.2.1 草甘膦抗性转基因作物专利策略

从孟山都产品结构来看，草甘膦是其重要的产品组成，在传统农业领域不断通过技术优势控制市场和赚取利润。为了研究孟山都的市场、盈利模式和专利技术之间的关系，本文从孟山都草甘膦抗性转基因作物入手，对孟山都的专利控制力展开深入的分析。

有关孟山都草甘膦抗性转基因作物全球相关专利申请共计 1832 项。其中，涉及使作物具有草甘膦抗性相关的基因、元件、方法等内容的专利 121 项；具有草甘膦抗性的转基因作物品种专利 453 项；已经具备其他性状，期望获得草甘膦抗性的作物品种专利 1258 项（见图 8-7）。从专利的视角来看，上述 3 种主题类型的专利依次可以划分为内、中、外三个层次。

8 转基因作物新品种培育关键技术

抗性开发专利121项
有抗性品种专利453项
外围品种专利1258项
抗草甘膦相关专利共1832项

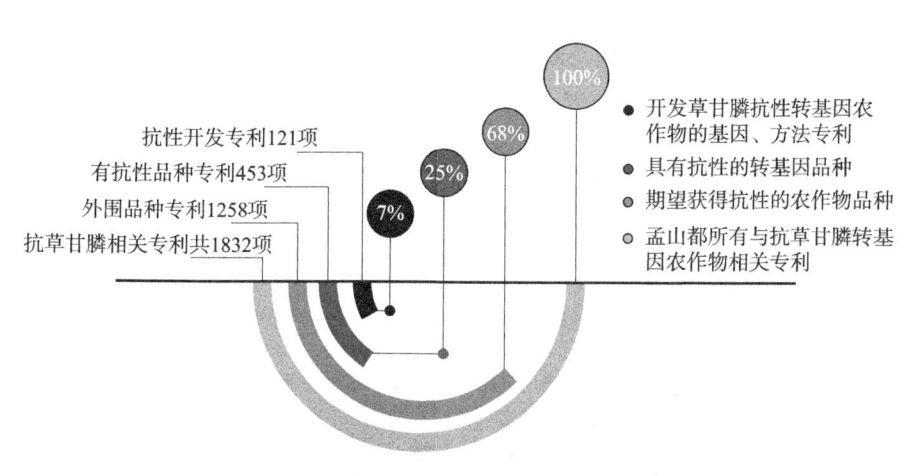

● 开发草甘膦抗性转基因农作物的基因、方法专利
● 具有抗性的转基因品种
● 期望获得抗性的农作物品种
● 孟山都所有与抗草甘膦转基因农作物相关专利

图8-7 孟山都草甘膦抗性转基因相关专利分布

1. 孟山都草甘膦抗性转基因作物专利体系的内层专利呈技术主题、时间延伸和族谱扩展三维专利组合结构

孟山都草甘膦抗性转基因作物内层专利涉及对作物草甘膦抗性的开发，对技术主题具体概括分别为：EPSPS 基因及其突变体、辅助基因、植物产品、启动子及调控元件、构建体、复合性状、检测方法、体外 RNAi 技术和其他方法（见图 8-8）。可以看到孟山都为解决作物抗性表达的技术问题时，对技术链涉及的多个技术环节随时间的延续分别申请了专利保护，以求在"技术主题"和"时间"两个维度完整保护技术链。

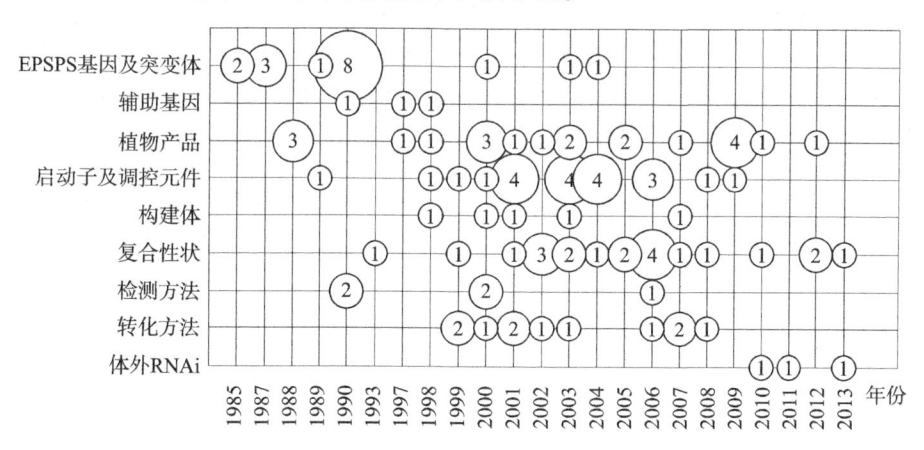

图8-8 孟山都草甘膦抗性转基因作物内层专利研究内容分布

注：图中数字表示申请量，单位为项。

2. 孟山都草甘膦抗性转基因作物专利体系的中外层专利对众多种质资源基于与草甘膦抗性的相关性，中层专利是指已经具有草甘膦抗性的转基

207

因作物品种/种子相关专利,外层专利是指那些已经具有一定性状但尚不具有草甘膦抗性,但是期望获得草甘膦抗性的植物品种/种子的相关专利。

(1) 中层专利分析。

孟山都在美国提出的具有草甘膦抗性的转基因农作物品种专利约453项,所保护的农作物品种或者通过转化EPSPS基因的方式获得草甘膦抗性,或者以具有草甘膦抗性的转基因作物为父/母本,与具有其他目的性状的非草甘膦抗性品种杂交,筛选具有草甘膦抗性且具有其他目的性状的作物品种(见表8-1)。

表8-1 孟山都草甘膦抗性转基因植物品种中层专利物种分布　　　单位:项

最早优先权年[1]	1999	2002	2003	2004	2005	2006	2007	2008	2009	2010	2011	总计
大豆	3	15	56	22	26	45	59	27	16	128	28	425
棉花	—	—	—	—	4	4	—	9	—	—	5	22
玉米	—	—	—	—	—	—	6	—	—	—	—	6

从表8-2可以看出,孟山都在研究草甘膦抗性转基因作物的早期,更多关注将外源基因转入大豆,并连续提出400多项草甘膦抗性转基因大豆品种专利申请。随后,也提出数十种棉花和玉米的草甘膦抗性转基因品种专利申请。在425项草甘膦抗性转基因大豆品种专利中,至少有123项专利记载了大豆的熟型,包括大豆早熟、中熟和晚熟型三类,每一类型都包括0~V的6种型别。这样的专利申请方式是为了保护具有不同适应属性的不同品系,具有更多良好属性、适应不同区域的品系,其产品线更加适应市场需求,才能更好地控制和占领市场。对大豆、玉米和棉花等多种类型"物种"品种专利的申请,则是对更多的物种展开草甘膦抗性的推广。

表8-2 孟山都草甘膦抗性大豆品系不同成熟型的专利申请　　　单位:项

型别	早熟型	中熟型	晚熟型
0	7	5	8
I	12	8	4
II	14	5	6
III	9	9	8
IV	10	5	5
V	4	1	2

在种子市场上,拥有更多种质资源就意味着拥有更多种可能。上述对众

---

[1] 同族专利申请中,最早的优先权日所在的年份,表示该技术问世的时间。

多"品种"和"物种"农作物进行草甘膦抗性的扩张是基于满足市场的需求对农作物"种质资源"进行的保护。

（2）外层专利分析。

除上述通过转基因或杂交方式获得草甘膦抗性之外，约有1258项草甘膦抗性的植物品种专利申请（见表8-3），从所保护作物品种的物种类型和申请产出时间来看，大豆、玉米、棉花、油菜、大麦、小麦和加拿大油菜等作物类型依次提出专利申请，新植物品种及其专利申请仍在不断提出。

表8-3 孟山都草甘膦抗性转基因植物外层专利物种分布　　单位：项

	1999	2000	2003	2004	2005	2006	2007	2008	2009	2010	2011	2012	2013
大麦	—	—	—	—	—	—	—	3	1	—	—	1	—
加拿大油菜	—	—	—	—	—	—	—	—	1	5	—	—	—
高粱	—	—	—	—	—	—	—	—	—	2	1	—	5
油菜	—	—	—	—	—	—	1	4	—	—	3	4	—
小麦	—	—	—	—	—	—	—	—	2	—	12	1	9
棉花	—	—	—	—	1	1	17	16	1	13	4	25	—
玉米	—	1	—	—	35	77	43	57	47	51	64	20	36
大豆	1	—	—	8	3	35	112	63	95	46	138	85	62

上述专利申请中所涉及的植物品种均不具有草甘膦抗性，但是都通过转基因或杂交途径获得其他目标属性，而专利申请人孟山都则在其专利申请中泛泛记载向作物品种引入能够赋予植物品种一些性状的基因片段，而草甘膦抗性仅是其期望具有的性状之一。从授权专利保护范围解析角度来看，最大范围的独立权利要求保护的是具体植物品种，而在后的其他权利要求是对植物品种的具体使用方式的保护，更加明确了其具体的保护范围，以警示其他竞争对手或跟随者。

虽然专利文献中所记载的内容显示仍有大量作物品种尚不具有草甘膦抗性，但是这些专利文献也反映出两个重要的信息：一是孟山都拥有大量农作物品种的种质资源，可供新的具有更多优良性状的作物品种的开发；二是孟山都已将草甘膦抗性作为其新开发作物品种的基础性状之一，更多种类的草甘膦抗性作物品种的种植，必然配合着更大面积草甘膦的施用。孟山都草甘膦抗性作物专利的布局，最终很好地服务于其产品结构和市场需求。

3. 孟山都草甘膦抗性作物专利通过对转化事件的影响体现出专利控制力

从表8-4来看，孟山都目前的专利布局体系具有较强的市场控制力。

表8-4 全球各国政府审批具有草甘膦抗性的转基因作物转化事件情况*

单位：件

涉转化事件的草甘膦抗性基因	孟山都开发的草甘膦抗性转化事件	其他公司开发涉及孟山都的转化事件	其他公司开发未涉及孟山都的转化事件	共计
2mepsps	0	2	7	9
cp4 epsps	44	40	0	84
gat4601	0	0	1	1
gat4621	0	0	6	6
goxv247	10	5	0	15
mepsps	2	27	0	29
总计	56	74	14	144

* 数据来源于ISAAA网站。

目前市场上具有草甘膦抗性的经政府审批的转化事件中，有90.3%的转化事件依赖于孟山都的研究成果。最早由孟山都开发的cp4 epsps基因相关的草甘膦抗性转化事件则完全由孟山都开发或在孟山都转化事件的基础上开发而来，仅从转化事件这一个角度即可看到孟山都在草甘膦抗性转基因作物市场上的绝对控制力度。

相比之下，与孟山都合作开发草甘膦抗性转基因作物的企业主要集中在陶氏、先正达、杜邦先锋、拜耳等大型种业公司（见表8-5）。至于剩下9.7%的草甘膦抗性转基因作物转化事件虽不能看出其与孟山都开发的转化事件的关联，但是其所转化的基因主要是2mepsps、gat4601和gat4621基因，开发者是杜邦、拜耳、陶氏等大公司。可见，孟山都在草甘膦抗性转基因作物领域具有绝对的控制力。

表8-5 与孟山都合作开发草甘膦抗性转化事件的合作开发情况表　单位：件

合作开发者	合作开发转化事件	合作开发者	合作开发转化事件
陶氏	45	佛罗里达大学	3
先正达	35	诺华	2
拜耳	3	斯科茨	1
杜邦先锋	3	—	—

8.2.2 专利诉讼纳入企业市场经营战略

孟山都在美国有大量诉讼，其中与转基因农作物相关的70起诉讼，均涉及专利侵权。孟山都54件胜诉，5件败诉，11件没有明确结果，胜诉率达到了77%。

在 70 件诉讼中，有大量的诉讼案件涉及孟山都的 4 件专利，即 US352605、US4940835、US5633435、USRE39247，这 4 件孟山都的专利均涉及转基因植物或具有草甘膦抗性的农作物，而且孟山都与种植者的诉讼案件中，基本都涉及这 4 件专利中的一件或多件。

种植者在购买孟山都种子之后，一旦自行留种即构成对孟山都的专利侵权，孟山都已经通过专利实现了对其种子市场终端的控制；在抗虫转基因农作物领域，孟山都一开始虽然不占优势，但它抓住机会及时进行专利布局，改善了防守的状况以及谈判的地位，最终在该领域也具有了一定的控制力；在抗草甘膦转基因农作物领域，孟山都的专利布局已经非常严密，其他公司很难突破，在该领域孟山都已经具有绝对的控制力；对于新产品，孟山都通过无效其他公司相关专利，减弱了其他公司在该领域的控制力，同时也为产品的推广扫清了路障。

专利诉讼对于孟山都已经不再是单纯的法律术语，而是一种经营战略。首先通过专利无效诉讼削弱竞争对手对于该领域的控制；制订规则并发起诉讼对种植者的留种行为进行限制；与竞争对手诉讼，跻身新抗虫市场，进入新领域进行布局；通过已有专利维护已有市场。孟山都已经谙熟于专利诉讼的攻、防、布、守策略，以最大限度地打击对手，确保其商业利润及市场占有率，建立和维护自己的优势地位（见图 8-9）。

图 8-9 孟山都通过诉讼使用专利进行攻防示意图

孟山都通过积极的专利布局，降低了专利侵权和专利无效的风险，在诉讼中给自己提供了更多反诉的机会，同时专利布局还可以增加其和解的可能性，获取有利的和解条件。对于农民留种行为，孟山都已经通过诉讼形成了很强的威慑力。根据以上的分析可以看出，专利诉讼的基础还在于专利的布局,孟山都通过诉讼打击对手、控制市场,正是由于它前期进行了严密的专利布局。通过专利布局尽量扩大专利保护的范围,更广泛地保护不同的研究技术主题,拓展研究的自由度,扩大研发领域。

8.2.3 RNAi 等新兴技术获得极大关注

RNAi 技术在转基因农作物领域的专利申请量在持续快速增长,且热度不减,是达沃斯论坛公布的 2015 年十大新兴科技之一。孟山都在 RNAi 技术领域也有较深的布局,即 BioDirect 技术。

经检索,孟山都在该领域的专利共有 19 项(见图 8-10),其中 PCT 专利申请 16 项,最早的 9 项专利申请均进入欧洲,同时,这 9 项专利申请也均已进入中国,说明孟山都对中国市场的重视程度,并且早期的专利申请均通过 PCT 途径进入多个国家/地区,也说明孟山都对这一技术的重视程度。

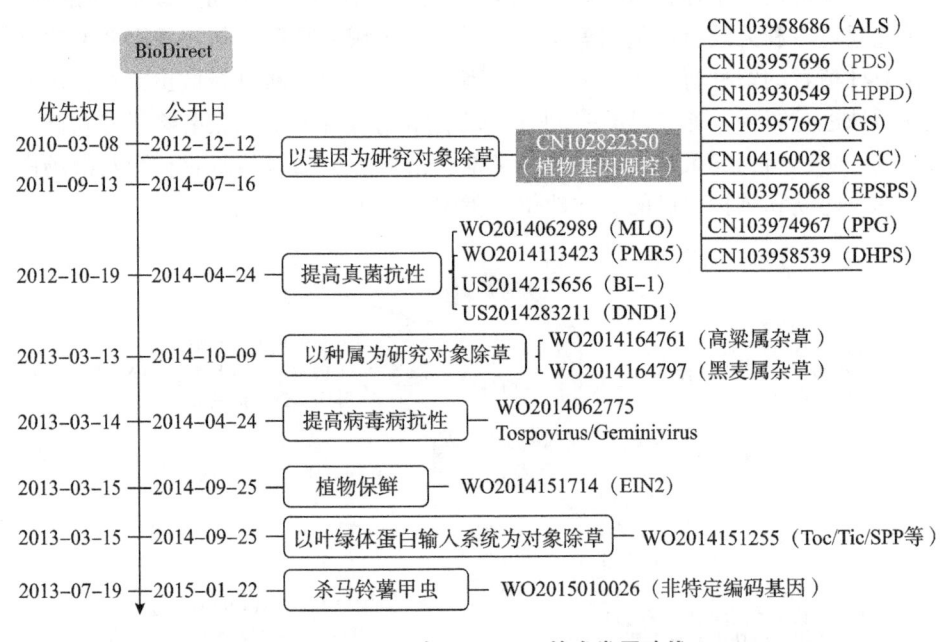

图 8-10 孟山都 BioDirect 技术发展路线

孟山都的 BioDirect 技术在清除杂草、提高作物抗真菌、抗病毒、抗虫方面都有非常好的应用价值。随着更多目标基因作用的发现,其还可以用于如植物保鲜等方面。这一技术值得其他研究人员的跟踪和借鉴,其在中国的专利申请也值得国内申请人关注。国内申请人在研发和商品化时,要注意专利侵权问题。孟山都对新技术的敏感性和在专利方面的适时布局也同样是其专利控制力的体现。

8.3 解读转基因新兴技术专利运营模式

8.3.1 四大新兴技术创新趋势比较

在转化方法方面，基因编辑技术申请量呈上升趋势，而人工核酸酶介导的基因编辑作为一种安全、高效的基因编辑工具受到了国际农业组织、国际大型农业科技公司的重视。主要的人工核酸酶技术有锌指核糖核酸酶（ZFN）、大范围核酸酶或转录激活因子样效应物核酸酶（TALENs）等，能够在基因组特定位置引起 DNA 双链断裂来提高基因编辑效率，近年来发展的 CRISPR/CAS 技术也在转基因作物领域得到了较大关注。

从各个技术方向的发展趋势看（见图 8-11），大范围核酸酶发展最早，近年来呈现下滑的趋势。ZFN 技术于 1995 年前后开始发展，由于 SANGAMO 对该技术的垄断，导致申请量有了一定下滑，但在 Dana Carroll 实现了该技术在生物体的应用后，ZFN 技术又有了进一步的发展；由于 SANGAMO 的垄断、设计/筛选的难度以及新技术的兴起，近年来也呈现了下降的趋势，但在总量上依然处于统治地位。TALEN 技术由于其识别域 TAL 因子在设计筛选方面相比 ZFP 的明显优点，自 2010 年后其热度呈指数上升。CRISPR/CAS 基因组编辑技术正式诞生于 2012 年，目前是研究热点，但在专利数量上尚未及时反映出来，非专利数量则表现较为明显。

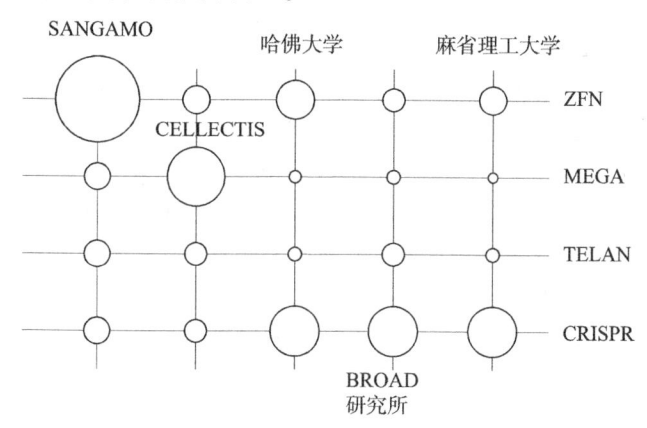

图 8-11 人工核酸酶领域的技术集中度

注：图中圆圈大小表示申请量多少。

ZFN、大范围核酸酶以及 TALEN 技术的基础突破分别由英国、法国和德国科学家做出，而 CRISPR 技术的基础突破由欧洲科学家和美国科学家共同做出，可以看出欧洲在生物学的基础研究上有着深厚的积淀；上述四个技术方向应用方面的突破，除了大范围核酸酶技术外，皆由美国科学家做出并由美国公司主导市场，反映出美国在技术产业化方面具有绝对优势。

人工核酸酶领域的技术集中度较高（见图 8-12，详见文前彩插第 4 页），ZFN 技术主要为 SANGAMO 垄断，而 MEGA 技术为 CELLECTIS 垄断，CRISPR 技术主要由哈佛大学、BROAD 研究所和麻省理工学院 3 家位于波士顿的研究院所垄断，而 TALEN 技术未发现垄断性的申请人。各大转基因巨头在人工核酸酶技术领域也皆有专利布局，但是在数量上并不突出，专利申请量最大的陶氏也未超过 30 件。

8.3.2 四大技术专利运营模式比较

1. ZFN 技术——大与小

SANGAMO 创始人从约翰霍普金斯大学获得了相关专利的授权，此后又分别从麻省理学院（CarlPabo）、强生公司和 Scripps 获取了大量 ZFN 设计与筛选相关的专利，在 2000 年前后完成了对 GENDAQ 的收购，获得了 MRC 团队的重要研究成果，并将 MA 设计方案的主要创立人 Yen Choo 收入麾下。此后又将 Dana caroll 以及 Mattew H. Porteus 的最新研究成果收入囊中，掌控 ZFN 在生物体中应用的基础专利，从而完成技术的集中垄断（见图 8-13，详见文前彩插第 4 页）。

SANGAMO 在完成对 ZFN 技术的垄断后，主要将精力投入开发治疗产品。在转基因作物领域，将 ZFN 技术在转基因作物领域的应用独家许可给陶氏，许可费用总计 0.5 亿美元，后者在此基础上发展 EXZACT 平台。利用针对植物优化的 ZFP 以及基因编辑、删除和叠加方法；并利用这些工具和方法对特定基因进行了编辑，涉及的性状包括降低植酸（IPK1）、除草剂抗性（EP-SPS）、改善植物油品质（FAD2 和 FAD3）以及改善收率（MDH）。此外还发展了辅助的方法和工具，例如检测方法，近年陶氏进行了大量基因座的申请，试图控制可进行基因操作的植物基因位点。

ZFN 技术的运营和许可体现了"小与大"的模式，反映了成长型小公司与成熟型大公司在面临新技术时应采用的运营策略：小公司可凭借灵活性迅速掌握新技术，并借此吸引风险投资，然后继续通过许可、并购或聘请科学家等完成对技术垄断；大公司可在小公司将技术发展成熟后，通过独家许可获得授权，基于自身技术基础迅速消化技术，并发展新的平台，以此开发新产品或再许可。

2. 大范围核酸酶技术——前与后

CELLECTIS 采用了位点变异的方法获得新的特异性；而在后出现的 PRE-CISION 采用了一种较为激进的方法，采用不同的酶进行嵌合获得新的特异性。在结构改进中两家公司采取了不同的技术路线，通过专利诉讼最终形成和解和技术的交叉许可。

拜耳对该技术较为重视，从 CELLECTIS 和 PRECISION 两个公司皆获得许可，并将其应用在农业领域。

大范围核酸酶技术基础专利的运营和许可体现了"前与后"模式，反映了技术先行者与跟随者的不同专利运营策略，技术先行者需要选择合适策略进行技术保护，并即时评估自己的保护状态，基于此调整专利运营策略，避免将自己陷入诉讼马拉松；而技术跟随者，可以利用后发优势，开发不同技术路线，避开专利侵权风险，并可以采用交叉许可等方式与技术先行者分食市场。

3. TALEN 技术——公与私

2BLADES 掌握 TAL 因子编码的基础专利，而 CELLECTIS 则掌握了核酸酶以及基础应用专利，2012 年，2BLADES 和 CELLECTIS 宣布完成 TAL 核酸酶技术的非独占交叉许可协议。每个机构对于双方覆盖该项精确基因编辑技术的授权和在审专利具有完全的权利。通过交叉许可使得该项技术迅速得到推广。各大种业公司，尤其是转基因技术相关的孟山都、先正达、拜耳、杜邦先锋等皆与 CELLCTIS 或 2BLADES 签署了技术合作协议，表明了对该技术方向的重视；然而，最早进入人工核酸酶领域的陶氏尚未在该领域发力，其可能依然在权衡新旧技术的优劣。

TALEN 技术基础专利的运营和许可体现了"公与私"模式，反映了 2BLADES 对技术产权成果运营的优势，由于其公益性质，一般会采取广泛许可的运营策略，从而避免垄断，促进科技进步；此外，2BLADES 的开发性质也有利于其更快地获取研发和市场信息，迅速调整知识产权战略（见图 8-14）。

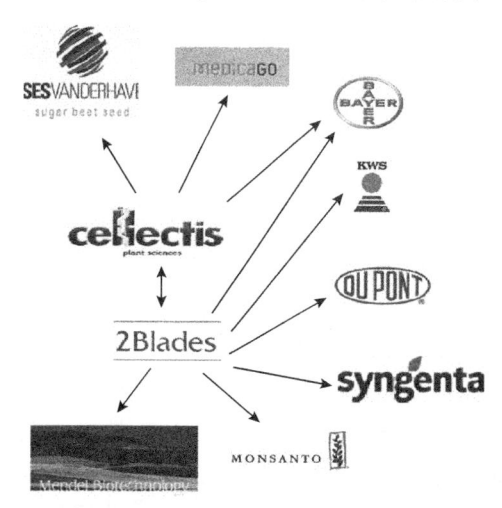

图 8-14　TALEN 技术在农业领域的交叉许可

4. CRISPR 技术——快与慢

虽然最早揭示 CRISPR/CAS9 作用的是来自加州伯克利大学 Jennifer Doudna 教授和德国亥姆霍兹医学研究中心的 Emmanuelle Charpentier 教授，他们还于 2015 年获得了生命科学突破奖，但是美国博德研究所（MIT – Harvard Broad）的张锋却是最早申请相关专利的先驱，该专利于 2015 年 4 月获得授权，这使得他和研究所几乎可以控制所有与 CRISPR 相关的重要商业使用。张锋依靠 4300 万美元的风险投资创办了 Editas Medicine，风险投资集团很快就开始召集 CRISPR 背后的关键科学家，占有专利和创立公司，专利控制对创业公司来说非常重要。但是 Jennifer Doudna 和 Emmanuelle Charpentier 的律师希望在美国启用专利抵触程序，通过该程序一个发明者可以接手另一个发明者的专利。

与此同时，CAR – T 新贵 Juno Therapeutics 与 Editas Medicine 达成协议，在 CAR – T 领域处于领先地位的诺华投资了 Intellia Therapeutics，张锋和 Doudna 这两位先驱分别联手 Juno 和诺华形成对峙之势，可以看出两家公司及其两位科学家之间的竞争一刻都没有松懈。

2015 年 10 月，DuPont and Caribou Biosciences（Jennifer Doudna 创立的公司）达成战略合作，杜邦获得 CRISPR/CAS 技术在主要农作物上使用的独占许可，以及在其他农业和生物学的非独占许可（见图 8 – 15）。

图 8 – 15 CRISPR 基础专利之争

CRISPR 技术基础专利的运营体现了"快与慢"模式，提醒在人工核酸酶领域，核心专利的争夺异常激烈。在 CRISPR 技术方向，最早作出突破性发现的科学家没有及时申请专利技术保护，而另外一研究机构凭借其应用优势，首先应用了该技术，并取得了专利保护。由此可见，研发人员要根据自己的研发阶段适时进行专利申请，并密切注意竞争对手的动向。

8.3.3 技术专利风险发展评估

在 SANGAMO 掌控的基础专利中,有关 ZFP 设计的专利均未进入中国,而其从犹他大学获取的应用核心专利,则进入中国并获得了授权,对于我国研究者和产业界造成了较大的知识产权障碍。此外,陶氏获得独家授权后,在转基因作物领域进行了布局,有关作物领域中应用 ZFN 的核心方法专利以及改进的 ZFP 尚处于审查之中,都需要关注。

CELLECTIS 的申请大部分涉及基因治疗,其中需要注意的是其筛选、设计具有新的特异性酶的方法,以及相应序列,例如其与 PRECISION 专利大战中所用的一个基础专利,进入中国并获得了授权。

2BLADES 与 CELLECTIS 交叉许可的两个基础专利都进入了中国国家阶段,使 TALEN 技术在我国的商业化利用的专利侵权风险较高。

张锋等关于 CRISPR 的专利族尚未进入中国,但中国为指定国或选定国,其依然有进入中国的可能。

ZFN 技术在基因编辑方法方面存在较大的专利侵权风险,MGN 在核酸酶设计和筛选方面存在一定风险;此外,由于 ZFN 和 MGN 技术发展较早,各大巨头在转基因作物的具体应用中进行了布局,因此需要密切关注。

8.4 中国自主转基因技术专利布局薄弱

1. 专利数量快速增长,难抵创新软肋

国内外在华专利总申请量为 10732 件,其中,国内申请 6679 件,国外申请 4054 件,总体趋势以及国内外专利申请态势如图 8-16 所示。

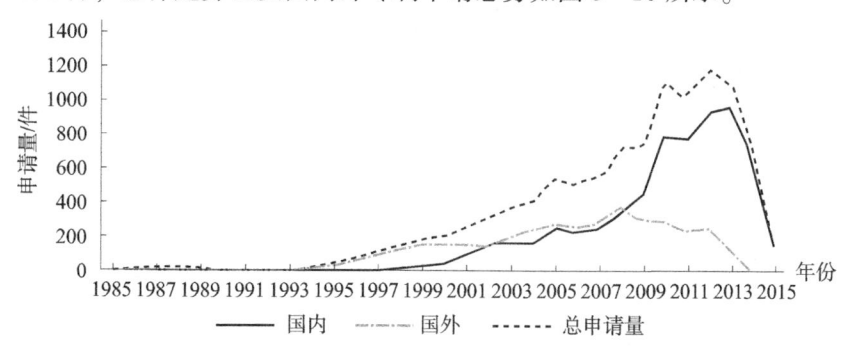

图 8-16 转基因作物技术国内外申请人在华专利申请趋势

从图 8-17 中可以看出,2000 年以前,国内申请总量基本上是由国外来华申请占据主导地位。从 2008 年开始,国内专利申请逐渐超过国外在华申请量,并开始主导国内转基因专利申请的增长速度。究其原因是,2008 年国务院启动了转基因生物新品种培育重大专项,并产生了大量伴随重大专项的专利申请,该项目极大地推动了国内转基因作物育种研发热情,对于国内转基因的技术发展有着极大的促进作用。

国内专利申请量最多的作物集中在水稻,而国外申请最多在玉米上。国内在非生物胁迫性状和育性改变上高于国外申请,在改变产品质量和调节生长、代谢、产率性状上均低于国外申请。在转化方法上,国内的专利申请只在生物学方法领域超过了国外申请。在其他4个领域均未能超过国外的申请量。在调控方法的技术分支方面,国外的申请量都要大于国内申请。

2. 专利质量不高,影响创新保护力度

根据表8-6所示,国内申请虽然总数比国外申请量大,仅有水稻和拟南芥的申请数量超过国外申请。国内申请量的优势在品种上分布并不均衡,从而导致国内绝大多数品种都处于申请量上的劣势。且总体来看,每件专利能够覆盖到的植物品种的数量国内仅为1.50,而国外整体平均高达3.99。其中,美国和欧洲更是能高达4.36和4.23。可见,国外尤其是欧美的专利申请布局内容要比国内丰富。

表8-6 涉及作物品种专利申请统计　　　　单位:件

作物品种	国内	国外
总计	4250	2600
玉米	705	1410
水稻	1682	1153
小麦	697	986
大豆	516	921
烟草	581	778
棉花	579	751
拟南芥	655	624
马铃薯	148	592
西红柿	221	562
紫花苜蓿	50	456
甘蔗	57	349
甜菜	30	233
亚麻	8	183
豌豆	87	175
白杨	90	138
瓜	24	135
茄子	39	133
苹果	37	108
油菜	65	108

在性状表达方面（见表8-7），随着表达性状数量的增加，其申请量随之大幅减少。可见，在专利布局方面，国外专利申请通常可以在一件申请中涵盖多种类型的性状，而国内专利申请保护类型比较单一。

表8-7 涉及性状数量的主要区域的专利申请量情况　　　　单位：件

涉及性状数量	总计	国内	国外	美国	欧洲	日本
1	4874	2714	2160	824	802	216
2	795	261	534	211	208	39
3	177	17	160	102	33	4
4	58	2	56	42	9	0
5	2	0	2	2	0	0
总计	5906	2994	2912	1181	1052	259

在总体数据上，非生物胁迫抗性和生物胁迫抗性占据的比重越来越大，代表了目前性状研究的整体趋势，而改变产品质量性状上的比重在不断降低。国内外的研究方向也有所差异，对于国内的申请来说，非生物胁迫抗性是比重增加最大的一个性状，而改变产品质量、调节生长/代谢/产率、生物胁迫抗性上的总体比重不断在缩小。国外在华申请的比例侧重不同，其在改变产品质量上的申请占据了较大比重。在调控方法和转化方法方面，无论是申请数量还是申请种类国外都占据明显优势，在各个技术分支上的表现也是国外比较强势，国内仅有生物学方法的转化方法申请较多。

3. 缺乏未来海外市场前瞻布局意识

国内主要转基因领域的科研单位和公司的PCT申请共计157件，相对于国内申请，通过PCT和巴黎公约到国外申请的情况较少，其中，华大基因涉及转基因农作物相关的申请为11件，其中有6件进入了美国，两件进入了中国香港。总体来说，华大基因有着国内企业较为优势的技术输出。创世纪拥有PCT申请83件，其所涉及的技术领域与转基因农作物相关度较高，但进入其他国家和地区的数量较少，仅有一件关于抗棉铃虫转化事件的申请进入印度。高校方面，华中农业大学、南京农业大学和中国农业大学位列技术出口前3位。由于缺乏产学研相结合可操作的层面，无法做到像公司一样的大规模PCT申请和国际技术实质性的合作。

8.5　我国转基因发展的专利症结及应对

1. 加大前沿技术跟踪积累

我国对于转基因技术的研究较为重视，进行了大量的技术储备，但在较为前沿的基因叠加技术方面发展稍显不足。这种情况势必影响后期我国转基因产品的市场化和国际化。转基因技术领域又是技术较为超前而实际使用相对周期较长的领域，在目前较为热门的基因编辑技术领域中，中国的专利申请比较少，并不能形成较为有效的专利保护链条，也无法进行市场化运营和操作。当产业放开之时，势必处处受限。因此，我国转基因技术面临专利制度化保障不够、基层技术缺失、先进技术布局不够的困难。同时，对于基因根源的种质资源也缺乏相应规模的投入和收集。即使对于已经发展相对较好的转基因棉花或玉米。国外转基因技术对于多新性状和多基因转移的技术已经可以产品化。

因此，面对新技术为主导和发展趋势迅猛的领域，技术的更迭、组合以及运用对于产业的发展尤为重要。需要对新技术的发展进行预测，并研究新技术如何形成产业技术优势、运营的策略等技术问题。

2. 加强法律政策衔接力度

我国的现行法律对于转基因植物的知识产权保护还没有确切的明文规定，多数是间接的、延及的保护方式，这也造成我国转基因植物知识产权保护力度不足。对国内研发主体的激发不足，再加上市场化政策的制约，直接导致国内转基因技术向市场转化的程度较低。建立并完善有效的转基因植物保护机制以及积极引导政策，将有助于在保护国家经济安全、农民权益的同时，充分利用我国丰富的遗传资源，维护育种者的利益，促进具有自主知识产权的育种科技成果参与国内和国际竞争。

3. 突破国外垄断，倒逼升级

随着转基因技术的大力发展，全球转基因的市场规模和种植面积在显著提高。已经形成了以美国为主导，各大洲全面开花的形式。许多传统的农业国家通过使用转基因技术扩大了其原市场规模，提升了国家的经济增长。在我国的周边，已经通过转基因棉花技术发展起来的印度依然在转基因的道路上不断改革，孟加拉国、越南、印度尼西亚相继开展转基因的种植。这势必引起对国内相应产业的冲击和压力。

同时，凭借技术上的垄断，全球五大农业技术公司占领了全球转基因农作物55%以上的市场份额，跨国公司农业生物技术垄断使得其极易操纵全球种业市场价格，使目标市场国对转基因技术产生依赖，同时也会对目标市场国的粮食及相关领域产业安全造成威胁，我国也面临上述的风险。

我国作为全球第二大种业市场，国际种业公司垂涎已久，由于政策方面的限制无法完全进入我国市场。但是，中国种业市场已被跨国种业公司纳入了它们全球化战略体系中，目前在我国种业市场上通过合资等方式实现实际经营的跨国种业公司包括了先锋、孟山都、先正达、利马格兰、巴斯夫等。

以上公司均进入中国，部分企业进入中国时间已经长达十年以上。

　　面对种业激烈竞争，我国需要予以积极应对：首先，建立起以企业为主体的农业生物技术产业体系，将技术研发和产业推广高度结合，发挥企业以市场需求为导向的创新模式；其次，大力培植具有国际竞争力的农业生物技术研发龙头企业，通过培植有利于避免市场经营风险和种子可持续化推广机制的建立，而且还能给农民提供更便宜、质量更有保证的种子。最后，审慎规避国外专利"陷阱"，加强国内农业研发知识产权保护，突破国外跨国公司依托专利对于市场垄断的格局。

9

稀土永磁关键技术*

稀土元素被誉为"工业味精",最重要的应用就是用于制备稀土永磁材料,尤其是钕铁硼永磁材料被广泛用于电子及航天工业、风力发电机和新能源汽车领域,全球钕铁硼永磁材料主要的消费市场在日本、美国、欧洲、韩国以及中国等国家和地区。从近期的销售数据看,稀土永磁材料的消费前景乐观,其中,我国是供应量最大的国家,我国生产的稀土永磁材料主要供应国外。

但是我国企业受日立金属专利封锁状况严重,日立金属通过并购合作,基本上控制了烧结钕铁硼领域的核心专利。目前,日立金属共授权了中国8家企业可以在一些国家或地区进行销售的专利许可,且不再进一步扩大许可,导致中国其他企业生产的烧结钕铁硼产品出口海外严重受阻。

9.1 中国稀土永磁创新贡献率低于产量贡献率

钕铁硼是最受关注的稀土永磁材料,其中烧结钕铁硼又是最受关注的钕

---

* 本章节选自 2015 年度国家知识产权局专利分析和预警项目《稀土永磁关键技术专利分析和预警研究报告》。

(1) 项目课题组负责人:夏国红、陈燕。
(2) 项目课题组组长:孙瑞丰、孙全亮。
(3) 项目课题组副组长:邓声菊。
(4) 项目课题组成员:王云涛、徐圆圆、唐志勇、董凤强、张殊卓、于霞、李关云、吴良策、张濛、刘庆琳、李晓蕾、王俊。
(5) 政策研究指导:孟海燕。
(6) 研究组织与质量控制:夏国红、陈燕、孙瑞丰、孙全亮。
(7) 项目研究报告主要撰稿人:王云涛、徐圆圆、唐志勇、董凤强、张殊卓、于霞、李关云、吴良策、张濛、刘庆琳、李晓蕾、王俊、王雷。
(8) 主要统稿人:孙瑞丰、孙全亮、邓声菊、刘庆琳。
(9) 审稿人:夏国红、陈燕。
(10) 课题组秘书:王雷。
(11) 本章执笔人:孙瑞丰、王云涛、王雷。

铁硼磁体。稀土永磁技术近期正处于第二个发展高峰期，主要以中国申请为主，但申请总量仍落后于日本。中国的专利申请量全球占比情况落后于产量全球占比，在专利布局上仍有可提高的潜力。

9.1.1 稀土永磁专利申请状况

全球已经公开涉及稀土永磁技术的专利申请量共 8000 余项。图 9-1 给出了 1980 年后全球稀土永磁专利申请趋势，全球范围内稀土永磁专利申请经历了两个高峰期，其中，第一高峰期是在 1987 年左右，主要以日本申请为主，第二个高峰期是在 2013 年左右，主要以中国申请为主。

图 9-1　全球和中国稀土永磁专利申请年度趋势

对全球稀土永磁专利主要技术主题进行分析可以发现，最受关注的是钕铁硼，占据总申请量的 3/4 以上；其次是第一、第二代稀土永磁——钐钴，由于钐十分昂贵使得钐钴的发展受到很大局限；此外，虽然钐铁氮的某些性能比钕铁硼还要优异，但受制于其制备工艺较为复杂以及原料成本高，目前还没有大的突破。

9.1.2 钕铁硼专利申请状况

从申请总量上看，日本在钕铁硼领域的专利申请量排名第一，为 3700 余项；中国排名第二，为 2500 项；其次是美国、欧洲等。图 9-2 给出了 1980 年以后全球钕铁硼专利主要国家和地区的申请趋势，日本在 1987 年申请量达到高峰（318 项），并在 1981~2006 年，年申请量远远超过其他国家和地区，持续至今仍有相当的专利布局，但近期已经被中国远远超越。中国自从 1985 年以来每年都有相关申请，在进入 21 世纪后，呈现明显的增长趋势，远超日本的申请量，基于目前我国钕铁硼的产业现状以及技术成熟度预测，未来在钕铁硼领域，中国的专利申请仍将呈现爆发式的增长趋势。

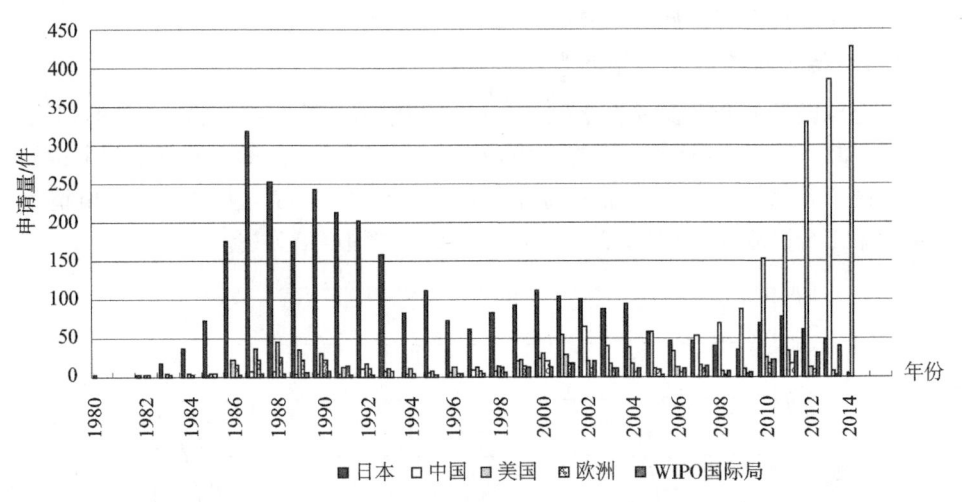

图9-2　全球钕铁硼主要国家和地区的专利申请趋势

图9-3给出了中国与全球的钕铁硼产量及专利申请趋势，从图中明显看出，全球钕铁硼产业虽然已经完成了从国外到中国的转移，但中国申请量全球占比仍然落后于中国产量全球占比，表明钕铁硼的产能转移要快于技术的转移，我国还有很大的提升空间。

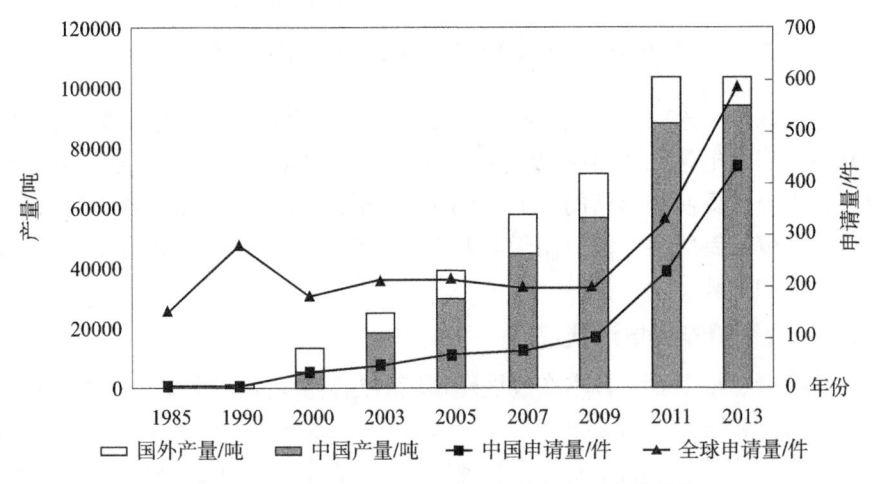

图9-3　中国与全球的钕铁硼产量及专利申请趋势

钕铁硼又可分为烧结钕铁硼、黏结钕铁硼、热压热变形钕铁硼和磁粉。对全球钕铁硼专利主要技术主题分析可以发现，最受关注的是烧结钕铁硼，接近总申请量的一半,其次是磁粉、黏结钕铁硼和热轧热变形钕铁硼,这与烧结钕铁硼市场份额最大、利润最高相适应。

9.1.3 主要申请人的专利申请状况

对全球钕铁硼专利主要申请人分析可以发现,日立金属在兼并了新王磁材、住友特金之后,几乎垄断了钕铁硼行业所有的重要专利,排名第二至第四位的是 TDK 集团、精工爱普生公司和住友矿山集团,但申请量较日立金属有一定差距。

图 9-4 给出了全球钕铁硼专利主要申请人布局的技术主题分布,从图中可以看出,日立金属和 TDK 集团主要关注烧结钕铁硼的开发与专利布局,其次是磁粉,对黏结钕铁硼和热压热变形钕铁硼稍有关注。

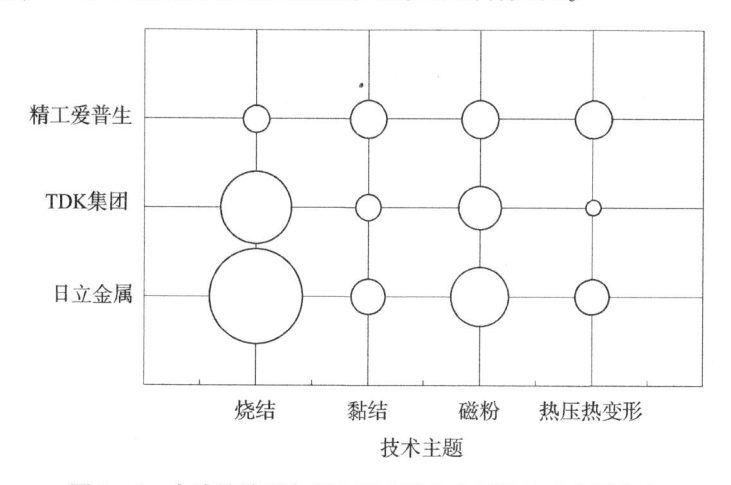

图 9-4 全球钕铁硼专利主要申请人布局的技术主题分布

注:图中圆圈大小表示申请量多少。

对中国稀土永磁专利申请主要申请人分析可以发现,日立金属在华布局量已经超过了中国稀土永磁行业的龙头老大中科三环,事实上,中科三环也是日立金属在华授权的 8 家企业之一,值得一提的是,沈阳中北通磁并不是日立金属授权的 8 家企业,但申请量排名第四位,具备一定的技术实力。

9.2 日本烧结钕铁硼核心技术全面领先中国

烧结钕铁硼的技术主题中最受关注的是成分改进和工艺改进类技术。在成分改进方面,技术热点是添加重稀土提高矫顽力、添加轻稀土降低成本;技术空白点是通过各种手段提高温度稳定性,以及添加氟、碳降低成本和提高矫顽力。在工艺改进方面,技术热点集中在采用快速凝固铸片和烧结时效提高磁能积和矫顽力;技术空白点是通过工艺改善温度特征、耐蚀性,以及采用表面还原扩散技术实现降低成本。尽管添加镧、铈等轻稀土元素会导致材料磁性能的下降，然而从我国稀土资源合理、均衡利用的角度来看，发展镧、铈取代技术有利于我国稀土永磁行业的长远发展。

9.2.1 专利技术主题布局概况

图9-5给出了全球烧结钕铁硼各技术主题专利申请趋势，最受关注的是工艺改进技术，占总申请量的30%以上。其中，早期的专利技术主要关注熔体快淬法和速凝法制备钕铁硼，也是当前生产制备烧结钕铁硼的主要技术，其核心在于将熔融合金浇铸到旋转的水冷金属辊的表面，获得一定厚度的速凝合金薄片。成分改进技术受关注程度仅次于工艺改进技术，主要分为三元烧结钕铁硼材料和三元以上的烧结钕铁硼材料，其中，三元以上的烧结钕铁硼材料得到了持续的发展，主要通过加入钴、铜、铝、重稀土、轻稀土、混合稀土等以提高烧结钕铁硼的矫顽力并降低成本。之后受到关注的是后处理、设备改进、微观结构改进和宏观结构改进。

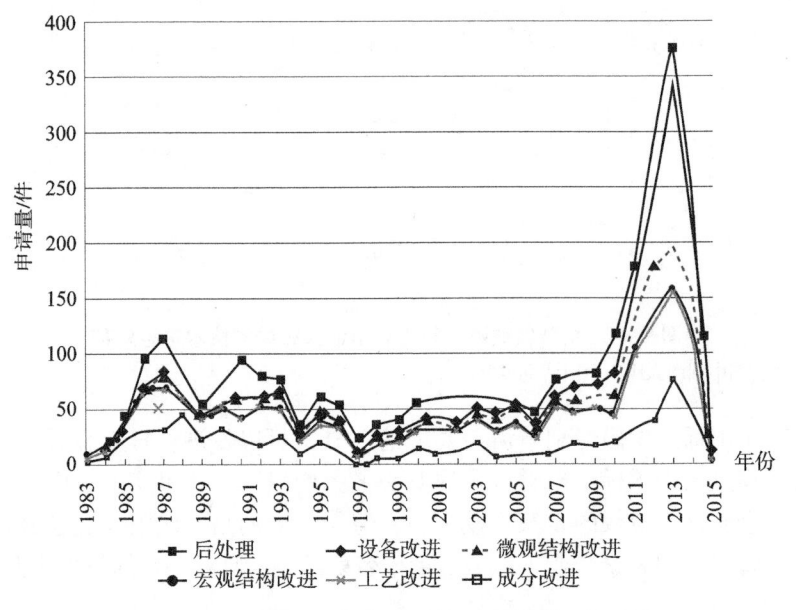

图9-5 全球烧结钕铁硼各技术主题专利申请趋势

图9-6给出了主要国家和地区烧结钕铁硼各技术主题专利申请分布，整体上看，日本除在设备改进的专利申请量明显落后于中国，在宏观结构改进上略落后于中国外，在成分改进、工艺改进、微观结构改进及后处理上的专利申请均超过中国。美国、欧洲和韩国在各技术分支的专利申请量都远落后于中国和日本，申请量也都集中在成分改进和工艺改进上。

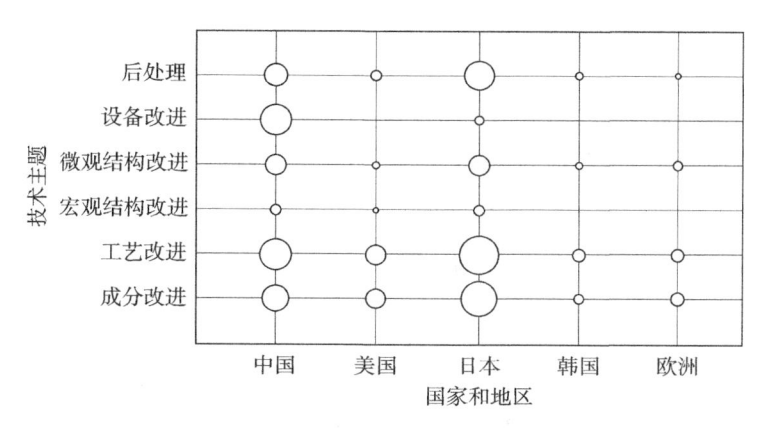

图 9-6 主要国家和地区烧结钕铁硼各技术主题专利申请分布

注：图中圆圈大小表示申请量多少。

9.2.2 成分改进和工艺改进

图 9-7 给出了烧结钕铁硼成分改进的技术—功效分布情况，由图可见，添加重稀土提高矫顽力的专利申请量最高，属于技术热点，添加轻稀土降低磁体成本的申请量也较高，也属于技术热点。对于提高温度稳定性以及添加氟、碳降低成本和提高矫顽力，受关注程度不高，且关注度近期有提升的趋势，属于技术空白点。

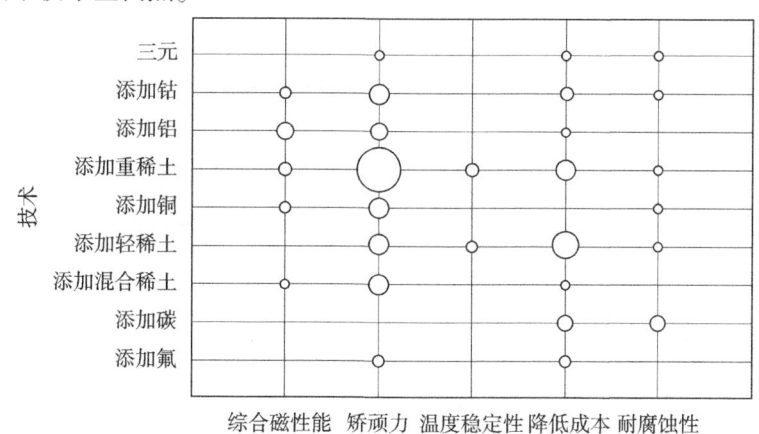

图 9-7 烧结钕铁硼成分改进的技术—功效分布

注：图中圆圈大小表示申请量多少。

图 9-8 给出了烧结钕铁硼成分改进的技术发展脉络梳理情况，整体来看，已经从分别关注磁性能的提高、降低成本逐渐转向到合适性价比的结合，近期的趋势是通过添加氟、碳原子到烧结钕铁硼中以达到上述要求。

227

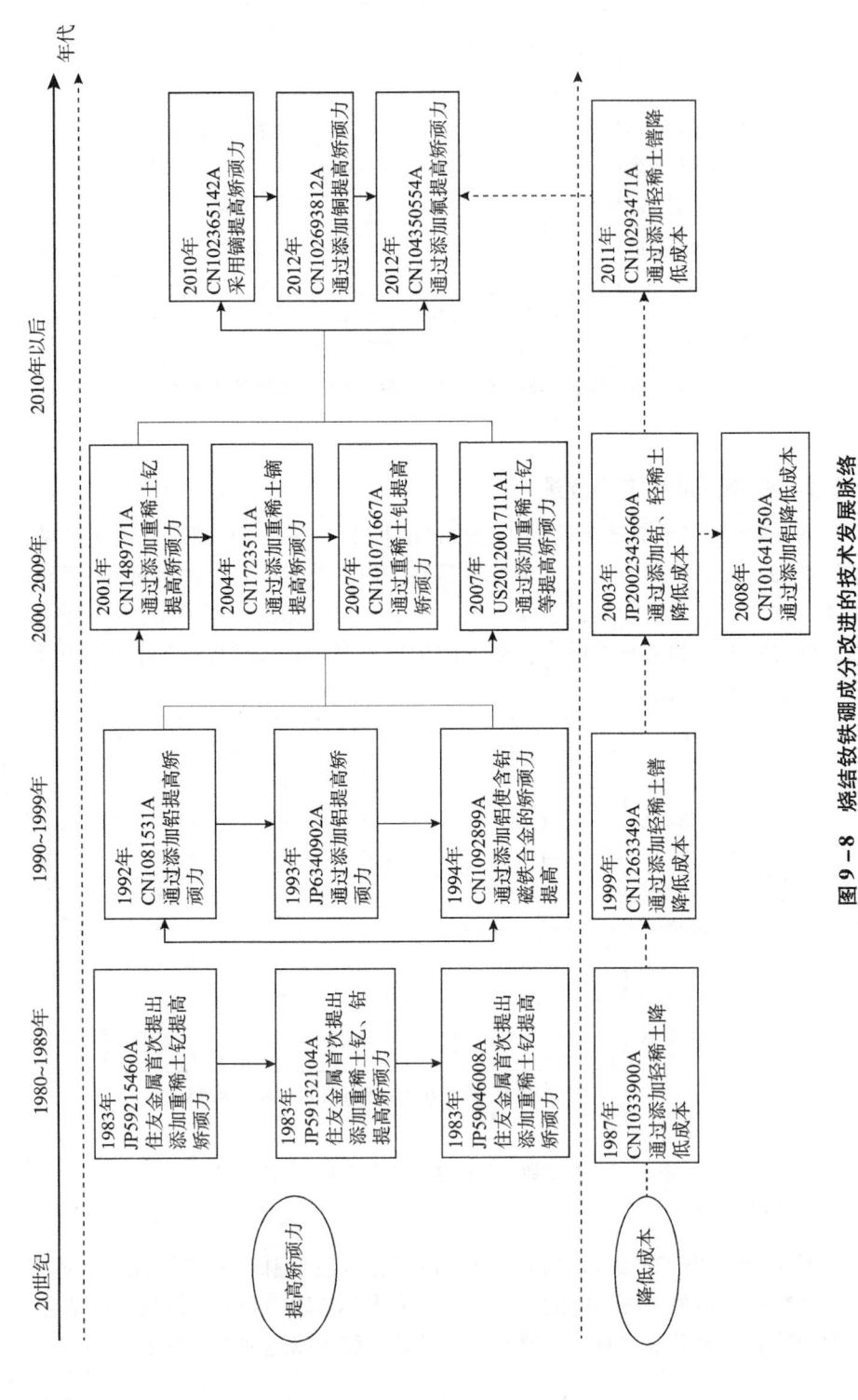

图 9-8 烧结钕铁硼成分改进的技术发展脉络

成分改进技术最适合专利布局，大部分重要专利涉及了成分改进技术，表明成分改进是烧结钕铁硼中最受关注的布局点之一。

图9-9显示了烧结钕铁硼制备工艺技术—功效分布。可以看出，工艺改进的技术热点是在采用快速凝固铸片和烧结时效提高磁能积和矫顽力，快速凝固铸片相对传统融合铸锭具有诸多优势，尤其减少了α-Fe，优化了晶相，属于技术热点。烧结时效时，包含扩散还原等在表相添加重稀土代替体相添加重稀土实现降低成本的技术属于技术空白点。

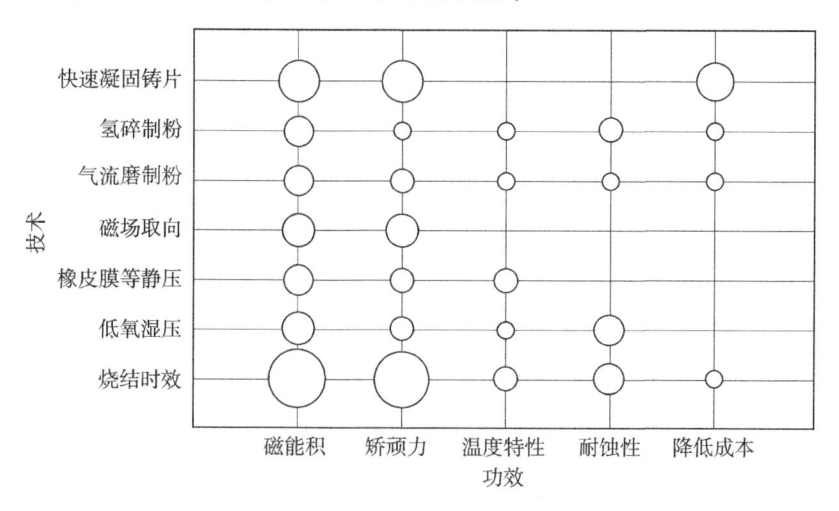

图9-9 烧结钕铁硼制备工艺技术—功效分布

注：图中圆圈大小表示申请量多少。

图9-10显示了烧结钕铁硼工艺发展的脉络。关注重点已从基本的合金熔炼、破碎制粉逐步转向取向成型、烧结时效。

综上所述，我国一方面应该引导创新主体在成分改进和工艺改进上进行积极的自主知识产权创新，另一方面也需要对创新主体的布局策略进行有效指导。对于上述技术热点，由于积累的现有技术较多，创新主体在进行创新研究时，需要充分评估现有技术，考虑该创新的高度如何，采取谨慎的态度进行专利布局；对于技术空白点，则可以采用积极的态度进行专利布局，占领制高点。

9.2.3 针对我国稀土资源的专利技术分析

我国稀土矿中富含轻稀土镧、铈，而且镧、铈比钕、镨更便宜，为充分利用我国的稀土资源并降低成本，使用一定比例的镧、铈取代镨、钕、镝等元素，以制备低成本高性能的烧结钕铁硼磁体，已成为行业普遍认可的技术思路。

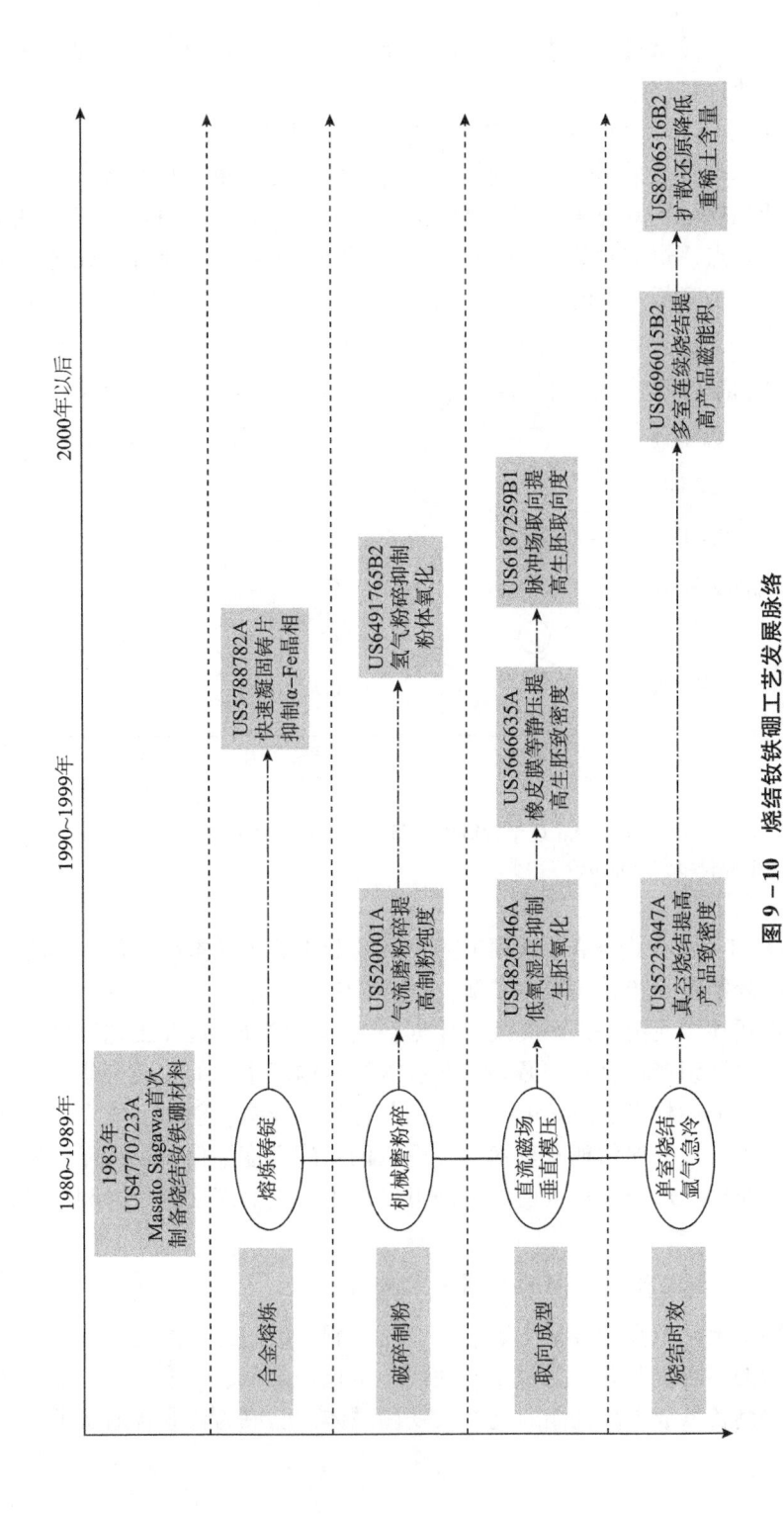

图 9-10 烧结钕铁硼工艺发展脉络

添加镧、铈技术在国外首次出现在 1984 年,在国内首次出现在 1987 年,其后至 2000 年,国外陆续出现专利申请,但数量很少,我国则基本上没有专利申请,这与钕铁硼材料制备方法的发展有关。2000 年后国外申请逐渐减少,我国则出现申请数量逐年上升的态势,至 2014 年,我国的年度申请量已经达到 24 件,说明该技术已经在我国引起广泛关注。

按照成分改进、工艺改进和微结构改进将镧、铈取代技术分为三大技术分支,其中,成分改进是该技术的主要方向,即仅采用镧、铈等轻稀土取代钕铁硼中的铌,并未涉及钕铁硼材料的制备方法和微观结构。微结构改进则涉及多相、双主相等对钕铁硼微观结构进行调控的技术,其中包括仅在主相中掺杂镧、铈,在主相、副相中均采用镧、铈进行取代,以及直接采用 CeFeB 作为副相。在国外,所有的专利申请均集中在成分改进,没有微结构及工艺改进方面的研究,我国可以进一步发挥在镧、铈取代钕铁硼的微结构及工艺改进上的研究优势,积极在全球主要市场布局相关专利,以突破日立金属的专利壁垒,发挥我国的资源优势。

9.3 日立金属领衔日本企业形成专利垄断优势

日立金属专利申请量增长稳定且有持续性,专利布局面广,是国际钕铁硼产业龙头企业。近年来,日立金属的技术研发热点转向了工艺和微结构改进,在中国市场专利布局仅次于日本本土,重点关注微结构改进,而设备、宏观结构改进是布局空白点。中科三环是国内钕铁硼产业龙头企业,布局热点在于后处理和设备改进,但是在海外少有布局。以佐川真人为代表的核心研发团队近年来重点在微结构和工艺改进方面进行了专利布局。

9.3.1 日立金属专利申请分析

日立金属稀土永磁材料总申请量为 1134 件,77% 为钕铁硼。日立金属在 1993 年的申请量达到高峰,为 70 项;之后由于收购住友特金,成立 NEO-MAX 株式会社,在 2003 年出现第二个小峰值,近期每年仍然维持着一定的申请量。

在钕铁硼专利中,烧结钕铁硼占 58%,随后是磁粉、黏结钕铁硼和热压热变形钕铁硼,与日立金属烧结钕铁硼市场垄断地位相适应,黏结与热压热变形钕铁硼始终维持着一定申请量,体现了日立金属也十分注重其他类型钕铁硼技术的发展。

图 9-11 给出了日立金属钕铁硼各技术主题的专利申请趋势。可见,初期申请集中在成分和工艺改进,自 1986 年起,后处理申请量明显上涨,成分改进、工艺改进和后处理维持了日立金属 20 世纪 80 年代申请量的持续增长。

至1993年，此三者仍保持平稳，但微观结构改进开始增加。1993年高峰之后，成分改进、工艺改进和后处理申请开始缩量，但工艺改进的占比反而增加；微观结构改进逐步增加，日立金属的研究热点发生转移，这也是未来需要关注的重点。

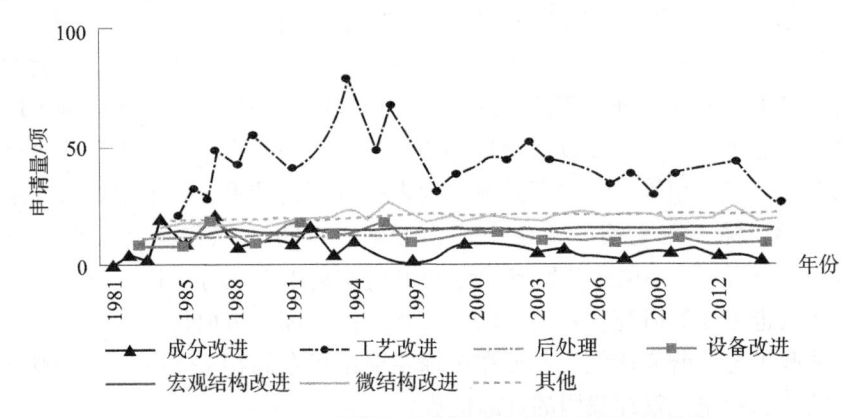

图9-11　日立金属钕铁硼各技术主题的专利申请趋势

图9-12显示了日立金属在主要国家的钕铁硼技术主题专利申请分布。日立金属在本土外的布局主要集中在中国、美国、欧洲、德国，东南亚几乎没有，其中，中国占据了半壁江山。由于中国具有丰富的稀土资源，是钕铁硼材料的重要供应地，随着中国专利制度建立以及中国企业对专利重视程度增大，专利布局竞争逐渐凸显，日立金属积极在中国进行专利布局，以稳固

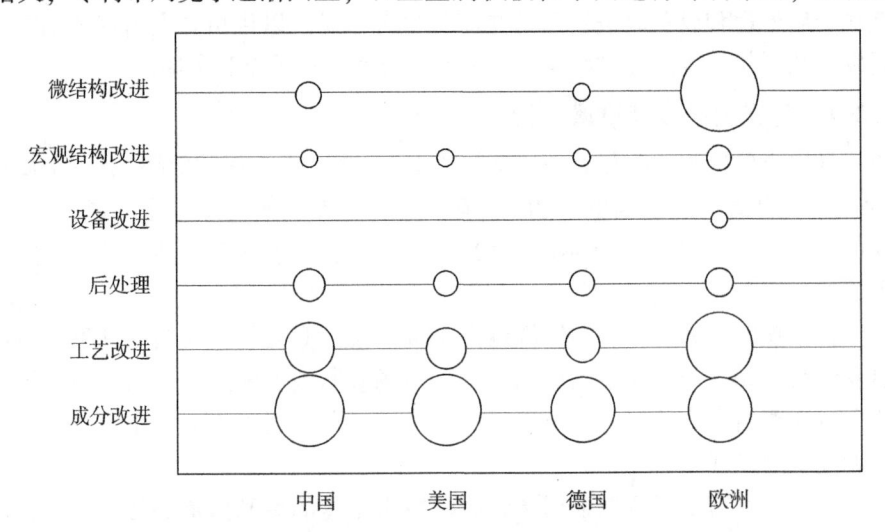

图9-12　日立金属在主要国家和地区的钕铁硼技术主题专利申请分布

注：图中圆圈大小表示申请量多少。

其专利垄断地位。虽然日立金属在各国整体技术主题分布比较全面，但在中国的布局与在美国、欧洲、德国明显不同。日立金属在中国的申请多集中在2000年后，着重关注微结构改进；而在美国、欧洲、德国多集中在20世纪八九十年代，着重传统的成分改进，反映出日立金属近几年的市场意愿与技术热点。

综上所述，日立金属在全球的专利布局中关于设备改进较少，我国的企业如中科三环在国内申请了大量设备改进专利，其特种设备具有特点，可以积极在国外进行专利布局。

9.3.2 其他企业专利申请分析

表9-1为精工爱普生、TDK集团、信越化工、中科三环的专利申请状况。精工爱普生稀土永磁专利申请总量为436件，82%为钕铁硼，主要集中在1985~1993年，后续申请较少。布局类型均衡，重点在黏结钕铁硼，是与其他日本企业区别最大的地方，其工艺改进基本决定了钕铁硼专利申请总量的变化趋势。在中国专利布局较多，在德国、美国、欧洲布局相当，在中国专利布局集中在磁粉与黏结钕铁硼，在其他国家还包括热压热变形钕铁硼和烧结钕铁硼。整体而言，设备和宏观结构改进是其专利布局空白点。不同的是，精工爱普生在东南亚国家如菲律宾、泰国等地近几年进行了黏结钕铁硼申请，是中国企业值得关注的地方。

TDK集团稀土永磁专利申请总量为429件，90%为钕铁硼，自2002年开始进入中国申请，21世纪申请总量甚至超过20世纪八九十年代，在2004年达到历史峰值。申请重点在烧结钕铁硼，后期工艺改进申请量明显增长，且出现微结构改进申请。中国申请占据了其国外申请量的68%，中国申请主要集中在烧结钕铁硼的微结构、工艺和成分改进，其中，微结构占比最高。21世纪后，钕铁硼核心成分、工艺专利基本失效，TDK集团着重在热点领域进行布局，也是中国企业进行国外布局可以效仿的思路。

表9-1 其他重要企业稀土永磁专利申请状况　　　　　单位：件

	精工爱普生	TDK集团	信越化工	中科三环
申请总量/件	436	429	189	138
重点年份	1985~1993年	2002年至今	分散	2005年至今
申请量峰值	1987（92）	2004（53）	1995（11）	2013（31）
集中主题	黏结（27%）	烧结（68%）	烧结（82%）	烧结（89%）
布局最多国家	中国（34%）	中国（68%）	中国（32%）	中国（98%）
重要专利特殊国家	菲律宾、泰国		菲律宾	

信越化工稀土永磁专利申请总量为 189 件，79% 为钕铁硼，申请量较低，规律性不强，与其市场份额并不适应。其重点布局在烧结钕铁硼，且分布比较均衡。国外布局比较均衡，在中国的申请集中在磁粉与烧结钕铁硼，设备改进和宏观结构改进是专利申请的空白点。

中科三环稀土永磁专利申请总量为 138 件，90% 为钕铁硼，均在 2005 年后申请。中科三环作为第二大钕铁硼磁体制造公司，产品主要是烧结钕铁硼，但与精工爱普生合作有黏结磁体生产公司，也进行了适量黏结钕铁硼申请，专利布局紧紧围绕产品。最关注后处理改进，其次是工艺和设备改进，成分改进占比非常少，几乎没有宏观结构与微结构改进方向的申请，这与国外钕铁硼企业专利布局区别很大。主要成分以及添加剂已为本领域熟知，为提高应用性能，积极进行磁体后处理改进非常重要；同时，成型、烧结工序的不断改进也是提高其性能的关键因素，相应的特种设备也是中科三环专利布局的着重点，形成了自主知识产权。虽然中科三环通过并购、合资等手段打破了钕铁硼海外市场的壁垒，但其国外申请只有两件 PCT 申请，基本未进行国外布局，专利意识仍需加强。

9.3.3 核心技术团队

发明人佐川真人共申请专利 98 件，其中 21 件进入中国。20 世纪 80 年代初，其在住友特金专利申请量较多，之后保持平缓，2007 年后，申请量出现了持续无断层地大幅增长。2007 年，佐川真人作为董事长的因太金属株式会社专利申请量增加，大举进入中国。

以佐川真人为代表的核心研发团队中，相关发明人主要分为 3 类，如图 9-13 所示。

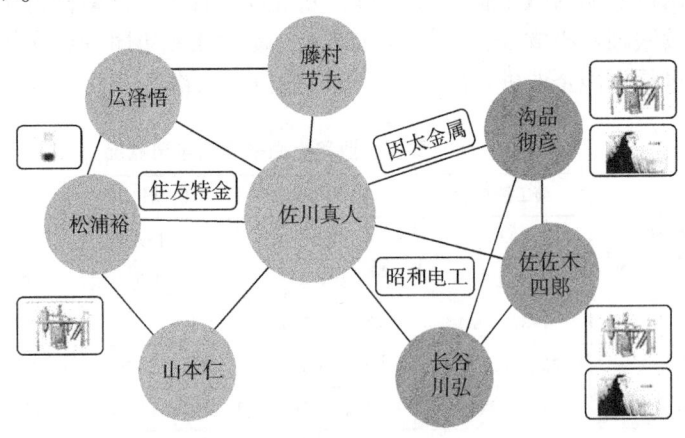

图 9-13 共同发明人关系分布

一是住友特金的藤村节夫、広泽悟、松浦裕、山本仁，早期专利申请比较集中，主要关注成分改进，由于专利保护年限，绝大部分专利已失效。

二是昭和电工的佐佐木四郎、长谷川弘，申请集中在 1990~2000 年，1993 年前申请集中在成分改进，之后集中在工艺和微结构改进。昭和电工为电机生产公司，作为钕铁硼重点应用企业，申请的多为用于电机的稀土永磁烧结材料，绝大部分专利是与因太金属株式会社的联合申请。

三是佐川真人创立的因太金属株式会社的沟口彻彦，值得关注的是，2007 年之后的申请，尤其是在 2010~2014 年的申请，其重点研究方向在于工艺以及微结构改进。该核心团队的研究重点也间接地反映了目前钕铁硼研究中的热点，也可能是之后的重点技术突破点。

佐川真人在 20 世纪 80 年代主要关注美国、欧洲、德国市场，重点技术在于成分改进；21 世纪重点关注中国市场，尤其关注微结构改进技术，工艺改进以及设备改进也进行适量布局。

9.4　日立金属对华企业钕铁硼专利诉讼与 337 调查

钕铁硼产业诉讼频发，龙头企业利用侵权诉讼、337 调查等手段来控制市场，制约竞争对手。日立金属利用两次 337 调查，迫使 8 家中国企业购买其专利许可。根据大数据辅助专家分析法的分析结果，第二次涉案的专利虽然难以规避，但是保护范围相对较小且稳定性差，具有无效的可能性。面对 337 调查等国际诉讼，中国企业应积极应诉，主动介入，还可以充分利用国内反垄断制度和国内侵权诉讼，实现反客为主，促成交叉许可，降低许可费率。

9.4.1　钕铁硼专利诉讼

自钕铁硼诞生之日起，诉讼就与之相伴，最早申请钕铁硼磁体专利的美国麦格昆磁公司和日本住友特金公司对两者相关专利的有效性发生分歧，诉诸公堂。后来双方庭外和解，签署了交叉许可协议，划分彼此的势力范围，并允许双方和各自当时的被许可者在全球范围销售自己的产品。自麦格昆磁公司的磁粉在日本销售以来，每年精工仪器和三菱金属均向麦格昆磁发出侵权警告信，导致麦格昆磁公司于 1995 年出钱买断三菱金属的专利。此外，麦格昆磁公司在 1998 年、2001 年、2004 年三次在美国对主要为电器、办公用品生产商和计算机公司的非钕铁硼磁体直接使用商提起了大规模诉讼，同时，由于贩卖侵权产品，沃尔玛公司也在被状告之列。

这些诉讼均涉及直接面对终端用户的产品生产和销售企业，而不是真正生产侵权磁体的企业。总的说来，这种做法有以下三个方面的好处：①震慑具有侵权可能的终端产品生产和销售企业，使这些公司购买麦格昆磁公司自己下游合法磁体生产企业的产品，从产业链终端压缩侵权磁体生产企业的生存空间，保护自己下游合法磁体生产企业的利益；②吸引世界的眼球，把磁性材料行业的专利情况复杂化；③有可能获得相应公司高额的专利赔偿费用。麦格昆磁公司正是利用其拥有的多项核心专利，频繁通过法律手段垄断钕铁硼磁粉市场近 30 年。

9.4.2 钕铁硼 337 调查分析

美国 337 调查是一项贸易救济措施，目的是防止外国进口产品以不公平竞争方法或不公平行为侵犯美国国内的产业利益，对于已经被侵犯的美国产业给予相应的贸易救济。337 条款规定，美国国际贸易委员会（ITC）给予权利人的救济措施主要包括针对涉案产品的排除令和针对特定当事人的禁止令。在一项 337 调查中，ITC 可以针对特定被告发布有限排除令，禁止该被告生产的侵权产品进入美国市场；也可以不针对特定被告，不区分产品来源地发布普遍排除令，禁止所有同类侵权产品进入美国市场。337 调查的救济效力能够涉及非列名被告企业的侵权产品。这是法律授予 337 调查的独特效力，也使得 337 调查成为吸引众多在美国拥有知识产权的美国公司及外国公司打击潜在外国竞争对手的一项重要工具。

1998 年，日本住友特金公司曾联合美国麦格昆磁公司启动美国 337 调查（案件号：337-TA-413），外国龙头企业正是运用 337 调查的特殊规则，起诉了两家实力不强、不具代表性且应诉可能性很小的中国小型钕铁硼磁体生产企业，由于涉案的两家中国企业北京京马永磁材料厂和新环技术开发公司并未应诉，最终导致 ITC 给出针对中国全体企业的普遍排除令。其 6 件涉案专利包含了钕铁硼最核心的组成结构和制备工艺。只要生产钕铁硼，在当时这些专利都是难以规避的，并且住友特金公司充分利用美国专利制度的特殊规则（1995 年 6 月 8 日以前提交的发明专利申请、植物专利申请，其专利期满终止日为：自专利授权之日起 17 年，或自该申请的最早美国有效申请日起 20 年，二者取其时间较长者），通过不断对最早优先权日为 1982 年的钕铁硼材料专利申请进行分案，从而形成了由 8 个美国授权专利构成的美国专利族的方式将最重要的核心产品专利 US5645651（涉及四方相含 Co 钕铁硼），在美国有效期延伸至 2014 年 7 月 8 日，由此导致住友特金公司关于四方相钕铁硼专利的保护时间前后长达近 30 年。

日立金属通过并购新王磁材和住友特金公司的方式，获得了几乎所有烧结钕铁硼的核心专利，虽然日立金属拥有的核心成分专利已失效，目前已经没有覆盖面较大的成分专利，但仍然握有众多有效的工艺专利。在 2012 年，日立金属利用其拥有的 4 项核心工艺专利发起 337 调查，涉案企业包括了 4

家中国（含香港创科实业有限公司）企业，23家美国企业和2家欧洲企业。通过此次调查，日立金属迫使被调查的3家中国企业安徽大地熊、宁波金鸡强磁和烟台正海磁材向其购买了专利许可，加上之前获得专利许可的中科三环、安泰科技、宁波韵声、银纳金科和北京京磁，目前共有8家中国大型烧结钕铁硼磁体生产企业获得了其专利许可，但是中国仍然有很多企业，没有获得日立金属的专利许可。这将会严重影响中国企业海外市场拓展。

9.4.3　应对337调查的建议

目前，大多中国企业尚没有主动介入美国337调查的意识，而国外龙头企业正是利用中国企业不愿意沾惹跨国官司的心理，只将部分涉嫌使用其专利技术的企业列为被告，而利用普遍排除令将相关产业的企业一网打尽。如果中国企业以后遇到类似的情况，特别是具有较强实力的企业和较大出口需求的企业，可以考虑主动介入案件，抓住机会抗辩，争取获得不侵权认定，甚至是无效对方的专利，至少通过和解获得产品继续出口的机会。这种情况下，企业可以根据实际情况，攻击对方某些专利无效或不可实施。在337调查案件中，有不少专利无效或者不可实施抗辩成功的先例。此外，企业还可以通过主动介入程序将其规避设计的产品纳入337调查中，确保规避设计的产品能够获得ITC的认可，从而确保美国市场的稳定性和连续性。如果没能介入337调查程序，或者337调查程序已经结束，受到相关专利限制的企业也可以根据专利的具体情况考虑向美国专利商标局主动提起专利无效程序，消除相关专利造成的障碍和法律风险。

此外，中国除了是全球最重要的磁性材料生产国，还是全球最重要的磁性材料消费市场。因此，中国企业可以在国内申请反垄断调查。中国企业可以考虑充分利用我国的反垄断法作为反制工具，在国内提起反垄断调查申请或者提起反垄断民事诉讼，实现反客为主，增加与对方和解谈判的筹码，以尽早顺利解决337调查等知识产权争议。

由于我国在钕铁硼的高端应用方面拥有巨大的市场潜力，中国钕铁硼企业也已经在中国有了较强的专利布局，因此，中国企业也可以以此为契机，效仿麦格昆磁公司在美国的诉讼策略，对使用日立金属生产钕铁硼的进口电机在我国提起侵权诉讼。通过这种诉讼的方式，将日立金属带到谈判桌前，对日立金属的专利许可范围和费率进行谈判。要想实现上述目的，单纯依靠个别企业是难以实现的，特别是中国钕铁硼生产企业情况各异，与日立金属的关系也错综复杂，因此，需要从国家层面对这次诉讼进行协调，可行的方式是由行业协会统一组织国内企业，整合利益分配，统一企业意见，集体开展一系列的侵权诉讼，力图通过频繁和大范围的侵权诉讼，促使日立金属同意扩大专利许可的范围和降低专利使用费率，提高中国企业在国际市场竞争的成本优势。

最后，中国企业还可以考虑针对竞争对手重要专利做好规避设计，绕开已有的专利布局。同时，研发的重点可以是获得外围专利，并加强专利的海外防御性布局，针对重要的目标市场，如美国、欧洲和日本等重点布局，增加与基础专利进行交叉许可的筹码等。

9.5 中国企业破解稀土永磁产业专利围墙

9.5.1 强化企业引导

1. 继续培育企业的知识产权意识，引导企业对目标市场进行专利布局

虽然我国专利申请量逐年增加，但申请量全球占比仍然落后于产量全球占比，与我国作为钕铁硼生产大国的地位不匹配，仍有很大提升空间。高端钕铁硼的主要市场在日本、美国以及欧洲等发达国家和地区。我国近期虽然年均申请量保持在 300 项以上，但海外布局的专利总数仅为 60 余项，布局的专利数量严重不足。

2. 引导企业研发方向，提供充分的现有技术支持

加大引导对重点技术的关注。烧结钕铁硼是市场份额最大的稀土永磁材料，最受关注的重点技术是成分改进和工艺改进。

对于成分改进，技术热点是添加重稀土提高矫顽力和添加轻稀土降低成本。技术空白点是通过各种手段提高温度稳定性以及添加氟、碳降低成本和提高矫顽力。对于工艺改进，技术热点集中在采用快速凝固铸片和烧结时效提高磁能积和矫顽力。技术空白点是烧结时效时使用扩散还原等技术在表相添加重稀土代替体相添加重稀土实现降低成本。

3. 鼓励企业针对我国稀土资源特点进行研发，积极进行专利布局

我国稀土矿富含轻稀土 La、Ce，因此开发 La、Ce 取代技术对我国具有重要意义。一般添加 La、Ce 会导致钕铁硼磁性能降低，目前国外对 La、Ce 取代技术的研究较少，而我国已有相关的科研院所开展添加 La、Ce 时通过合理的微结构设计以减少性能降低的研究，但相关企业跟进还不够，需要引导企业和科研院所加强合作，扶持轻稀土 La、Ce 添加钕铁硼的技术开发，充分利用我国的稀土资源。

4. 积极协调组织统一应诉 337 调查，提供全方位支持

我国钕铁硼磁体生产企业情况各异，与日立金属的关系也错综复杂，在面对 337 调查时态度不一，难以形成强有力的合力。针对此种情况，可以协调组织国内企业，整合利益分配，统一企业意见，集体进行应诉。在具体策略上可以攻击对方专利无效或进行不侵权抗辩。

5. 协调组织发起国内侵权诉讼，促使专利许可费率降低

我国在钕铁硼的高端应用方面拥有巨大的市场潜力，而且我国钕铁硼企业也已经在国内有了较强的专利布局。因此，可以统一组织国内企业，效仿麦克昆磁公司在美国的诉讼策略，对使用日立金属生产钕铁硼的进口电机在我国提起侵权诉讼，起诉进口电机使用的钕铁硼侵犯我国企业的专利，从而迫使日立金属坐到谈判桌前，降低专利许可费率，提高我国企业在国际市场竞争的成本优势。

9.5.2 增强企业创新

1. 重视对于目标市场国家的专利布局

虽然，我国企业已经开始重视专利布局，在国内有了可观的专利申请，但是对于海外专利布局还不够重视，特别是对于目标市场国专利布局的重视不够，主要依靠日立金属的专利许可进行销售，这样难以改变受制于人的状况，应积极在目标市场国进行专利布局，特别是在美国、日本、欧洲的布局。

2. 借鉴知名企业的专利布局策略，关注技术热点和空白点

我国企业应重点关注知名企业的专利布局策略，特别是日立金属的策略。充分关注技术热点和空白点，根据企业的实际情况有选择地加大研发和专利布局投入，为开拓今后的市场奠定基础。

3. 充分利用我国稀土资源，拓展稀土永磁研究方向

我国稀土资源丰富，特别是轻稀土 La、Ce 资源丰富，如何充分利用我国的稀土资源是企业应该认真考虑的。目前，利用 La、Ce 的核心是如何提高性价比，由于科研院所已经有了一定的研究基础，企业可以积极与科研院所合作，提高创新效率。

4. 积极应诉，主动介入 337 调查，变被动为主动

我国企业在面对 337 调查时应积极应诉。此外，具有较强实力的企业和较大出口需求的企业，可以考虑主动介入案件，通过主动介入程序将其规避设计的产品纳入 337 调查中，确保规避设计的产品能够获得认可。此外，还可以主动对重要专利提出无效宣告请求，从源头上消除 337 调查的隐患。

5. 充分利用国内法律，寻求交叉许可，降低许可费率

我国企业面对日立金属的知识产权围堵时，可以在国内申请反垄断调查，还可以在国内利用自己的专利对使用日立金属产品的企业提起侵权诉讼，增加与对方和解谈判的筹码。

此外，我国企业还可以考虑针对日立金属的重要专利进行外围专利的研究，加强专利的海外防御性布局，针对重要的目标市场，如美国、欧洲和日本等重点布局，增加与日立金属进行专利交叉许可的筹码，降低许可费率。

10

触控屏技术*

随着计算机技术和网络技术的发展，触控屏技术逐渐渗透到社会生活的各个方面，从工业用途的设备控制、操作系统，到商业领域的电子信息查询、银行自助取款机 ATM，再到普遍使用的消费产品智能手机、平板电脑、数码相机等，触控屏技术已经成为当前影响全球电子消费经济的重要组成部分，特别是以智能终端为核心的个人电子消费市场的快速增长，对于触控屏产业和技术发展具有强大的拉动作用，触控屏产业仍处于较快发展的阶段。

近年来，全球触控屏制造产业的重心已经逐步转移至亚太地区，日本、韩国、中国和中国台湾地区构成全球触控屏产业的核心区域，日本夏普、日本显示、日本索尼、韩国三星、韩国 LG、中国台湾宸鸿等国际龙头企业在高端触控屏产品方面技术实力强大，成为全球最大智能手机厂商苹果公司的产品供应商，占据全球触控屏产业价值链的高端。

---

* 本章节选自2015年度国家知识产权局专利分析和预警项目《触控屏技术专利分析和预警研究报告》。
（1）项目课题组负责人：杨帆、陈燕。
（2）项目课题组组长：周述虹、孙全亮。
（3）项目课题组副组长：马克、赵哲。
（4）项目课题组成员：郭全萍、徐国亮、王剑、顾洪、朱来普、刘雨章、林坚、王建华、徐菲、刘洋、李维、危峰、刘庆琳、孙玮、张松。
（5）政策研究指导：徐海燕。
（6）研究组织与质量控制：杨帆、陈燕、周述虹、孙全亮。
（7）项目研究报告主要撰稿人：周述虹、朱来普、王建华、刘雨章、林坚、徐菲、顾洪、李维、刘洋、郭全萍、徐国亮、王剑、危峰、赵哲。
（8）主要统稿人：周述虹、赵哲、徐国亮。
（9）审稿人：杨帆、陈燕。
（10）课题秘书：赵哲。
（11）本章执笔人：赵哲。

中国作为全球重要的终端消费市场，长期属于触控屏企业及下游电子设备厂商竞相占领的战略要地。在触控屏行业相关政策的鼓励以及地方政府的大力支持下，国内众多触控企业如欧菲光、合力泰、京东方、信利光电、天马微电子、莱宝高科等也迅速成长，在国内市场已经占据主动地位，相关触控屏产品广泛提供给华为、中兴、联想、小米等国内知名电子设备厂商，部分龙头企业已经有能力向国际客户提供更高端的触控屏产品，在国际市场上竞争力逐步增强，国内触控屏产业总体面临良好的发展机遇。

然而，触控屏产业发展同样也遇到多方面的困难和问题：（1）触控屏产业属于典型的订单型产业，触控屏产业的发展长期严重依赖下游电子设备厂商的产品订单和技术偏好，产业发展和技术创新都较为被动，触控屏企业的生存危机时刻存在，由于下游设备厂商的技术选择或订单转移而导致触控企业破产的情况时有发生；（2）触控屏中的感应线路层采用的导电膜材料成本较高，其中 ITO 导电膜占触控屏成本的 40% 左右，由于 ITO 导电膜同时更广泛地应用在平板显示等产业领域，并且上游材料厂商特别是日本材料厂商的垄断性较强，导致触控屏企业的议价能力较弱，同样只能被动地接受高昂的材料成本；（3）随着触控与显示技术的融合，具有产品研发生产能力的厂商如京东方等逐步切入触控屏产业，并基于其积累的技术优势和营销渠道，加速进入下游设备厂商的产品供应序列，传统触控屏企业不得不面临更加严峻的市场蚕食和技术竞争。

这些问题的存在，使得国内触控屏企业同时面临产业链上下游以及显示领域的制约和影响，这对国内触控屏产业发展和技术创新提出更高的要求。特别是在争夺高端触控屏产品订单和市场份额的竞争中，利用专利打击竞争对手的情形日益普遍，构建坚实有效的专利布局已经成为提升核心实力、赢得市场主动和防范发展风险的战略武器。

本章围绕触控屏产业存在的上述问题，从整体专利信息分析入手，深入研究影响触控屏产业发展的触控感应线路结构、触控导电膜材料等若干关键技术以及重要厂商的专利状况，明晰国内企业的技术创新方向和专利布局策略，帮助触控屏产业提升整体竞争力。

10.1 触控屏技术专利爆发式增长，中国贡献显著

1. 触控屏技术领域的全球专利申请保持快速增长态势，中国、日本、韩国等亚太地区主导全球触控屏技术创新，中国成为拉动全球专利申请增长的主要力量，国内申请人是触控技术创新的活跃主体。

得益于近十年来触控终端市场的日益成熟，2006 年以来，触控屏技术的全球专利申请开始快速增长（如图 10-1 所示），目前全球专利申请总量已

经超过3万项，其中超过90%的专利申请集中在中国、日本、韩国，亚太地区成为全球技术创新的核心区域。

中国作为全球最大的触控电子产品消费市场，专利申请量更是呈现爆发式增长的态势，随着智能终端设备普遍采用触控技术，预计未来几年触控屏技术领域的专利申请仍将保持稳定增长的趋势，中国拉动全球申请增长的趋势愈发明显。

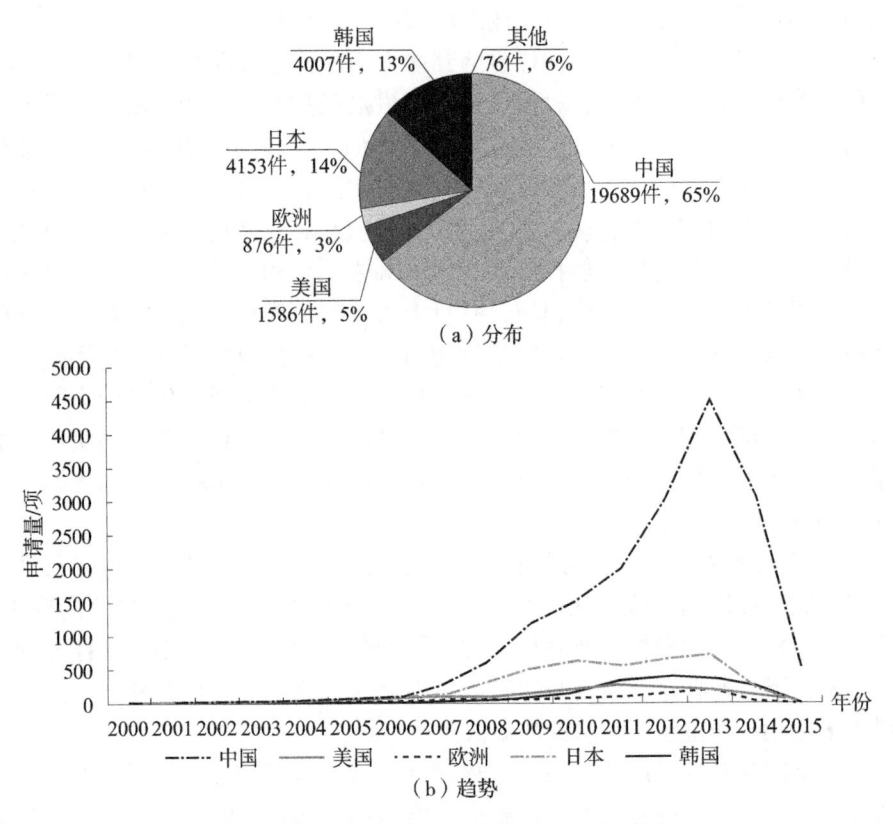

图10-1 触控屏技术全球专利申请区域分布及趋势

就中国专利申请而言，国内申请人的技术创新更加积极和活跃，专利申请增速飞快，专利申请规模持续扩大，相比之下，国外申请人在华布局显得步伐缓慢（如图10-2所示），国内申请量已经远超国外来华申请量，国内申请人已成为触控屏技术创新的活跃主体。

2. 电容式触控屏是主流触控技术，也是全球主要国家和地区普遍关注的研发重点，在触控屏大尺寸的发展趋势下，可能与光学式触控屏技术产生交叉竞争。

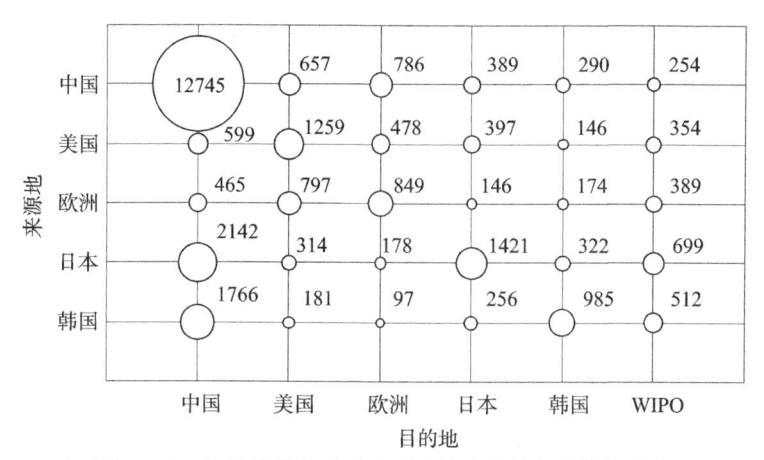

图 10-2 触控屏技术全球专利申请来源地和目的地分布

注：图中数据表示申请量，单位为项。

研究发现，全球触控屏技术创新的重点与产业发展状况基本相符，主要集中在电容式触控屏方面，如图 10-3 和图 10-4 所示，全球专利申请占比

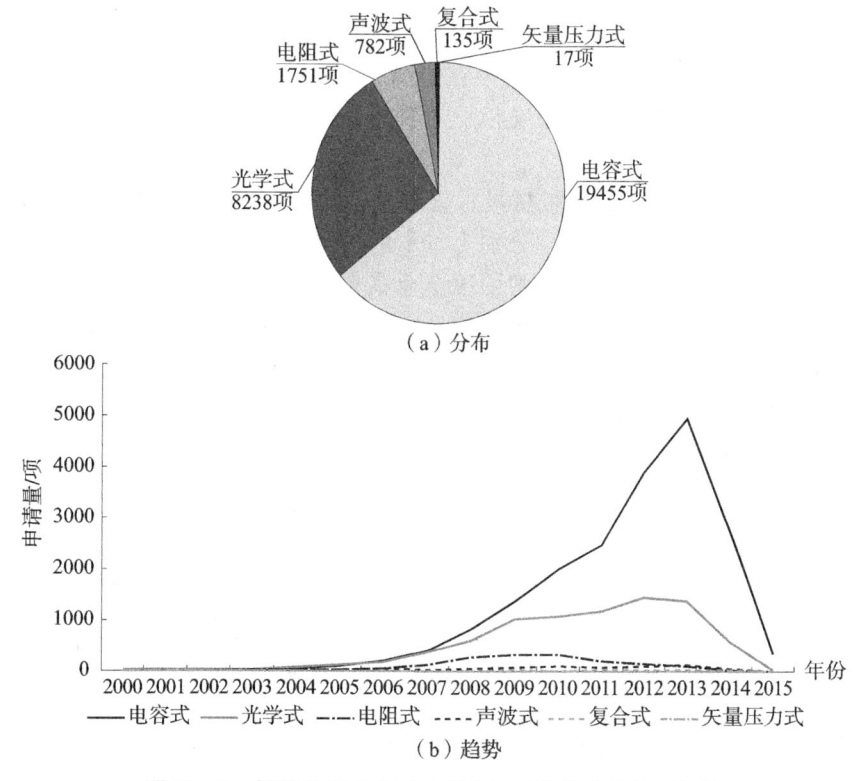

图 10-3 触控屏技术全球专利申请重点分支分布及趋势

243

超过60%，全球主要国家和地区普遍将电容式触控屏作为技术创新的重点。另外，中大尺寸触控屏所采用的光学式触控屏也是技术研发的重点，全球专利申请占比将近30%，在未来电容式触控屏大尺寸化的趋势下，电容式触控屏有可能对光学式触控屏构成交叉竞争，如此一来，电容式触控屏的专利申请占比有望继续提升。

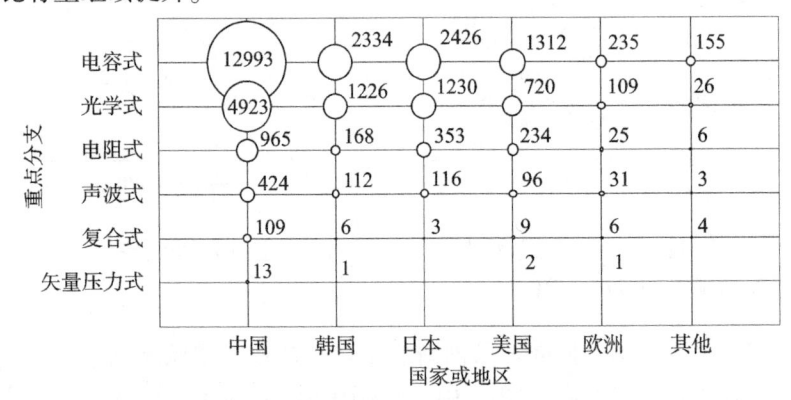

重点分支	中国	韩国	日本	美国	欧洲	其他
电容式	12993	2334	2426	1312	235	155
光学式	4923	1226	1230	720	109	26
电阻式	965	168	353	234	25	6
声波式	424	112	116	96	31	3
复合式	109	6	3	9	6	4
矢量压力式	13	1		2	1	

国家或地区

图 10-4　触控屏技术全球重点专利申请区域分布

注：图中数据表示申请量，单位为项。

3. 触控技术创新主体大多集中在中国、日本、韩国，中国的京东方、欧菲光、天马微电子等企业表现突出，专利申请集中度逐渐走高，产业整合速度逐步加剧。

如表 10-1 所示，在触控屏技术领域，全球申请量排名前 10 位的申请人日本、韩国的企业占据四席，分别为日本的索尼和夏普以及韩国的三星和乐金，中国申请人占据六席，其中中国企业京东方和欧菲光专利申请规模已经较大，而且京东方与欧菲光的绝大部分专利布局集中在近五年，与中国台湾企业中的友达、宸鸿和胜华相比已占优势，与韩国乐金和三星基本处于相同梯队，国内企业的技术创新表现较为突出，也预示着未来几年将面临更加激烈的竞争格局。

表 10-1　触控屏技术领域全球重要创新主体

排名	申请人	总申请量/项	申请量占比	近 5 年[1]申请量/项	近 5 年占比
1	京东方	1657	5.45%	1625	98.1%
2	乐金	1196	3.94%	1019	85.2%
3	三星	1158	3.81%	874	75.5%
4	欧菲光	1002	3.30%	992	99.0%
5	友达	893	2.94%	568	63.6%

[1] 近 5 年指的是 2010～2014 年，下文不再赘述。

续表

排名	申请人	总申请量/项	申请量占比	近5年[1]申请量/项	近5年占比
6	胜华	758	2.50%	606	79.9%
7	宸鸿	687	2.26%	613	89.2%
8	夏普	557	1.83%	363	65.2%
9	天马微电子	551	1.81%	500	90.7%
10	索尼	455	1.50%	223	49.0%

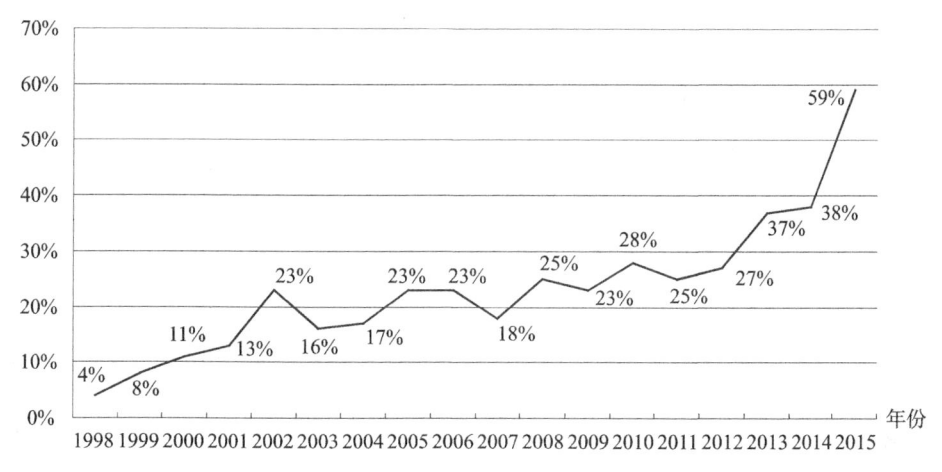

图 10-5 触控屏技术前 10 位申请人年申请量全球占比趋势

如图 10-5 所示，根据全球前 10 位申请人的申请量占总申请量的比例趋势可以看出，其年度专利申请占比呈现逐渐提升的态势，近三年的数值已经超过 35%，反映出全球专利申请日益集中于部分龙头企业，产业整合速度加剧趋势较为明显。

10.2 触控感应线路结构专利格局待定

1. 触控感应线路结构领域中国地区的专利申请数量优势明显，国内申请人创新活跃并且专利申请增长迅速，成为拉动全球专利申请快速增长的主体力量，日本、美国、欧洲、韩国等发达地区专利申请增长缓慢平稳。

如图 10-6 所示，触控感应线路全球专利申请达到 7900 余项，其中，中国地区的专利申请达到 5400 项，占比超过 68%，韩国（1050 项）和日本（1005 项）的专利申请比较接近，占比均在 13% 左右，而美国和欧洲的专利申请数量更少，中国的专利申请量优势明显。

---

[1] 近 5 年指的是 2010~2014 年，下文不再赘述。

从创新态势来看，2007年以前，感应线路结构方面的专利申请较为平缓，随着电子设备逐步应用触控技术，相关专利申请开始快速增长，特别是近年来采用触控屏作为操作界面的智能终端设备爆发式增长，轻薄化和重体验的触控要求使得感应线路结构不断改进和升级，催生了感应线路结构专利技术的飞速增长，预计未来几年全球专利申请仍将保持稳步增长态势。

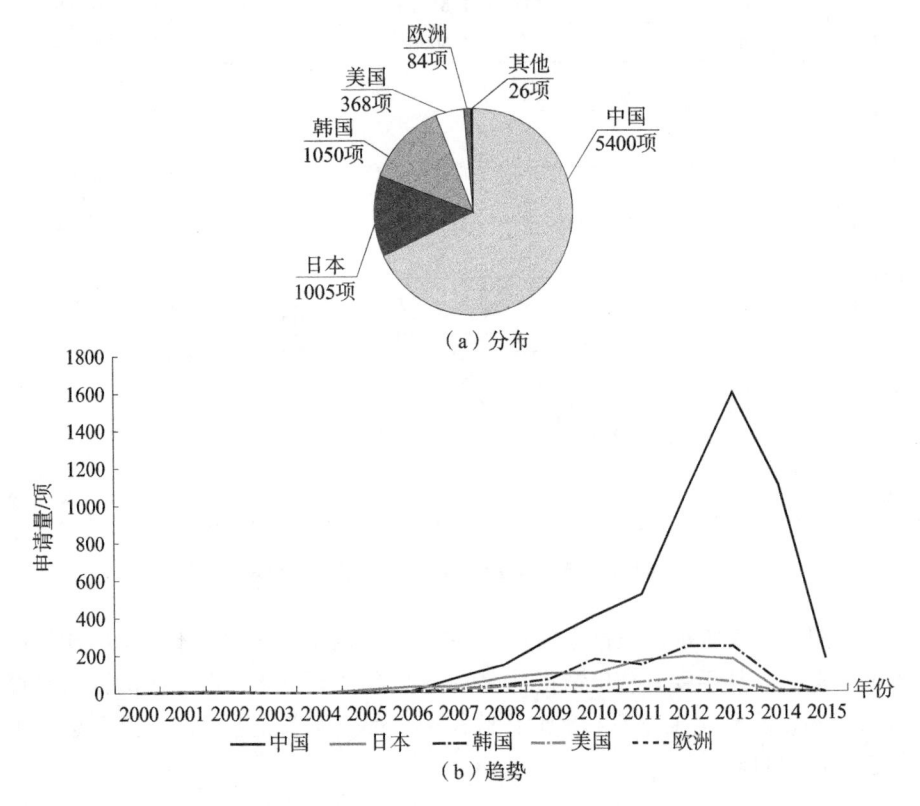

图10-6 触控感应线路结构全球申请区域分布及趋势

对于中国的专利申请来说，早期的专利申请大多来自于国外和中国台湾企业。近年来，国内触控屏企业技术创新日趋活跃，专利布局积极性较高，其中，国内大陆申请人的申请量占比将近70%，而中国台湾申请人和国外申请人各为15%左右，国内大陆申请人已经超越中国台湾和国外申请人，成为拉动感应线路结构领域专利申请快速增长的主体力量。

2. 韩国和日本申请人更加重视海外市场，中国和美国是日本和韩国企业专利布局的重要地区，国内申请人的海外布局意识和能力明显不足，来自广东、台湾、北京、江西等省市的专利申请居前，台湾企业技术实力相对强于大陆省市。

如图 10-7 所示，韩国和日本申请人在中国布局的专利数量分别为 570 余件和 530 余件，与其在本国布局的专利数量相比，其比值超过 50%，同样，日本和韩国申请人在美国布局的专利数量与其在本国布局专利数量的比值也将近 30%，日本和韩国申请人对于中国和美国市场的重视程度较高。相反，中国申请人在日本、韩国、美国等海外市场的专利布局规模明显很小，海外布局意识和能力明显较弱，海外市场专利风险系数较高。

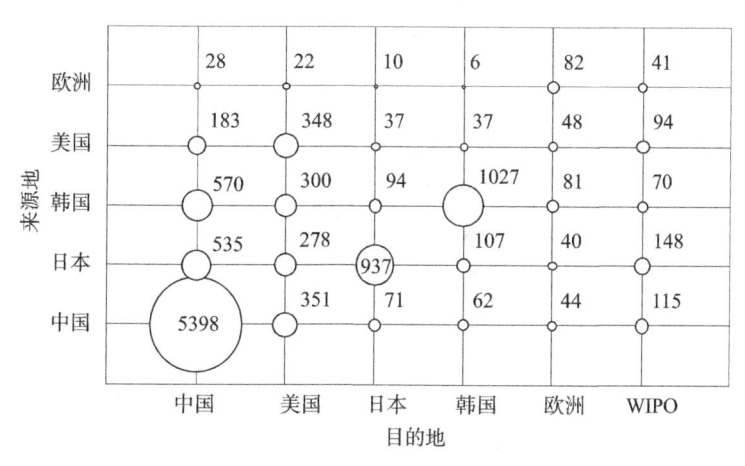

来源地\目的地	中国	美国	日本	韩国	欧洲	WIPO
欧洲	28	22	10	6	82	41
美国	183	348	37	37	48	94
韩国	570	300	94	1027	81	70
日本	535	278	937	107	40	148
中国	5398	351	71	62	44	115

图 10-7　触控感应线路结构全球专利申请来源地和目的地分布

具体到国内专利申请来说，如表 10-2 所示，广东、台湾、北京、江西、福建、江苏等省市的专利申请量居前，特别是广东的专利申请量超过 1600 件，数量优势明显。但是也应看到，就高质量的发明专利来说，台湾超过 70% 的申请占比和授权率均遥遥领先国内绝大部分省市，这也反映出大陆省市在触控感应线路结构方面的技术实力与台湾相比还有较大差距。

3. 触控感应线路 5 种主要结构的全球专利分布较为平均，其中 G + G 结构的技术创新出现拐点，全球主要国家和地区关注的重点技术差异不大，触控感应线路结构的技术创新和专利布局相对活跃。

表 10-2　触控感应线路结构中国国内专利申请省市排名

省市	总申请量/件	发明申请量/件	发明占比❶	发明授权量/件	发明授权率❷
广东	1644	668	40.63%	111	68.42%
台湾	977	701	71.75%	213	75.00%
北京	758	499	65.83%	66	66.25%

❶ 发明占比 = 发明申请量/总申请量×100%。
❷ 发明授权率 = 发明授权量/已审结发明申请总量×100%。

续表

省市	总申请量/件	发明申请量/件	发明占比❶	发明授权量/件	发明授权率❷
江西	435	174	40.00%	11	48.64%
福建	396	161	40.66%	12	57.58%
江苏	378	198	52.38%	31	76.43%
上海	221	181	81.90%	17	77.52%
安徽	137	83	60.58%	0	0.00%
浙江	63	23	36.51%	0	0.00%
天津	48	39	81.25%	2	50.00%

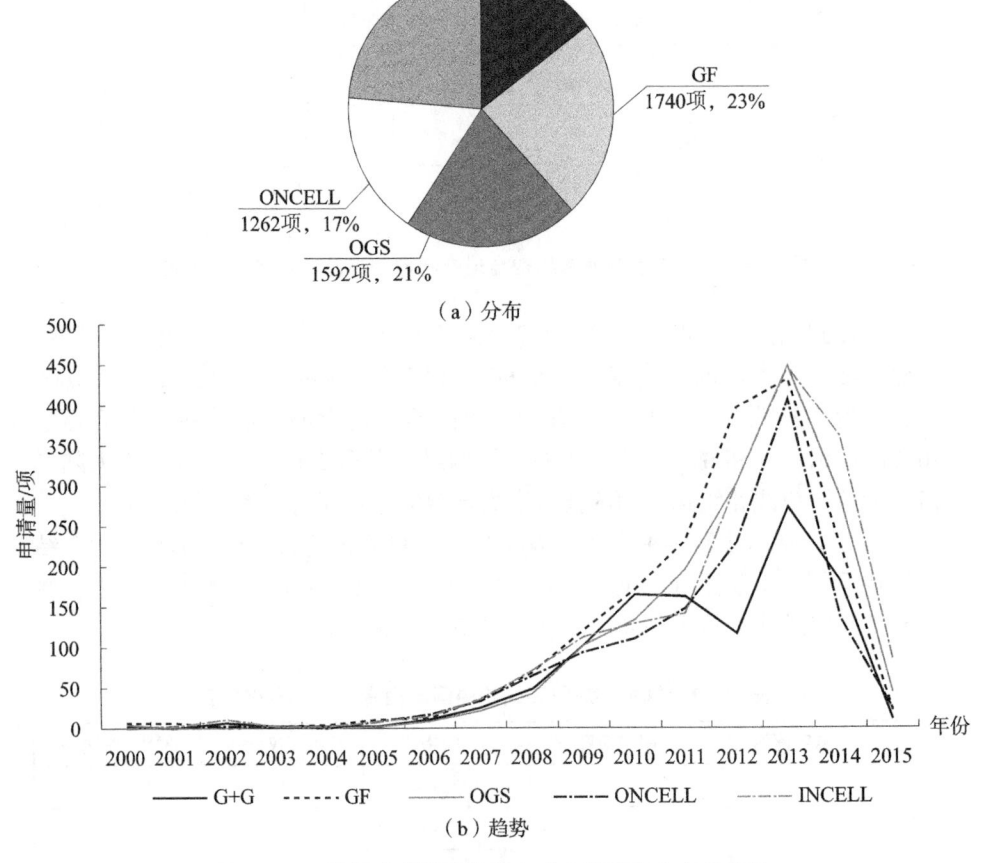

图 10-8 触控感应线路结构全球申请重点分布及趋势

❶ 发明占比 = 发明申请量/总申请量×100%。
❷ 发明授权率 = 发明授权量/已审结发明申请总量×100%。

如图 10-8 所示，触控感应线路结构目前主要包括 G+G、GF、OGS、INCELL 和 ONCELL 5 种，这 5 种主要结构的专利申请占比基本维持在（20±5）%的水平，专利申请分布差距不明显，仅 GF、OGS 和 INCELL 3 种结构占比稍高；进一步从 5 种结构的技术创新态势来看，基本都处于专利申请增长的过程中，尽管 G+G 结构曾有所下滑，但是近两年专利申请大幅反弹，主要源于台湾恒颢科技、江西合力泰以及美国苹果等公司推动 G+G 结构继续前行，这说明触控感应线路的这几种结构目前仍处于产业应用阶段，技术创新和专利布局仍比较活跃。

如图 10-9 所示，从触控感应线路结构的全球区域分布来看，触控感应线路的 5 种结构在不同国家和地区分布重点略有不同，其中，中国、日本和韩国最为关注 GF、OGS 和 INCELL 3 种结构，美国更为关注 ONCELL、INCELL 和 OGS 3 种结构，而欧洲则在 5 种结构方面专利数量较少且较平均。总体来看，触控感应线路结构在相关国家和地区的专利分布基本均匀，同样说明触控感应线路结构处于全面发展的阶段。

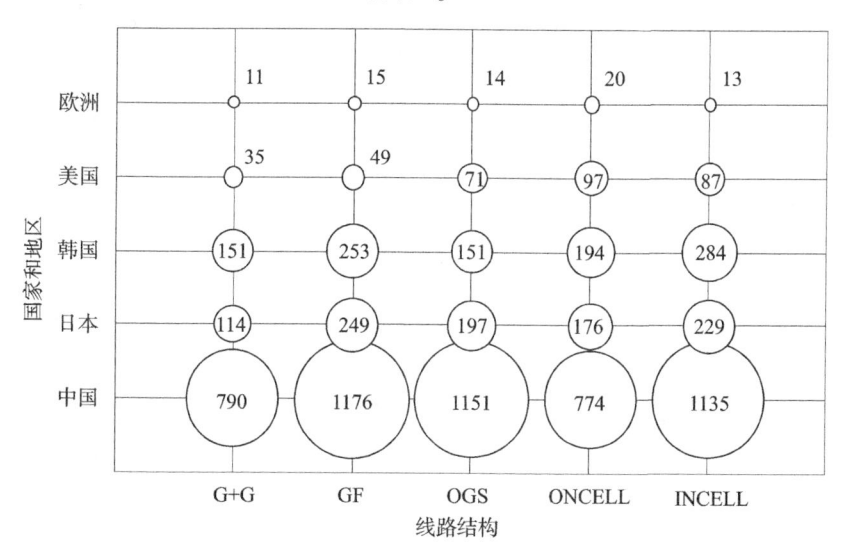

图 10-9 感应线路结构主要国家和地区的专利布局重点

注：图中数据表示申请量，单位为项。

4. 触控感应线路领域的创新主体集中在中国、日本、韩国，中国的京东方、欧菲光、天马微等企业表现突出，但是海外专利布局规模普遍较小；韩国 LG 和三星在华布局占有优势，日本和美国企业在华布局相对较弱。

如表 10-3 所示，在触控感应线路结构方面，全球主要申请人集中在亚太地区，来自中国的京东方、欧菲光和天马微电子等企业的专利申请已经位居全球前列,与韩国乐金和三星、中国台湾宸鸿和友达、日本显示等国际龙头企业基本同处技术领先梯队,并且上述中国企业的专利申请增速明显,技术创新和专利布局都聚焦在 ONCELL 和 INCELL 等更为轻薄化的结构方面,与国外先进技术水平相比差距不断缩小。

就中国来说,中国大陆和中国台湾申请人的专利布局更为积极,专利申请数量优势明显,但是发明专利申请占比均较低,部分国内申请人的发明占比不足 50%,而大部分国外申请人在华申请超过 90% 均为发明专利申请,国外申请人中仅韩国乐金和三星在华布局比较积极,日本松下、日本显示、日本夏普、美国苹果等国际巨头在华布局稍弱,国内企业完善专利布局的时机良好。

表 10-3 触控感应线路结构全球重要创新主体 单位:件

申请人	区域分布	技术分布	申请趋势
京东方 (活跃度❶ 50.73)	日本:8 中国:815 美国:51 欧洲:18 韩国:14	G+G:68 GF:136 OGS:49 ONCELL:137 INCELL:422	
乐金 (活跃度 0.30)	日本:57 中国:297 美国:200 欧洲:84 韩国:460	G+G:43 GF:89 OGS:68 ONCELL:88 INCELL:181	
欧菲光 (活跃度 0.86)	日本:23 中国:374 美国:20 欧洲:0 韩国:19	G+G:22 GF:93 OGS:83 ONCELL:151 INCELL:29	

❶ 活跃度指:近 5 年申请量/总申请量×100%,下文不再赘述。

续表

申请人	区域分布	技术分布	申请趋势
宸鸿 (活跃度 0.41)	日本: 18 中国: 288 美国: 54 欧洲: 16 韩国: 26	G+G: 49 GF: 132 OGS: 57 ONCELL: 43 INCELL: 13	
天马微电子 (活跃度 0.48)	日本: 0 中国: 240 美国: 34 欧洲: 27 韩国: 12	G+G: 15 GF: 24 OGS: 17 ONCELL: 24 INCELL: 160	
友达光电 (活跃度 0.21)	日本: 15 中国: 205 美国: 60 欧洲: 13 韩国: 13	G+G: 31 GF: 17 OGS: 21 ONCELL: 50 INCELL: 52	
JDI (活跃度 0.37)	日本: 120 中国: 97 美国: 106 欧洲: 17 韩国: 71	G+G: 8 GF: 18 OGS: 4 ONCELL: 42 INCELL: 63	
三星 (活跃度 0.26)	日本: 71 中国: 152 美国: 71 欧洲: 60 韩国: 306	G+G: 44 GF: 67 OGS: 47 ONCELL: 74 INCELL: 81	

5. 触控感应线路结构改进与创新总体遵循轻薄化的发展要求，各类型结构的研究热点集中在如何最大程度地发挥自身优势以及克服技术劣势，呈现

出全面创新的局面。

研究发现,触控感应线路结构的技术创新历程总体上遵循轻薄化的发展要求,这与下游电子设备厂商的屏幕尺寸需求密切相关,比如由早期较厚的G+G和GF结构发展到薄型化的OGS结构,再到当前更薄的INCELL和ONCELL内嵌式结构,在技术变革或过渡的关键节点上,三星、苹果等下游电子厂商均有相应的重要专利布局和产品问世,并以此引领触控屏产业的发展(见图10-10)。

从图10-10所示的感应线路结构的技术发展路线来看,新结构技术的出现并未完全取代原有结构,而是在原有技术路线基础上延续创新,充分发挥各类型结构的技术优势并且努力消除技术劣势。比如G+G结构曾一度受到冷落,但是苹果于2015年又有新的专利申请(US2015212614A1),中国台湾的宸鸿和恒颢以及江西合力泰也都对G+G结构重新投入研发,针对触控反映灵敏度、屏幕透光率以及显示效果等问题进行改善,预计G+G结构有望重新进入主流市场。另外,由于OGS、INCELL、ONCELL等结构的市场主导力量和产品应用领域不同,因此各类型感应线路结构将保持全面创新的局面。

6. 包括INCELL和ONCELL在内的嵌入式结构触控屏将逐渐占据主流市场,京东方和天马微电子等国内龙头企业已经有能力绕开国外企业的专利布局。

三星在ONCELL技术方面实力雄厚,而在更加先进的INCELL技术方面,以苹果、乐金为代表的Full INCELL(FIC)技术和以JDI、索尼为代表的Hybrid INCELL(HIC)技术是当前国外企业比较重视且有优势的技术,ONCELL和INCELL两种内嵌式结构将逐步占据智能终端的主流市场。

天马微电子、京东方等国内企业在INCELL结构上已有一定的技术储备,已经具备绕过国外企业专利布局的能力。具体而言,天马微电子自2008年起在HIC技术上进行了大量的专利布局,其既在传统HIC结构上进行提升性能为主旨的改善性发明,又独辟蹊径地成就了天马式HIC结构的研发路线,提升自身技术优势。此外,由于采用自电容原理的FIC比互电容原理的HIC在防水、戴手套操作等体验效果、简化工艺流程、降低成本方面更具优势,京东方在FIC技术上采取与苹果公司不重叠的方式进行跟随和外围布局,即针对苹果陆续提出的FIC结构申请对应进行相似技术的专利布局,基本实现了对于专利风险的防控。

10.3 触控导电膜材料专利布局进入白热化阶段

1. 导电膜材料的全球专利申请保持增长态势,中国在其中发挥领头羊的作用,专利技术储备和布局数量初具规模优势,国内申请人成为导电膜材料技术创新的绝对主体。

10 触控屏技术

图 10-10 触控感应线路结构专利技术发展路线

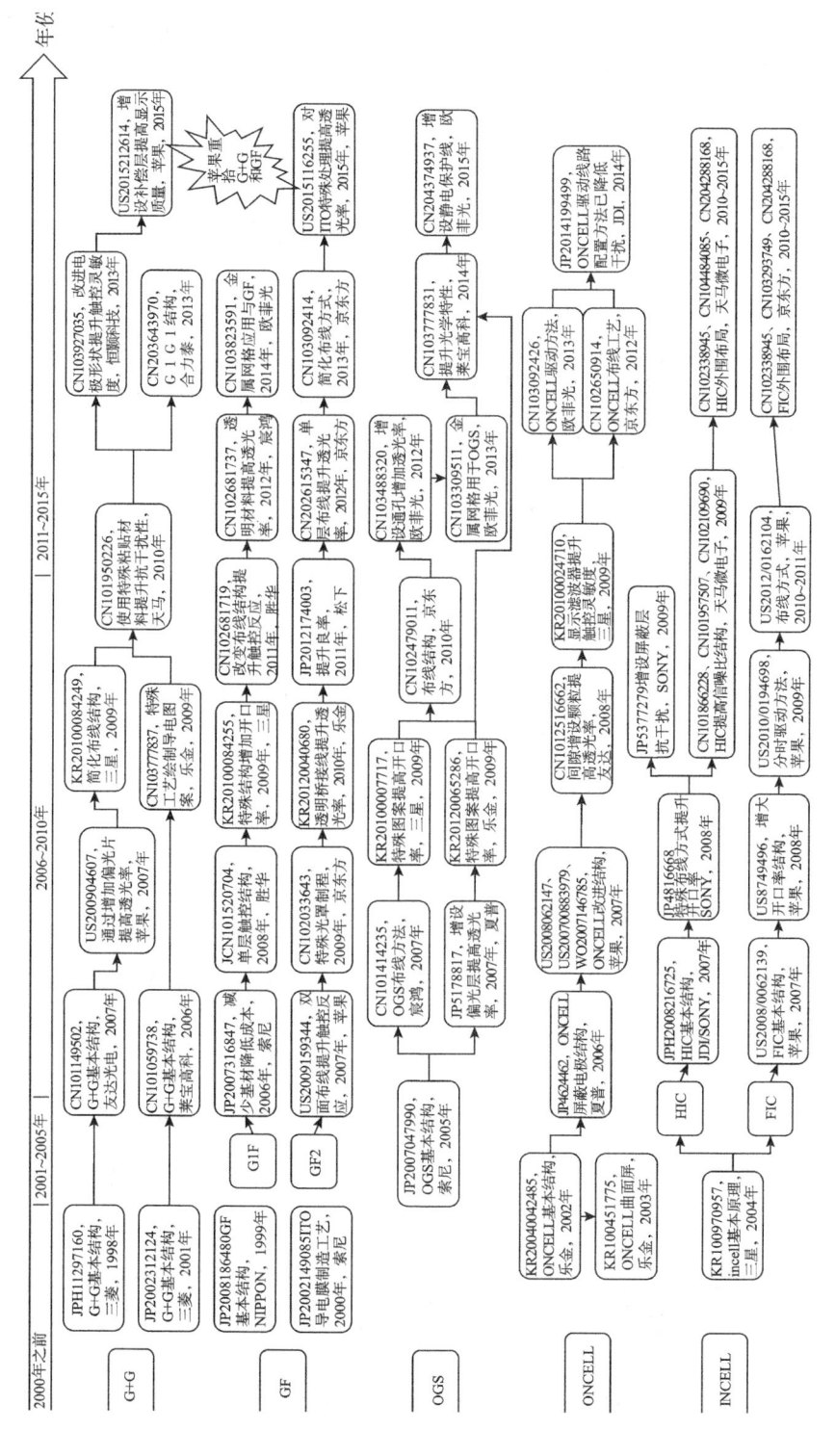

如图 10-11 所示，触控导电膜材料全球专利申请达到 2400 余项，其中，中国的专利申请达到 1860 项，占比超过 75%，韩国和日本的专利申请量也只有 200 余项，美国和欧洲的专利申请量更少，可见中国申请人针对导电膜材料的技术创新非常重视，专利布局规模在全球首屈一指。并且从专利申请趋势来看，2007 年往后，中国导电膜材料的专利申请量快速攀升，已经远远超过其他国家和地区，成为全球专利申请量增长的主力，中国在导电膜材料的专利技术储备上已经具备优势。

具体到中国的专利申请来说，早期的专利申请大多来自于国外企业。近年来，随着导电膜替代材料研发的日趋活跃，相关专利布局也更加积极，其中，国内申请人的申请量占比超过 85%，而国外申请人申请占比不足 15%，国内申请人在导电膜材料领域的技术创新中占据绝对的主体地位，专利布局已经构成数量优势。

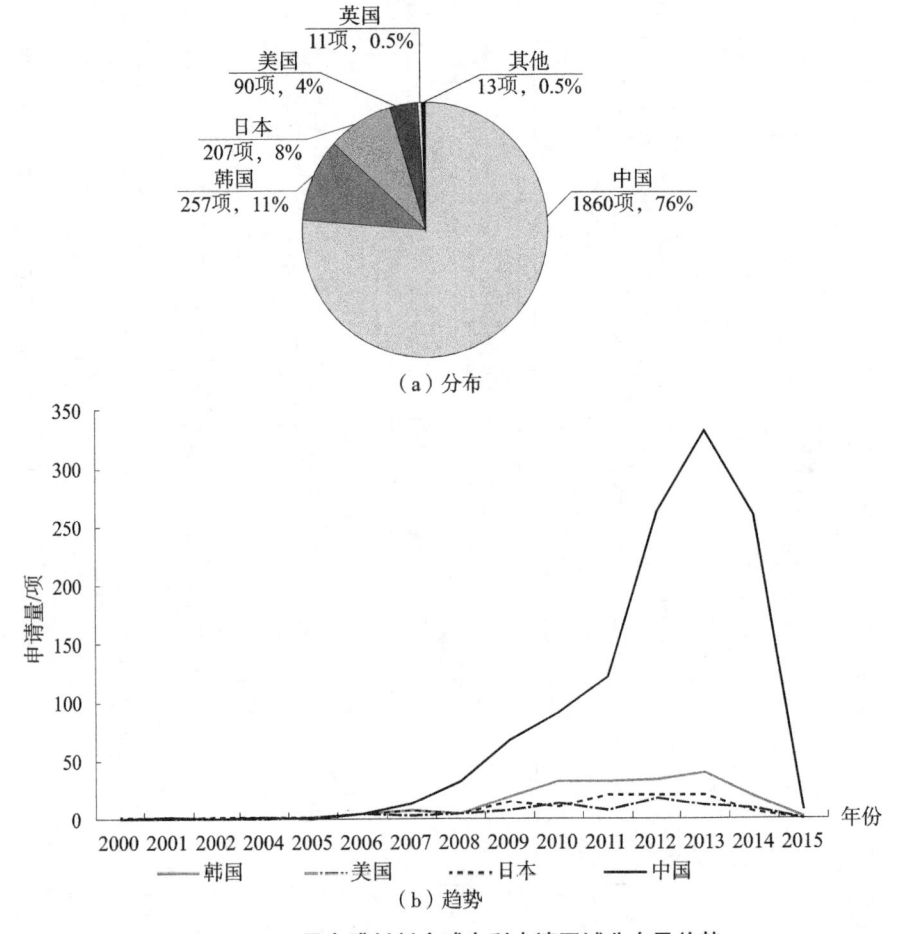

图 10-11 导电膜材料全球专利申请区域分布及趋势

2. 中国、日本、韩国、美国等国家的申请人在本土外布局专利的程度均较弱，全球导电膜替代材料市场的专利竞争格局尚未完全形成，海外专利布局面临良好的时机。

如图 10-12 所示，中国、日本、韩国和美国的申请人当前主要在各自本土提交专利申请，在海外布局专利的数量和规模均较弱，这说明全球有关导电膜材料的技术创新尚未与触控屏产业发展产生直接关联，导电膜替代材料应用于触控屏仍处于酝酿阶段，全球导电膜替代材料市场的专利竞争格局还没有完全形成。

就国内而言，国内申请人已经在导电膜替代材料方面占有专利数量优势，如表 10-4 所示，来自江西、广东、北京等省市以及中国台湾地区的专利申请量居前，发明专利授权率较高，初步形成导电膜替代材料产业集聚区，在海外市场专利布局较为空白的情况下，加速开展技术创新和海外布局面临良好时机。

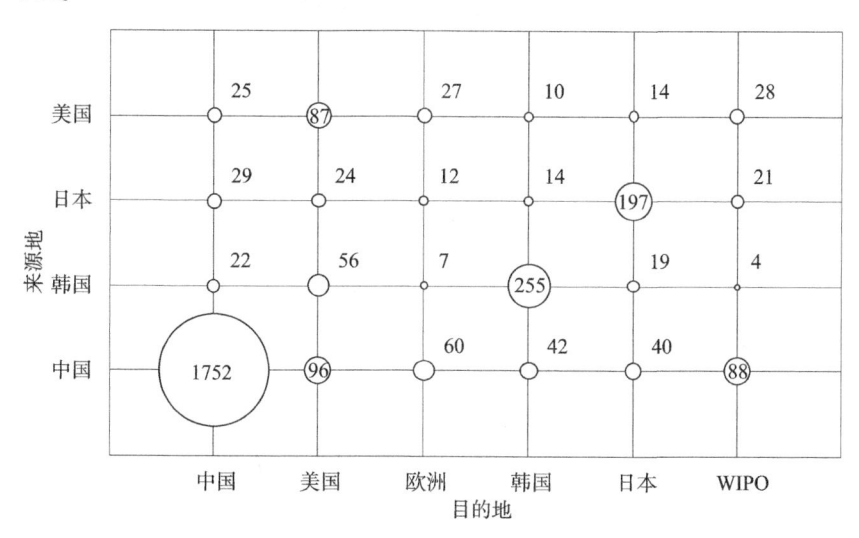

图 10-12　导电膜材料全球专利申请来源地和目的地分布

注：图中数字表示申请量，单位为项。

表 10-4　导电膜材料中国专利申请省市分布　　　　　单位：件

省市	申请量	发明申请量	发明占比	发明授权量	已审/在审	发明授权率
江西	386	172	44.56%	63	73/99	86.30%
广东	344	117	34.01%	38	51/66	74.51%
台湾	220	148	67.27%	56	68/80	82.35%
北京	189	152	80.42%	58	70/82	82.86%

续表

省市	申请量	发明申请量	发明占比	发明授权量	已审/在审	发明授权率
江苏	181	83	45.86%	28	45/38	62.22%
福建	146	99	67.81%	34	43/56	79.07%
深圳	141	69	48.94%	21	30/39	70.00%
上海	64	46	71.88%	17	20/26	85.00%
天津	51	44	86.27%	19	22/22	86.36%
安徽	36	22	61.11%	9	12/10	75.00%

3. 导电膜替代材料中金属网格占比最大，欧菲光和京东方居于全球领先地位，台湾宸鸿和富士康重视碳纳米管和纳米银线技术，国内导电膜材料整体具备优势。

如图 10-13 所示，导电膜替代材料主要包括金属网格、碳纳米管、纳米银线、石墨烯、导电聚合物等，其中全球专利申请主要集中在金属网格领域，

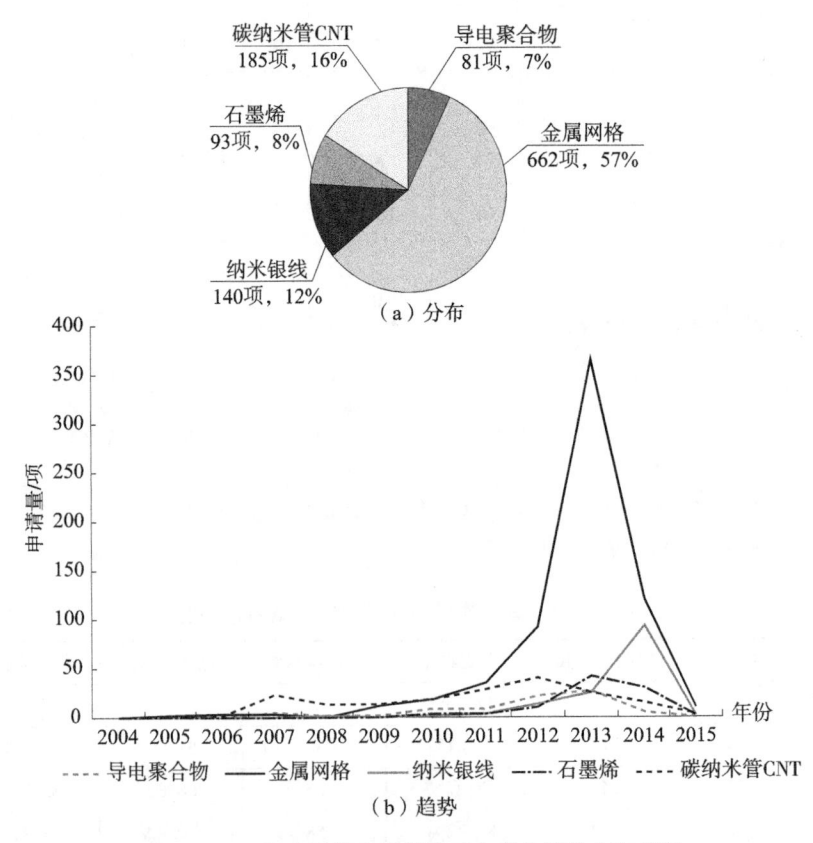

图 10-13 导电膜替代材料全球专利申请分布和趋势

专利申请占比将近60%，碳纳米管（16%）和纳米银线（12%）次之。综合表10-5可知，在金属网格方面，欧菲光和京东方的专利数量已走在全球前列，已经超过韩国乐金和三星等海外龙头。在碳纳米管和纳米银线方面，中国台湾的宸鸿和富士康也居于全球优势地位。整体来看，包括中国大陆和中国台湾企业在内的中国申请人在导电膜材料方面已经整体具备优势。

表10-5 导电膜材料全球重要创新主体　　　　单位：件

申请人	区域分布	技术分布	申请趋势
欧菲光 （活跃度 0.84）	WIPO：3 中国：418	导电聚合物：17 金属网格：313 纳米银：37	
京东方 （活跃度 0.56）	WIPO：6 日本：4 中国：111 美国：10 欧洲：7 韩国：4	金属网格：47 纳米银线：2 石墨烯：3 碳纳米管：3	
乐金 （活跃度 0.45）	WIPO：17 日本：22 中国：57 美国：22 欧洲：13 韩国：64	金属网格：38 碳纳米管：8 纳米银：3	
三星 （活跃度 0.41）	WIPO：2 日本：21 中国：20 美国：23 欧洲：2 韩国：66	金属网格：26 导电聚合物：6 石墨烯：4	

续表

申请人	区域分布	技术分布	申请趋势
宸鸿 （活跃度 0.94）	日本：0 中国：54 美国：0 欧洲：0 韩国：0	纳米银线：43 碳纳米管：2 石墨烯：1	（2009—2014年申请趋势图，2014年达到约43件）

4. 石墨烯导电材料具有较高的应用潜力，国内创新主体目前以科研院校和中小企业为主，专利布局尚不完善，与触控屏产业的应用融合尚未完全开启。

石墨烯因其特殊的晶格结构而具有高柔韧性和高机械强度，被认为是制作柔性触控屏最佳的导电薄膜材料。在石墨烯导电薄膜领域，早期基础专利主要涉及石墨烯材料的制备和导电薄膜的制造，申请人主要为日本索尼、韩国三星等国外申请人（见图10-14）。

近年来，国家纳米科学中心、湖北大学、常州二维碳素、重庆墨希等科研院校和中小企业积极开展石墨烯导电材料的研制。另外，由于石墨烯导电膜材料技术创新仍处于基础研究阶段，产业化能力和应用水平仍相对较低，与触控屏产业的应用融合尚未完全开启，如能尽快在触控屏领域引入应用，那么有望实现我国触控屏产业发展的弯道超车。

10.4 东亚国家和地区积极抢滩布局中国市场

如表10-6所示，通过对中国、日本、韩国、中国台湾共16家触控企业在华专利申请动向、技术主题、研究重点的综合分析来看，韩国三星和乐金、日本显示（JDI）等企业在华布局呈现上升态势，国内多家触控企业专利布局保持平稳或上升，不同类型触控厂商专利布局的技术重点也不相同。

例如日本和韩国的企业主要在触控感应线路结构，特别是INCELL结构和ONCELL结构上重点布局，中国台湾企业在华的专利技术优势体现在G+G、OGS等感应线路结构上，而中国大陆企业表现出渐渐赶超台湾企业的势头，不但在OGS、INCELL等结构上不断完善专利布局，还拥有制造工艺、导电膜替代材料等方面的关键技术，特别是在石墨烯、金属网格、导电聚合物等新型导电膜材料领域，国内相关企业的专利申请规模已经超过国外企业，产业竞争力逐步增强，有望率先实现导电膜材料方面的突破。

10 触控屏技术

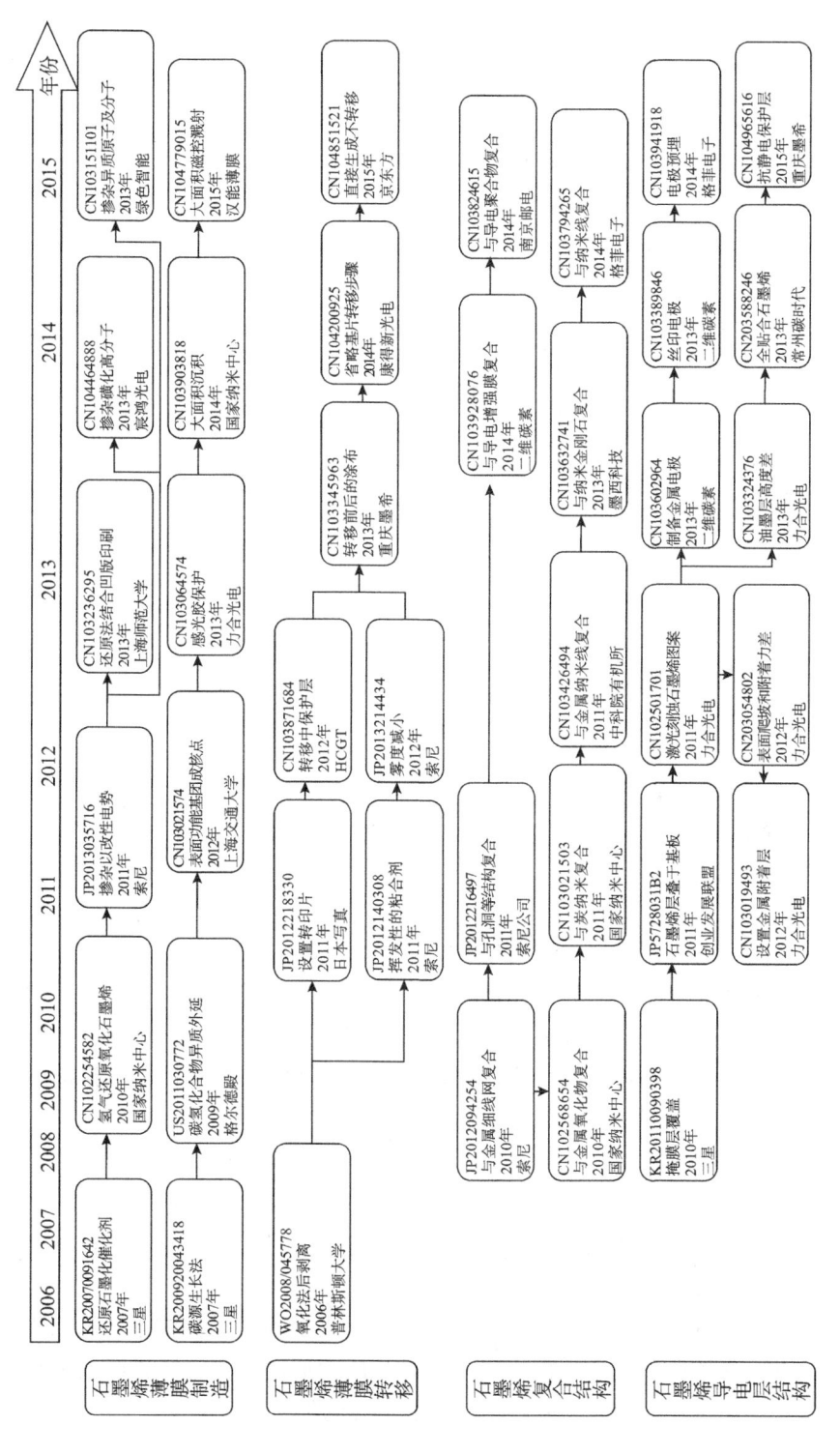

图 10-14 石墨烯导电膜材料专利技术发展路线

表 10-6　重点申请人在华专利申请汇总　　　　　　　　　单位：项

申请人		申请量	近三年占比	申请态势	技术重点	未来趋势
韩国	三星	487	46%	上升	感应线路结构	触控 IC
	乐金	475	61.05%	上升	INCELL	INCELL
日本	夏普	244	36.07%	下降	触控 IC	INCELL
	JDI	197	67%	上升	INCELL、ONCELL	INCELL、ONCELL
中国台湾	宸鸿	612	58.66%	平稳	GF	纳米银线
	胜华	577	58.93%	上升	OGS、制造工艺	OGS
	洋华	52	19.23%	下降	G+G	
中国	欧菲光	1050	92.67%	平稳	制造工艺 ONCELL 金属网格	制造工艺 ONCELL 金属网格
	京东方	950	83.05%	平稳	INCELL	INCELL
	天马	551	66.06%	上升	INCELL	INCELL
	瀚瑞	256	31.25%	下降	制造工艺 触控 IC	—
	合力泰	187	97.33%	平稳	制造工艺	制造工艺
	富士康、清华大学	154	43.51%	平稳	碳纳米管	碳纳米管 触控 IC
	莱宝高科	126	56.35%	上升	OGS	OGS
	超声电子	125	42.4%	下降	OGS	—
	信利光电	71	77.45%	平稳	OGS	OGS

10.5　下游产业链深度影响上游技术创新方向

触控屏产业属于典型的订单型产业，触控屏产业的发展长期严重依赖下游电子设备厂商的产品订单和技术偏好，产业发展和技术创新都较为被动，由于下游设备厂商的技术选择或订单转移而导致触控企业破产的情况时有发生，触控屏产业发展仍将面临长期被动的局面。

1. 以苹果为例，透过关键事件的研究，探索下游设备厂商的产品和技术选择与专利布局的规律。

在触控屏技术发展的历史进程中，至少有 3 次对产业具有重大影响的应用在产品上的技术变革，分别是：

（1）苹果于 2010 年推出 iPhone4，其中引入了多点触控技术，大大提升了用户的操作体验，该产品在市场上获得了巨大成功，以至于曾经的通信设备巨头——诺基亚，由于其固守于单点触控的电阻式触控屏，自 2010 年起市场份额不断下滑，最终在 2013 年 9 月被微软收购。

（2）苹果于 2013 年推出的 iPhone5，引入 INCELL 触控屏结构，大大降低了整机的厚度，引领了高端机型向超轻超薄型的转变，由于失去了苹果的订单，盲目扩张 OGS 全贴合生产线的台湾胜华科技，导致产能过剩，在转型 INCELL 生产线的过程中终因资不抵债而倒闭。

（3）2013 年，苹果推出的 iPhone5S 集成了指纹识别模块，不同于传统的条状金属电容扫描元件依赖于手指在金属条上划过的面积及角度，最新的指纹识别技术采用了电容式金属环，在无需移动手指的前提下实现了 360°范围的识别，为用户的使用提供了便利。

虽然是相互独立的产业事件，如果从专利储备、产业布局角度来深入分析以上 3 个在终端市场上引起巨大反响的技术，就能找到一定的共性。

表 10-7　苹果创新成果与专利布局

技术革命	创新目标	产品首推	技术创新点	创新形式	储备时间
多点触控	用户操作体验	2010 年 iPhone4	US20040840862A	专利布局	6 年
INCELL 结构	屏幕外观尺寸厚度	2013 年 iPhone5	US2008062139A1	专利布局	6 年
指纹识别	便捷操作安全认证	2013 年 iPhone5S	US2009083847A1	专利布局技术收购	6 年

综合研究上述产业事件与专利布局的关系，可以得出：

（1）在市场上获得成功的新技术主要包括两个创新方向：一是在大屏化、轻薄化的趋势下，在产品外观上的重大革新；二是在触控技术上追求更极致的用户操作体验。

（2）早在推出产品面世的若干年前，苹果就已经针对一些具有市场前景、符合产品更新换代发展规律的新技术进行了全面的专利布局，当在下一代产品中引入新技术时，将拥有充分的技术储备，占尽市场先机。

（3）自主研发是技术创新的主要来源，同时能够审时度势，把握市场动向，通过专利收购、企业并购等方式，也能够增强自身实力，给竞争对手施加压力。

通过以上分析，可以得出两点结论：① 具有市场潜力、在外观上进一步突破、充分提升用户使用体验的触控新技术是下游设备厂商的关注重点；② 触控技术最早的专利布局比相关产品的市场应用通常滞后 N 年时间（N 参考值为 6，随着技术发展和市场开发的速度加快，该值有减小的趋势）。

因此，如果能充分挖掘下游设备厂商近几年提出的具有市场应用前景的触控新技术及其专利并加以分析利用,将在未来的激烈竞争中把握主动、占得先机。

2. 遵循规律,聚焦重点,结合专利分析,挖掘触控技术领域未来几年的新技术和新应用。

运用上文提出的方法,尝试进行具有市场应用前景的最新专利技术挖掘,主要遵循以下原则:

(1) 选取苹果和华为作为研究对象。

苹果是行业内公认的最富有创新精神与创新能力的主体,在可预见的将来,苹果仍是主导产业发展变革的最大动力,而华为是国内以突破与创新为宗旨的民族企业之一,其知识产权运营实力强大,业内纷纷评价华为已具备与苹果等巨头直接竞争的实力。

(2) 聚焦外观与用户体验两个方向的重大革新。

经验表明,在产品上取得巨大成功的技术改进,往往是对产品外观(例如INCELL结构下的超薄屏)或者用户体验(例如多点触控和指纹识别)两方面进行的重大突破,消费者能够很直接地通过对比使用领略新技术带来的焕然一新。

(3) 重点关注近年来集中申请或者购买的专利。

通过前述的方法模型,优先考虑6年以内提出的创新成果,或者在这一时期内的专利交易,如果没有合适内容,再考虑更早时间的专利技术。

基于以上内容,运用上述方法挖掘出以下三个方面的重点新技术,包括:

(1) 压力传感技术。

虽然微软于2012年推出的surface系列产品的手写笔就已经应用了压力触控技术,然而由于微软在触控消费电子设备上并不具有号召力,并未引起人们的关注。而恰恰在课题研究期间,搭载了该技术的产品——华为MateS和苹果iPhone6S先后面世,立刻引起了业界广泛关注,在苹果iPhone5S中被命名为3D Touch的压力传感技术,可以根据压力的大小而触发不同的操作,能够模拟根据力的大小而实现不同功能的应用,因此给用户提供更丰富立体的触控体验。这项新技术的推出已经引领各企业争相进行跟随研发,未来一两年将是压力传感技术在触控屏终端上全面普及的时期,在3D Touch这块"叩门砖"之后,还挖掘以下压力传感新技术。

由于刚刚推出的搭载压力传感技术的产品都没有引入震动回馈,例如利用产品作画时,不能感受到画板材质的不同摩擦感和层次感,而在苹果2010年提交的CN102713805A中的触控面板具有力传感器和致动器反馈,其中位于触控板四个角落的力传感器用于测量用户向面板施加的力,响应于力的检测,可以产生致动器驱动信号来提供触觉反馈。该技术将从细节处改善用户体验,将虚拟环境营造得更加真实,具备良好的市场潜力。

表 10-8 苹果、华为压力传感新技术

申请人	申请量/项	技术方向	重点申请	申请年份
苹果	42	力质心	CN104487922A	2013
		与触觉反馈结合	CN102713805A	2010
		超声波能量估计力	CN104756054A	2012
		透明力传感器	CN204557435U	2014
华为	12	界面应用	CN102203794A	2011
			CN103415835A	2012

(2) 柔性/曲面屏技术。

可穿戴设备的推出,颠覆对触控屏平面外观的印象,柔性屏借助于新材料技术或薄膜封装技术,使得触控屏可弯曲,不易折断;曲面屏与柔性屏类似,区别在于其弧度固定。目前市面上已经有 iwatch 采用柔性屏、三星的 Galaxy S6 Edge 采用曲面屏,但消费电子厂商更加关注柔性屏智能手机的研发和布局。

表 10-9 苹果在柔性/曲面屏方向的专利申请

申请人	申请量/项	技术方向	重点申请	申请年份
苹果	44	柔性电路	US2011/0164047A1	2010
			US2012/0111491A1	2010
		行列迹线	US2009/0279570A1	2009
		柔性电子设备	US2013/0083496A1	2011

苹果于 2011 年申请的名称为"柔性电子设备"的专利 US2013/0083496A1 已于 2015 年 1 月获得授权,该设备通过柔性显示器、柔性外壳和一个或多个柔性内部组件而构成允许变形的柔性电子设备,其柔性外壳是具有一个或多个稳态位置的多稳态柔性外壳,配置有支撑结构,柔性内部组件则包括柔性电池、柔性印刷电路以及其他柔性组件,柔性电池包括柔性部分和刚性部分或可以为柔性电池提供柔性的光滑隔膜层,柔性印刷电路可以包括柔性部分和刚性部分或允许一些刚性部分相对于其他刚性部分屈曲的开口。这一柔性电子设备基于已有的柔性显示器技术,例如 OLED 等而形成柔性显示器,而其通过对内部组件结构的特别设计而解决了传统设备中电池、外壳边框等无法弯曲的问题,实现真正意义上的柔性屏。

(3) 3D 显示技术。

3D 显示技术可以使画面变得立体逼真,图像不再局限于屏幕的屏幕上,让用户感觉所显示的对象可以走出屏幕、成为真实环境中的对象,从

而有身临其境的虚拟感受,给用户带来更好的体验,如真实感、趣味性,同时其在虚拟现实技术中应用使得模型构建和设计更容易、更直观,在医学、军事航天等领域发挥非常重要的作用。因此,可以预测 3D 显示技术是未来显示技术的新趋势,是智能手机等移动终端设备厂商积极研发和布局的新技术。

华为于 2011 年申请的 CN102591522A 对裸眼三维触控显示装置及其操控方法进行了保护,通过将三维图像中的可控组件在预设位置上以二维方式显示,可以使用户通过该裸眼三维触摸显示装置的触摸屏触摸可控组件,可控组件是等待该用户进行触控操作的组件,由于将该组件在预设位置以二维方式显示,使得用户在触摸屏上能准确选中该组件而进行触控操作,从而实现对裸眼三维显示装置所显示的图像进行触摸控制。可见,华为对于 3D 显示技术的研究更注重在改善用户交互体验。

表 10 – 10 苹果、华为关于 3D 显示的专利申请

申请人	申请量/项	技术方向	重点申请	申请年份
苹果	1	多点触控来操纵界面 3D 对象	CN104471518A	2012
Metaio	63	3D 显示	WO2015013620A1	2013
华为	1	裸眼三维触摸显示装置的触控	CN102591522A	2011

而苹果在 3D 显示技术领域的自主研发成果并不多,目前只整理到 2012 年申请的涉及界面交互技术的一项专利,然而应当注意到,苹果在 2015 年 5 月收购了虚拟显示初创公司 Metaio,不禁让人联想到苹果在指纹识别技术上的策略,Metaio 拥有虚拟显示相关技术的多项专利技术,其中优先权为 2013 年的 WO2015013620A1 保护一种方法能以真实环境的方式显示感兴趣的点在设备的显示屏上与用户交互,用户能够通过半透明屏幕看到真实世界、计算机产生的虚拟对象以及指示符都混合一起出现的屏幕中,从而有更好的虚拟现实体验。

3. 正视现实,着眼未来,掌握下游厂商动态,指导触控企业加紧开展创新技术研发和专利布局。

锁定压力传感、柔性/曲面屏和 3D 显示作为有极大可能推向市场并获得成功的新技术后,结合国内申请人在上述技术上的布局现状,对国内触控企业的布局提出指导建议。

(1) 压力传感技术方向上,国内申请人在压力传感技术上的布局集中在对现有压力感测技术的微创型改进,应当尝试深入压力传感技术的核心,如压力检测的算法、压力信号传输与反馈、精度调节、压力感测材料、硬件配置结构等方面进行技术研发与专利布局。

（2）柔性/曲面屏方向上，虽然国内有很多位于产业中下游的企业在进行柔性材料的研发，然而在技术成果转化方面比较成功的主要还是欧菲光和京东方这两家企业。欧菲光更注重导电膜技术的替代与改进、柔性显示装置的结构、材料和工艺改进等，更加关注材料成本、产品厚度以及制造成本，显然也是柔性和/或曲面触控技术应用中需要考虑的重要方面，将有助于增强其产品的市场竞争力。而京东方则在柔性触控技术在显示面板、可穿戴设备等方面的应用、柔性电路板及曲面显示装置的工艺方面给予更多关注，并大胆采用了掺杂石墨烯作为导电膜材质。可见，京东方和欧菲光在此方向上已经有所动作，建议继续朝着产业化的方向加快技术创新研发，在强化技术本身优势的基础上，加强产品应用方面的专利布局力度，提升产品带给用户的体验。

（3）3D显示技术方向上，我国有多家触控厂商对于裸眼3D技术进行持续研发，非常关注裸眼3D显示在硬件成本和良率、轻薄化以及多样化的触控功能方面的改进，可以看出我国触控厂商对于裸眼3D显示技术在液晶显示设备例如液晶电视、便携式电子设备如智能手机和平板电脑等领域在不断努力做好未来技术竞争的准备，同样需要更加重视用户体验和实际应用方面的专利布局。

表10-11　中国国内触控企业新技术专利布局状况

新技术	申请人	申请量/件	技术方向	重点申请	申请年份
压力传感	联想	15	阈值比较	CN102479040AL CN102768595A	2010 2011
	京东方	3	与三维显示结合	CN102681713A	2011
	欧菲光	6	压电薄膜传感器	CN204695286U	2015
柔性/曲面屏	欧菲光	81	金属网格导电膜工艺	CN103295671A	2013
			柔性ITO导电膜	CN203276884U	2013
			柔性触摸屏结构、材料和工艺	CN103294287A CN103425346A	2012 2013
			以金属网格替代ITO	CN103176652A CN103176680A CN203149544U	2013 2013 2013
	京东方	22	柔性显示装置	CN102629015A CN104020879A CN104135817A	2012 2014 2014
			柔性终端及可穿戴	CN103984441A	2014
			石墨烯曲面屏	CN104375709A	2014
			曲面显示面板结构和工艺	CN104636021A	2015

续表

新技术	申请人	申请量/件	技术方向	重点申请	申请年份
3D显示	京东方	49	3D触控光栅	CN102692748A	2012
			裸眼3D触控	CN203535340U	2013
	合力泰	9	裸眼3D	CN103424877A	2013
	信利	5	立体液晶光栅	CN102081257A	2010

10.6 我国触控产业发展具备"天时"与"地利"

我国在触控屏领域多年发展，积累了大量的专利和创新，已拥有厚积薄发的"天时"之势；我国又是智能设备全球最大的消费市场，借助"地利"之势实现转型升级，恰逢其时。

（1）加快触控屏产业结构优化升级，聚焦重点研发方向，集中力量在触控感应电路轻薄化结构和新型替代材料方面加强技术创新和专利布局。

政府和企业应着重加强在关键技术方面的研发投入和专利布局，一方面朝新型轻薄化结构如INCELL和ONCELL结构和新型替代材料如导电聚合物、碳纳米管等方向钻研，另一方面寻求在传统结构和已具有优势的替代材料石墨烯、金属网格方向的突破升级，创造触控屏产业发展新格局。

（2）鼓励触控领域的龙头企业发展壮大，引导中小科技型企业快速成长突破，率先在石墨烯等细分产业领域打开触控屏产业应用突破口。

积极鼓励欧菲光、京东方、天马微电子等龙头加强关键技术的创新和储备。在细分领域如石墨烯导电薄膜研制上，清华大学、国家纳米科学中心、常州二维碳素等专业研究单位具有优势，有望快速成长为行业龙头，应尽快从触控屏领域打开突破口，实现材料应用升级和产业弯道超车。

（3）加强触控屏关键技术方面的科研创新和专利布局能力，推动核心技术与外围技术同步发展，加快向高附加值的市场方向发展。

INCELL技术虽然具有高集成度带来的尺寸优势，然而在产品良率及屏幕边缘触控灵敏度上仍有不少缺陷，国内申请人应当努力解决制约技术发展的问题因素，助力触控屏产业朝着高技术高价值方向发展。在导电膜材料方向上，立足现有石墨烯制备技术的优势，加速石墨烯导电膜产业化进程，尽快实现创新成果落地，占领高端市场。

（4）加强对下游电子设备厂商专利动向跟踪研究，积极应对下游设备厂商技术偏好带来的产业风险，争取变被动为主动，形成技术输出优势。

触控屏行业的发展非常依赖于下游设备厂商的订单和技术需求，国内申请人应加强对下游设备厂商如苹果、华为等在国内外专利布局的研究，关注其最新申请动向，同时结合这些厂商在合作并购等方面的信息，综合判断出其关注的热点和产品的研发趋势，从而针对性地进行技术研发和专利布局，在订单竞争中把握主动。

（5）充分对接国家重大战略部署，积极发展石墨烯等 ITO 导电膜替代材料，应对 ITO 导电膜受制于人导致的高成本风险，实现材料方面的自主可控发展。

《中国制造 2025》明确提出要大力推动柔性电子用石墨烯薄膜的技术研发和产业发展，这为触控产业提升国际竞争力和实现"弯道超车"提供重要研发方向，政府部门应积极推动触控屏产业和《中国制造 2025》有效对接，鼓励石墨烯等导电膜材料的技术创新和专利布局，突破国外在 ITO 导电膜材料方面的限制，提升自主发展的安全系数。

（6）加强基础材料研究领域的产学研合作，鼓励高校和科研院所的专利许可或交易，推动 ITO 导电膜替代材料的技术转移和产业发展。

建议国内企业和高校科研院所应积极响应《中国制造 2025》关于大力推动"前沿新材料"的技术研发和产业发展的号召，加强产学研的联合，努力研发和完善石墨烯材料新技术，并将一些成熟的研究成果应用到实际产品中去，以提高科研成果转化率及企业的国际竞争力。

（7）关注触控屏未来新技术和新应用，在具备市场前景和应用价值的若干关键技术方面做好技术储备和专利布局，提前做好发展风险的应对措施。

指纹识别、压力传感、3D 显示、柔性/曲面屏等新技术和新应用是近期及未来发展的重要趋势，国外申请人在技术研发和专利布局上占有显著优势，国内企业专利数量还偏少，建议国内企业增强预研力量，加强先于产品的专利布局，发掘新技术和新应用，寻求技术突破口，培育新增长点。

（8）打造企业知识产权专业化团队，提升企业专利挖掘、专利布局、专利风险应对以及知识产权运营能力，提升企业知识产权竞争力。

触控屏是专利战场上的高危区域，国内申请人应关注知识产权风险，国内申请人应借鉴欧菲光等企业的优秀经验，创建专业的知识产权团队，在企业专利管理以及应对知识产权风险方面形成力量，提升企业知识产权竞争力。

图 索 引

图 1-1 全球锂离子电池关键材料各国家和地区专利申请量逐年趋势 (3)
图 1-2 全球锂离子电池关键材料技术产出地区分布与目标市场分布 (3)
图 1-3 中国锂离子电池关键材料主要来源地申请量与活跃度对比 (4)
图 1-4 全球锂离子电池关键材料各技术分支申请量变化趋势 (4)
图 1-5 前10位国外来华和国内申请人申请量对比 (5)
图 1-6 全球锂离子电池关键材料主要申请人及其领域分布 (5)
图 1-7 磷酸铁锂专利技术路线发展路线 (7)
图 1-8 磷酸铁锂专利技术产业化路线 (彩图1)
图 1-9 磷酸铁锂专利诉讼分析态势 (彩图2)
图 1-10 三元材料制备工艺重点专利发展路线 (11)
图 1-11 三元改性重点专利发展路线 (13)
图 1-12 三元材料各比例分布相 (15)
图 1-13 全球锂金属电池关键材料技术产出地区分布与目标市场分布 (18)
图 1-14 中国锂金属电池关键材料主要原创地申请量与活跃度对比 (19)
图 1-15 动力锂电池固体无机电解质专利技术路线 (20)
图 1-16 丰田无机固体电解质重要专利申请情况 (21)
图 1-17 动力锂金属电池负极表面保护专利技术路线 (22)
图 1-18 美国 PolyPlus 锂负极表面保护专利技术发展路线 (23)
图 1-19 韩国三星锂负极表面保护专利技术发展路线 (24)
图 1-20 锂金属负极各技术分支及技术细节风险点 (25)
图 2-1 涉足智能汽车的企业阵营 (31)
图 2-2 全球范围内智能汽车相关专利申请量趋势 (33)
图 2-3 目标市场智能汽车相关专利申请量分布 (34)
图 2-4 首次申请地智能汽车相关专利申请分布 (34)
图 2-5 全球范围内智能汽车主要申请人排名 (35)
图 2-6 中国和全球智能汽车专利申请量趋势对比 (38)
图 2-7 中国智能汽车一级分支相关专利申请趋势 (39)

图索引

图2-8　美国智能汽车一级分支专利申请趋势　(41)

图2-9　美国智能汽车二级分支专利申请　(41)

图2-10　美国智能汽车前10位申请人专利申请量排名　(43)

图2-11　智能汽车欧盟市场一级分支申请趋势　(45)

图2-12　欧盟地区智能汽车首次申请国或地区申请量　(45)

图3-1　五轴联动数控机床精度检测与控制技术全球专利申请量变化趋势　(57)

图3-2　五轴联动数控机床精度检测与控制技术中国专利申请量变化趋势　(57)

图3-3　五轴联动数控机床精度检测与控制技术国内和国外来华申请量变化趋势　(58)

图3-4　五轴联动数控机床精度检测与控制技术主要技术分支全球申请量变化趋势　(60)

图3-5　全球轮廓误差检测技术各技术分支专利申请分布　(62)

图3-6　轮廓误差检测技术各技术分支全球专利申请趋势　(63)

图3-7　轮廓误差检测技术各技术主题在全球五大专利布局区的申请分布　(63)

图3-8　轮廓误差检测技术发展路线　(64)

图3-9　自适应控制技术发展路线（彩图3）

图3-10　热误差检测与控制技术中各技术主题全球专利申请分布　(66)

图3-11　热误差技术中技术主题专利申请趋势　(66)

图3-12　热误差各技术主题全球五局专利申请分布　(67)

图3-13　热误差技术发展路线　(68)

图4-1　全球各国和地区运行的核电机组统计　(73)

图4-2　高温气冷堆领域历年专利申请量变化趋势　(77)

图4-3　高温气冷堆技术全球范围专利申请区域分布　(77)

图4-4　高温气冷堆技术全球范围技术原创性的主要国家或地区（按优先权计）　(78)

图4-5　高温气冷堆全球技术分支分布　(78)

图4-6　高温气冷堆全球专利申请人及其申请量分布　(79)

图4-7　高温气冷堆全球主要专利申请人申请量年度变化趋势　(80)

图4-8　高温气冷堆全球合作专利申请的趋势　(81)

图4-9　高温气冷堆技术国内和国外来华历年专利申请量变化　(81)

图4-10　高温气冷堆技术国外专利申请类型对比　(82)

图4-11　高温气冷堆国外来华专利的申请国别对比　(82)

图4-12　高温气冷堆全球和中国技术分支专利申请比较　(83)

图4-13　高温气冷堆技术主要专利申请人的申请量占比　(83)

图4-14　高温气冷堆燃料元件历年专利申请量　(84)

图4-15　高温气冷堆燃料元件各技术分支的专利申请量分布　(84)

图4-16　高温气冷堆燃料元件重点申请

269

人的申请量排名 (85)

图4-17 清华大学、日本原子能、原子燃料工业专利申请技术分布 (85)

图4-18 清华大学、日本原子能、原子燃料工业碳化锆材料专利申请技术分布 (86)

图4-19 全球包覆层专利技术发展路线 (87)

图4-20 高温气冷堆全球各地预计装机容量 (88)

图4-21 高温气冷堆产学研分层模型 (90)

图4-22 日本高温气冷堆国家产学研结合专利布局策略 (91)

图4-23 韩国高温气冷堆国家产学研结合专利布局策略 (92)

图4-24 美国高温气冷堆国家产学研结合专利布局策略 (92)

图4-25 中国高温气冷堆国家产学研结合专利布局策略 (93)

图4-26 日本高温堆发展历程 (94)

图4-27 日本高温气冷堆核电开发体制 (95)

图4-28 高温气冷堆日本产业链构成 (95)

图5-1 水体污染治理产业链、价值链和管理链 (103)

图5-2 我国水污染治理的主要政策发展历程 (104)

图5-3 消毒副产物控制技术全球专利申请趋势 (107)

图5-4 三卤甲烷和溴酸盐去除技术发展路线 (109)

图5-5 消毒副产物控制技术重点专利分布 (110)

图5-6 淡水水体藻类去除技术全球主要国家和地区专利申请量趋势 (112)

图5-7 淡水水体藻类去除技术全球二级技术主题专利申请分布 (113)

图5-8 淡水水体藻类去除技术中国技术主题专利申请分布 (114)

图5-9 淡水水体藻类去除技术国外来华专利技术主题分布 (116)

图5-10 煤气化废水处理技术全球和中国专利申请趋势 (117)

图5-11 煤气化废水处理技术全球专利申请原创区域分布 (118)

图5-12 煤气化废水处理技术主题与目标物质关系 (120)

图5-13 煤气化废水处理技术汽提法、萃取法重点专利布局 (121)

图5-14 煤气化废水处理技术汽提法技术发展路线 (122)

图5-15 国内主要科研机构和企业的综合实力对比 (124)

图5-16 中国消毒副产物申请量与饮用水标准和政策的关系 (125)

图5-17 美国消毒副产物申请量与饮用水标准的关系 (126)

图6-1 全球射频芯片年专利申请量变化趋势 (131)

图6-2 全球开关技术年专利申请量变化趋势 (131)

图6-3 全球低噪放大器年专利申请量变化趋势 (132)

图6-4 全球双工器年专利申请量变化趋势 (132)

图6-5 全球功率放大器年专利申请量变化趋势 (132)

图6-6 全球滤波器年专利申请量变化趋

图索引

图 6-7　移动智能终端射频芯片全球和中国申请人专利申请分布　(133)

图 6-8　移动智能终端射频芯片主要申请人专利申请布局分布　(135)

图 6-9　射频芯片技术分支全球和中国历年专利申请量趋势　(137)

图 6-10　开关技术分支全球和中国历年专利申请量趋势　(137)

图 6-11　低噪放大器技术分支全球和中国历年申请量趋势　(138)

图 6-12　双工器技术分支全球和中国历年申请量趋势　(138)

图 6-13　功率放大器技术分支全球和中国历年申请量趋势　(138)

图 6-14　滤波器技术分支全球和中国历年申请量趋势　(139)

图 6-15　滤波器技术概要　(141)

图 6-16　FBAR全球专利申请量年度趋势　(142)

图 6-17　FBAR 技术分支专利申请占比　(143)

图 6-18　FBAR 全球主要申请人技术分支申请分布　(143)

图 6-19　FBAR 中国国内和来华申请量年度趋势　(144)

图 6-20　FBAR 技术分支专利申请占比　(144)

图 6-21　FBAR 中国主要申请人技术分支申请分布　(145)

图 6-22　Avago 在中国申请年度趋势　(147)

图 6-23　移动终端的演进　(148)

图 6-24　收发信机多模多频技术全球申请量趋势　(149)

图 6-25　收发信机多模多频技术中国专利申请量趋势　(150)

图 6-26　收发信机多模多频技术中国各技术分支申请量比例　(150)

图 6-27　收发信机多模多频技术功交叉分布　(151)

图 6-28　宽带化技术分支专利申请发展趋势分析　(151)

图 6-29　技术特征数、权利要求数象限分析模型　(152)

图 6-30　涉诉、许可专利权利要求数、技术特征象对比　(153)

图 6-31　中兴、华为、博通、高通的权利要求和技术特征分布　(153)

图 6-32　PA 全球和中国专利申请量发展趋势　(154)

图 6-33　全球各国家和地区在 PA 领域的市场布局对比　(155)

图 6-34　中国市场 PA 原创技术输入国家和地区情况　(155)

图 6-35　PA 领域全球技术分支专利申请分布　(157)

图 6-36　Avago、博通功率放大器效率技术分支专利申请分布　(158)

图 6-37　Avago、博通功率放大器效率技术路线　(160)

图 6-38　并购 RESEAS 后 muRata 的移动智能终端产品线　(161)

图 6-39　muRata 包络跟踪技术演进　(161)

图 6-40　muRata 单独 PA 改进技术演进　(162)

图 6-41　muRata 级联 PA 技术演进　(163)

图 6-42　muRata 并联 PA 技术演进　(164)

图 6-43　Avago、muRata 技术分支专利申

271

请占比对比 （165）
图6-44 Avago、muRata目标市场份额对比 （165）
图6-45 Skyworks全球申请趋势以及技术增长趋势 （166）
图6-46 Skyworks全球专利申请区域分布 （167）
图6-47 Skyworks全球技术专利申请分布 （168）
图6-48 Skyworks重点技术专利演变路线 （169）
图6-49 Skyworks中国专利申请趋势 （170）
图6-50 Skyworks在中国的技术专利申请分布 （171）
图7-1 高铁信号控制系统的新要求 （176）
图7-2 高铁及其信号控制产业的产业链分布 （176）
图7-3 高铁信号系统的技术组成及技术分解 （177）
图7-4 全球高铁运营里程排名前7位的国家及其高铁运营里程 （178）
图7-5 全球高铁信号控制领域专利申请量变化趋势 （179）
图7-6 中国铁路控制信号技术领域专利历年申请 （180）
图7-7 高铁信号控制领域全球专利申请前11名分布 （180）
图7-8 全球高铁信号控制专利申请区域分布 （181）
图7-9 高铁信号控制专利来源地分布及占比 （181）
图7-10 高铁控制信号领域全球发明专利申请技术主题分布 （182）
图7-11 高铁控制信号领域中国专利申请技术主题排名 （182）
图7-12 车—地信息传输技术的发展路线 （186）
图7-13 西门子核心专利技术布局 （187）
图7-14 阿尔斯通列车运行控制主要专利技术构成 （188）
图7-15 阿尔斯通主要核心专利及其技术分布 （189）
图7-16 主要龙头企业在铁路信号控制细分技术控制力 （192）
图7-17 德国、法国、日本、中国列车运行控制领域专利控制力比较 （194）
图7-18 中国、日本、德国、法国全球列车运行控制技术专利控制的覆盖情况 （195）
图7-19 全球高铁信号列车运行控制技术主要目标市场的专利壁垒结构 （197）
图8-1 转基因作物主要种植国分布 （202）
图8-2 转基因农作物技术全球专利申请趋势 （203）
图8-3 转基因农作物技术全球专利申请技术输出地占比 （204）
图8-4 转基因农作物技术全球专利申请目标市场占比 （204）
图8-5 转基因育种技术全球申请人排名前30位申请人申请量分布 （205）
图8-6 转基因农作物育种技术转化方法及调控方法申请量趋势 （206）
图8-7 孟山都草甘膦抗性转基因相关专利分布 （207）
图8-8 孟山都草甘膦抗性转基因作物内

图索引

图 8 – 9　孟山都通过诉讼使用专利进行攻防示意图　（211）
图 8 – 10　孟山都 BioDirect 技术发展路线　（212）
图 8 – 11　人工核酸酶领域的技术集中度　（213）
图 8 – 12　Sangamo 对 ZFN 技术的运营和许可　（彩图4）
图 8 – 13　大范围核酸技术在农业领域的许可　（彩图4）
图 8 – 14　TALEN 技术在农业领域的交叉许可　（215）
图 8 – 15　CRISPR 基础专利之争　（216）
图 8 – 16　转基因作物技术国内外申请人在华专利申请趋势　（217）
图 9 – 1　全球和中国稀土永磁专利申请年度趋势　（223）
图 9 – 2　全球钕铁硼主要国家和地区的专利申请趋势　（224）
图 9 – 3　中国与全球的钕铁硼产量及专利申请趋势　（224）
图 9 – 4　全球钕铁硼专利主要申请人布局的技术主题分布　（225）
图 9 – 5　全球烧结钕铁硼各技术主题专利申请趋势　（226）
图 9 – 6　主要国家和地区烧结钕铁硼各技术主题专利申请分布　（227）
图 9 – 7　烧结钕铁硼成分改进的技术—功效分布　（227）
图 9 – 8　烧结钕铁硼成分改进的技术发展脉络　（228）
图 9 – 9　烧结钕铁硼制备工艺技术—功效分布　（229）
图 9 – 10　烧结钕铁硼工艺发展脉络　（230）
图 9 – 11　日立金属钕铁硼各技术主题的专利申请趋势　（232）
图 9 – 12　日立金属在主要国家和地区的钕铁硼技术主题专利申请分布　（232）
图 9 – 13　共同发明人关系分布　（234）
图 10 – 1　触控屏技术全球专利申请区域分布及趋势　（242）
图 10 – 2　触控屏技术全球专利申请来源地和目的地分布　（243）
图 10 – 3　触控屏技术全球专利申请重点分支分布及趋势　（243）
图 10 – 4　触控屏技术全球重点专利申请区域分布　（244）
图 10 – 5　触控屏技术前 10 位申请人年申请量全球占比趋势　（245）
图 10 – 6　触控感应线路结构全球申请区域分布及趋势　（246）
图 10 – 7　触控感应线路结构全球专利申请来源地和目的地分布　（247）
图 10 – 8　触控感应线路结构全球申请重点分布及趋势　（248）
图 10 – 9　感应线路结构主要国家和地区的专利布局重点　（249）
图 10 – 10　触控感应线路结构专利技术发展路线　（253）
图 10 – 11　导电膜材料全球专利申请区域分布及趋势　（254）
图 10 – 12　导电膜材料全球专利申请来源地和目的地分布　（255）
图 10 – 13　导电膜替代材料全球专利申请分布和趋势　（256）
图 10 – 14　石墨烯导电膜材料专利技术发展路线　（259）

273

表索引

- 表1-1 动力锂离子电池关键材料全球专利申请状况 (2)
- 表1-2 动力锂离子电池关键材料中国专利申请状况 (2)
- 表1-3 国内磷酸铁锂制造工艺路线的发展情况 (8)
- 表1-4 国内三元材料各工艺路线的发展情况 (12)
- 表1-5 三元锂和磷酸铁锂主要结论对比 (16)
- 表1-6 动力锂金属电池关键材料全球专利申请状况 (17)
- 表1-7 动力锂金属电池关键材料中国专利申请状况 (18)
- 表1-8 正极材料重要申请人专利申请指标对比 (25)
- 表1-9 正极材料重要申请人产业技术指标对比 (26)
- 表2-1 智能汽车全球及多边申请基本情况对比表 (32)
- 表2-2 全球范围内智能汽车自动驾驶技术分支专利申请表 (36)
- 表2-3 智能汽车中国、美国、欧洲专利申请基本情况 (37)
- 表2-4 中国智能汽车相关专利技术分支申请量分布 (39)
- 表2-5 美国智能汽车二级分支首次申请国或地区相关专利申请 (42)
- 表2-6 美国智能汽车三级分支首次申请国或地区相关专利申请 (42)
- 表2-7 20家主要跨国企业专利申请对比分析(1) (47)
- 表2-8 20家主要跨国企业专利申请对比分析(2) (49)
- 表2-9 智能汽车在中国、美国、欧洲、日本、韩国、德国的专利基本情况 (52)
- 表3-1 五轴联动数控机床精度检测与控制全球专利申请概况 (56)
- 表3-2 五轴联动数控机床精度检测与控制技术中国专利申请概况 (59)
- 表3-3 精度检测与控制技术在中国发明专利申请的授权情况 (59)
- 表3-4 五轴联动数控机床精度检测与控制技术主要技术分支专利申请概况 (61)
- 表4-1 高温气冷堆核电领域项目分解表 (74)
- 表4-2 高温气冷堆全球专利申请情况 (76)
- 表4-3 主要申请人专利技术区域分布情况 (80)
- 表4-4 目标国家核电领域的专利申请概况 (89)
- 表4-5 高温气冷堆重点技术概况 (97)
- 表5-1 水体污染治理技术项目分解表 (105)
- 表5-2 水体污染治理技术专利申请整体

	情况　(105)	表6-12	的申请量　(149)
表5-3	消毒副产物控制技术各国申请人类型　(108)	表6-12	PA 领域全球重要申请人排名　(156)
表5-4	淡水水体藻类去除技术全球前5位申请人的主要技术分支　(112)	表6-13	PA领域中国申请人排名　(156)
表5-5	水体藻类去除技术国内申请量排名前7位的申请人　(115)	表6-14	PA 领域国内外申请人法律状态对比　(157)
表5-6	煤气化废水处理技术国内省市专利申请技术来源　(118)	表6-15	Skyworks 发明人专利申请排名　(168)
表5-7	煤气化废水处理技术全球十大申请人　(119)	表6-16	Skyworks 在中国专利申请状态　(171)
表5-8	用于市场主体实力评估的重要专利指标　(123)	表7-1	中国、日本、德国、法国全球列控系统在主要目标市场的专利控制力　(195)
表6-1	移动智能终端射频芯片全球专利申请各技术分支分布　(130)	表7-2	高铁信号控制专利技术来源国　(197)
表6-2	移动智能终端射频芯片全球申请量前10位申请人排名　(134)	表8-1	孟山都草甘膦抗性转基因植物品种中层专利物种分布　(208)
表6-3	移动智能终端射频芯片全球近10年前10位申请人的专利申请排名　(134)	表8-2	孟山都草甘膦抗性大豆品系不同成熟型的专利申请　(208)
表6-4	移动智能终端射频芯片全球近5年前10位申请人的专利申请排名　(135)	表8-3	孟山都草甘膦抗性转基因植物外层专利物种分布　(209)
表6-5	移动智能终端射频芯片重要申请人 PCT 申请量占比　(136)	表8-4	全球各国政府审批具有草甘膦抗性的转基因作物转化事件情况　(210)
表6-6	移动智能终端射频芯片技术分支国内专利申请量分布　(136)	表8-5	与孟山都合作开发草甘膦抗性转化事件的合作开发情况表　(210)
表6-7	技术分支全球和中国国内前10位申请人专利申请排名　(139)	表8-6	涉及作物品种专利申请统计　(218)
表6-8	国内近10年申请量前10位申请人排名　(140)	表8-7	涉及性状数量的主要区域的专利申请量情况　(219)
表6-9	国内近5年申请量前10位申请人排名　(140)	表9-1	其他重要企业稀土永磁专利申请状况　(233)
表6-10	Avago 关于 FBAR的在华专利申请汇总　(146)	表10-1	触控屏技术领域全球重要创新主体　(244)
表6-11	收发信机多模多频技术各分支	表10-2	触控感应线路结构中国国内专利申请省市排名　(247)

表10-3 触控感应线路结构全球重要创新主体 (250)
表10-4 导电膜材料中国专利申请省市分布 (255)
表10-5 导电膜材料全球重要创新主体 (257)
表10-6 重点申请人在华专利申请汇总 (260)
表10-7 苹果创新成果与专利布局 (261)
表10-8 苹果、华为压力传感新技术 (263)
表10-9 苹果在柔性/曲面屏方向的专利申请 (263)
表10-10 苹果、华为关于3D显示的专利申请 (264)
表10-11 中国国内触控企业新技术专利布局状况 (265)

后 记

　　本系列丛书汇编自国家知识产权局专利分析和预警项目系列研究报告，是广泛汇聚国家知识产权局及兄弟部委相关领导和专家，相关行业协会、企业和科研机构的产业专家、技术专家，以及各课题参研人员等各方智慧的结晶。

　　多年来，专利分析和预警项目的实施和开展得到了国家知识产权局各位领导的关心和指导，项目管理日益完善、研究水平日益提高、决策支持能力日益增强！尤其是在贺化副局长的直接领导下，该项目在专利分析方法的创新探索方面不断取得突破和进展、项目各课题的专利竞争情报分析能力和水平不断提升！

　　专利分析和预警项目的成功开展，离不开各相关兄弟部委、行业协会、科研院所、企事业单位的大力支持和帮助！在此，衷心感谢工业和信息化部、科技部、农业部等兄弟部委，中国科学院、清华大学等相关科研院所，中国电子元件行业协会、中国核能行业协会、中国机床工具工业协会等行业协会，以及有研稀土新材料股份有限公司、中国华电工程有限公司、中国神华集团公司等企事业单位对国家知识产权局专利分析和预警项目的支持、配合和帮助！

　　专利分析和预警项目的成功开展，离不开国家知识产权局各相关部门、单位的大力支持、配合和帮助！在此，衷心感谢国家知识产权局办公室、专利管理司、保护协调司、规划发展司，国家知识产权局专利局办公室、审查业务管理部、人事教育部对专利分析和预警项目的指导和支持！衷心感谢国家知识产权局专利局机械发明审查部、电学发明审查部、材料工程发明审查部、光电技术发明审查部、专利审查协作北京中心、专利审查协作河南中心、专利审查协作湖北中心、专利审查协作四川中心与领导小组办公室的通力配合和携手努力！衷心感谢各部门、各单位参研人员在参与专利分析和预警课题研究期间不辞辛苦付出的劳动和呕心沥血贡献的智慧！正是因为各部门单位领导的大力支持和各课题组参研人员的全情投入，才确保课题研究工作在最后，谨向曾经在专利分析和预警项目课题研究和评审过程、本报告集编写过程中给予过支持、指导和帮助的其他领导、专家及有关单位和企业一并致以衷心的感谢！

本书编辑部

2017 年 7 月